ŒUVRES

DE LAVOISIER

Diffusion : Éditions Hermann, 6 rue Labrouste, 75015 Paris

ISBN : 978 2 7056 8387 0

ŒUVRES
DE LAVOISIER

CORRESPONDANCE

VOLUME II
1770-1775

hermann
Depuis 1876

INSTITUT DE FRANCE
Académie des sciences

ŒUVRES

DE LAVOISIER

CE VOLUME A ÉTÉ IMPRIMÉ
AVEC LE CONCOURS FINANCIER
DE L'UNIVERSITÉ DU DELAWARE (U.S.A.),
DU CENTRE NATIONAL DE LA RECHERCHE SCIENTIFIQUE,
DES SOCIÉTÉS : L'AIR LIQUIDE,
ETABLISSEMENTS KUHLMANN, PECHINEY,
RHONE-POULENC, SAINT-GOBAIN,
ET DE LA SOCIÉTÉ MÉTALLURGIQUE D'UGINE.

L'ÉDITION ORIGINALE COMPREND :
30 EXEMPLAIRES HORS SÉRIE
ET 1.500 EXEMPLAIRES
SUR PAPIER CONDAT, NUMÉROTÉS DE 1 A 1.500.

EXEMPLAIRE N° 1067

ŒUVRES
DE LAVOISIER

CORRESPONDANCE

RECUEILLIE ET ANNOTÉE

PAR

RENÉ FRIC

INGÉNIEUR (E.S.E.)

CHARGÉ D'ENSEIGNEMENT A L'INSTITUT DE CHIMIE
DE L'UNIVERSITÉ DE CLERMONT

PRÉFACE

DE

LOUIS DE BROGLIE

DE L'ACADÉMIE FRANÇAISE
SECRÉTAIRE PERPÉTUEL DE L'ACADÉMIE DES SCIENCES

FASCICULE II

1770 — 1775
pp. 251 à 536

PUBLIÉ SOUS LE PATRONAGE DE L'ACADÉMIE DES SCIENCES

AVEC LE CONCOURS
DE L'UNIVERSITÉ DU DELAWARE (U. S. A.)
DU CENTRE NATIONAL DE LA RECHERCHE SCIENTIFIQUE
ET DES GRANDES SOCIÉTÉS FRANÇAISES DE PRODUITS CHIMIQUES

PARIS
EDITIONS ALBIN MICHEL
1957

ANNÉE 1770

N° 132

MAUROY A LAVOISIER

22 Janvier 1770

(*Archives de l'Académie des Sciences.* 1381, O.)
Timbre de la Poste : Valenciennes

A Monsieur
Monsieur Lavoisier
fermier General du Roy
Rue du four St-Honoré
a Paris

a Valenciennes ce 22 Janvier 1770

Monsieur

Neme fiant pas aux Simples connoissances que Jay Sur notre machine a feu, jeme Suis transporté Sur Les Lieux pour en prendre de plus Etendues a Lareception de La Lettre que Vous maviez fait lhonneur de mecrire Le 16. de ce mois Et pour ne pas Entrer dans un trop Long detail, jay priez Le party de faire copier vos observations amy marge, et dy mettre mes reponses a cotté, je les joint icy. je desire quelles vous Satisfassent, Sy jay esté assé mal adroit pour ne pas remplir tous vos objets vous pouvés m'en Ecrire Je Seray aussy Exact a Vous repondre que Je Suis avec bien du respect

Monsieur

Votre tres humble
Et tres obeiss^{t} Serviteur

Mauroy

Mad. Mauroy est on ne peut pas plus
Sensible à Lhonneur de Votre Souvenir

Réponse

Il est bien vrai que Si la machine a feu que Monsieur de Lavoisier a vüe Travailloit 24 heures, elle consommeroit 20 mannes de charbon, chaque manne du poid de 230 L. Il est bien vrai encore quelle ne va gueres que Trois ou quatre jours par Semaine et quelquefois que Six à Sept heures par jour, à proportion du plus ou moins d'Eau que les galeries ont rassemblée dans le Puisart.

Observations de Monsieur de Lavoisier

Je profite Monsieur, de la permission que vous m'avés donnée, pour vous demander quelque Eclaircissemens qui me manquent sur la pompe à feu, je trouve dans les notes que j'ai prises, que la Consommation du fourneau en 24 heures est de 20 mannes pesant chacune 230 L. ce qui donne pour la Consommation Totale 4600 L. poids de marc en 24 heures. j'ai comparé cette consommation avec celle de quelques autres machines à feu et je la Trouve beaucoup inférieure. Je Soupçonne de là que vôtre machine ne va pas pendant 24 heures Consécutives, mais quelle se repose pendant quelques heures, je vous serai bien obligé de m'eclaircir ce doute

La Machine a feu qu'a vu Monsieur de Lavoisier, Se nomme *la Machine du Corbeau* (1) ; Il est certain qu'elle Tire les Eaux de 95 Toises de profondeur : on va incessamment en monter une nouvelle qu'on nommera La *machine du Jardin* qui Tirera Les eaux de 115 Toises. Il se peut que le Plan

La Profondeur de 95. Toises d'où vous elevés l'Eau me paroit enorme, je crains qu'il n'y ait erreur sur cet article, dautant plus que les desseins et Coupes que vous m'avés Confiés ne donnent que Cent et quelques pieds de profondeur, Sans doute ce Sont les Coupes de quelque autre fosse, je vous prierai de

(1) Pour plus de détails sur cette machine, voir « Œuvres de Lavoisier », tome III, page 234.

remis a Monsieur de Lavoisier ne demontre que Cent et quelques pieds de profondeur, mais cela depend du plus ou moins de Force du Cylindre, et du plus ou moins de grosseur des pompes a Répetition.

vouloir bien me mander le nom de celle que nous avons vu ensemble.

Il faut trois hommes pour la Conduite et le Soin d'une machine à feu ; on les paye icy à raison de 36 livres chacun par mois.

Jay encore oublié de vous demander Le nombre de personnes Employées pour le Service de la machine et Le prix qu'ils Sont payés.

Les Cylindres Se Tirent d'Angleterre, un pareil à celui qu'a vu Monsieur de Lavoisier coute 6500 livres. il dure eternellement, a moins d'un accident imprévû. La Chaudière coute Environ 6000 livres. elle dure 30 et 40 ans, elle ne s'use que par Le Cul ou Le fond, on peut alors en mettre un autre, c'est la depense de 1500 livres.

Je vous prierai de me mander en même tems Le prix du Cylindre, celui de la Chaudiere et Combien de Tems durent Communement l'un et l'autre ; enfin Le prix de l'Entretien annuel de la Machine.

Il y a une autre machine a feu au Vieux Condé à deux Lieües de Valenciennes plus forte que celle que Monsieur Lavoisier a vüe qui donne 14 coups par minute Epreuve faite, plus elle donne de Coups plus elle tire d'Eau, cela depend de L'habileté de L'ouvrier qui la monte.

N° 133

Note entièrement de la main de Lavoisier
(*Archives de l'Académie des Sciences*, N° 1381, O.)

La petite machine de Montrelais (1) pres d'ingremde sur loire a depensé en 1767 en 373 heures 747 portoirs

La grande en 1769 a depensé en 303 heures 1132 portoirs.

Autres nottes de M. le chevalier borda Sur la meme machine.

elle a 52 pouces 6 lignes de france

en 40 heures de travail elle consomme 150 portoirs de charbon, le portoir est de 2 pieds 1/2 cubes.

Cette Consommation a ete prise sur 300 heures de travail.

il ne faudroit pas faire travailler une pareille machine plus de 40 heures Sur ces quarante heures il faut 3h pour faire chauffer la machine et environ une heure pour le racommodage des pistons et autres accidens qui peuvent arriver

Cette machine fait 8 a 9 vibrations par minutes chaque vibration de 6 p. 3 pouces les pompes ont 8 pouces 6 l de diametre, le nombre des vibrations Seroit plus grand Si lattirail des pompes ne faisoit perdre une partie du mouvement de la machine. Si on veut Calculer leffet d'une autre machine par celui de Celle de Montrelais il faut Supposer que celle cy fait 10 vibrations par minutte.

M. Peronet (2) a fait peser 3 demie minots de charbon de terre ils ont pese ainsy qu'il Suit

le 1er 90 l 1/2 chaque demi minot equivaut a un pied cube
le 2e 90 l
le 3e 91 l

La voye est de 30 demie minots. ce qui donne pour la voye 2700 l poids moyen. cest aussy Ce qu'on appelle muid de charbon.

Le muid de bled est de 48 pieds Cubes

Le Boisseau est une mesure constante laquelle equivaut à 1/3 de pied Cube elle pese vingt livres en bled.

(1) La machine de Montrelais, près d'Ingrande, fut examinée par de Borda à la suite de ses études sur les pompes, l'influence des étranglements et les diminutions de rendement entraînées par ceux-ci. Il évaluait les pertes comme proportionnelles à la vitesse du piston.

(2) Voir notice biographique, présent fascicule, page 261.

La voye de charbon de terre est par consequent de 30 pieds Cubes. elle pese donc 2700

La voye de charbon de moulins telle quon la decharge a charenton est de 50 livres Sans y Comprendre les droits. ils Sont de 19 livres.

on tire des charbons d'auvergne qui ne vallent que 66 livres compris les droits

demie minot de charbon de moulins a combre (?) 91 L. par un milieu pris entre beaucoup doperation

demi minot de charbon dauvergne 93 1/2

⁂

N° 134

Note communiquée par de la Lande (1) à Lavoisier (2)
(*Archives de l'Académie des Sciences*, N° 1642, O.)

il y a a Londres 2 pompes a feu, *water works.* dans la partie orientale de la ville du coté de Shadwel, une a *bow* du Coté du nord est, et une a chelséa au Couchant je ne Sais point S'il n'y en a pas d'autres.

une machine au pont de Londres ou il y a 5 grandes roues et 14 corps de pompes elle fournit de l'eau a Templebar, white chapel, high holbourn, et dans le fauxbourg qui est au midi de la rivière appellé South wark.

La pompe a feu de chelsea donne 14 coups de piston par minute et chacun elève 18 gallons d'eau. le gallon contient 190 1/3 pouces cubes

elle consume 9 chaldrons de charbon par Semaine. le chaldron est composé de 12 Sacs ou 36 boisseaux, chacun de 17 pouces 4 l

(1) LALANDE (Joseph-Gérome Le François de). Le Français-Lalande (en 1792).
Né à Bourg-en-Bresse (Ain), le 11 juillet 1732.
Mort à Paris, le 4 avril 1807.
Il entra à l'Académie des Sciences, le 4 février 1753 comme adjoint astronome ; associé astronome le 17 décembre 1758 en remplacement de Maraldi. Pensionnaire astronome en 1772, Sous-directeur en 1781, Directeur en 1782. Pensionnaire de la Classe

de diametre Sur 7 pou. 9 li de hauteur, et encore on les mesure combles. le chaldron coute 40 shillings en hyver, 36 en été,

45 livres 14 s 41 livres 3 s

il n'y a pas beaucoup de police pour le prix du charbon, il augmente quelques fois beaucoup.

L'acqueduc de new river porte a Londres une masse d'eau de 3 1/2 pieds de hauteur Sur 6 1/2 de largeur en haut, il est un peu plus etroit par le bas Sa vitesse a la Surface est de 1 1/10 pied par Seconde.

Communiqué par M. de la lande a M. Lavoisier (1)

d'Astronomie en 1785. Suppléant du Secrétaire perpétuel Condorcet en 1792. Membre résidant de la section d'astronomie de la 1re classe de l'Institut National, en 1795.

Professeur au Collège de France en 1762.

Membre du Bureau des Longitudes.

Chargé de la Connaissance des Temps.

Le Monnier, qui fut son premier maître l'envoya en 1751 à Berlin pour y faire des observations parallèles à celles que l'abbé de Lacaille devait effectuer en même temps au Cap de Bonne Espérance pour y déterminer dans l'hémisphère austral la parallaxe de la lune. Il avait alors 19 ans.

Il y rencontra Euler, avec lequel il apprit l'analyse, Maupertuis, d'Argenson, La Metterie et devint membre de l'Académie de Berlin.

Les publications de de Lalande sont nombreuses, nous citerons seulement :

Domini de Lalande, astronomi regii, de observationibus suis Berolinensibus ad parallaxim lunae definiendam (1751-52).

Mémoire sur les équations séculaires (1757).

Explication des tables astronomiques de Halley.

De la connaissance de 9 arts différents (1761-1767).

Traité d'astronomie (1764).

Cinq mémoires sur la théorie de Mercure (1766-1786).

Mémoire sur le passage de Vénus (1772).

— sur le planète d'Herschel (1778).

— sur les taches du Soleil et sur sa rotation (1776).

— sur la durée de l'année solaire (1782).

Astronomie des Dames (1785).

Observations de 8.000 étoiles boréales (1789).

Abrégé de navigation (1793).

Histoire céleste française (1801).

Bibliographie astronomique (1803).

Tables de la Lune (1806).

(2) Lavoisier signale cette note dans son mémoire « Sur l'établissement d'une pompe à feu à Paris ». (*Œuvres de Lavoisier*, tome III, page 254) en même temps qu'il indique ne pas avoir cru devoir utiliser les renseignements qu'elle renferme. La consommation donnée pour la pompe à feu de Chelsea est en effet à peu près double de celles des 3 machines que Lavoisier a étudiées dans le mémoire cité. « On peut assurer, dit-il, que cette machine est extrêmement imparfaite, ou qu'il s'est glissé quelque erreur, soit dans la quantité d'eau élevée, soit dans l'objet de la consommation ».

(1) Cette dernière phrase est de la main de Lavoisier.

***

N° 135

LAVOISIER A X.***

Date incertaine (1)

Œuvres de Lavoisier, T. III, page 255

(*Orthographe actuelle comme dans les volumes des Œuvres*)

Je vous fais bien des excuses, Monsieur, de vous avoir fait attendre si longtemps pour si peu de chose ; je vous prie cependant d'être persuadé que ce n'est ni négligence de ma part, ni défaut de bonne volonté.

Je ne m'étendrai point ici sur la nécessité reconnue de fournir de l'eau à la ville de Paris ; on est effrayé quand on pense que les habitants des quartiers reculés, c'est a dire le plus grand nombre des habitants de cette capitale, sont alimentés par de l'eau puisée dans la rivière, portée a dos d'homme ou sur des charrettes ; on ne saurait douter qu'une telle disette d'eau n'entretienne la malpropreté du peuple et ne contribue à rendre malsain l'air de la capitale. M. de Parcieux (2) n'a pas été le premier qui ait été frappé de ces objets ; il avait été proposé en conséquence, avant lui, différents

(1) Cette lettre non datée a été insérée ici, après les documents relatifs aux Machines à feu, comme elle figure dans le Tome III des Œuvres de Lavoisier, page 255. La dernière phrase de cette lettre fait allusion à un mémoire sur l'eau, or Lavoisier en a donné deux en 1770: sur la nature de l'eau et sur les expériences par lesquelles on a prétendu prouver la possibilité de son changement en terre. (Œuvres de Lavoisier, tome II, page 1). M. Daumas dans son « *Lavoisier, Théoricien et Expérimentateur* », p. 27 signale d'après Meldrum (*Archeion*, Janv. 1934. n° 39, p. 405) que le mémoire a été lu à la rentrée de la St-Martin 1770 mais qu'aucune mention ne figure à ce sujet dans les registres des procès-verbaux de l'Académie.

(2) DEPARCIEUX ou de PARCIEUX (Antoine).

Né à Cessoux, près de Portes (Gard), le 28 octobre 1703.

Entré a l'Académie Royale des Sciences, le 11 février 1746, comme adjoint géomètre, en remplacement de l'abbé de Gua, promu vétéran, associé géomètre le 16 mai 1756, succédant à d'Alembert promu pensionnaire surnuméraire.

Pensionnaire géomètre surnuméraire, le 9 juin 1768.

Mort à Paris, le 1er septembre 1768.

Issu d'une famille peu fortunée, il se présenta a 25 ans a Lyon chez les Jésuites offrant « sans fausse honte de concourir au service matériel de la maison, en échange de l'éducation qu'il y recevrait ». Un Père Jésuite, qui avait cultivé les mathématiques s'intéressa à lui et bientôt « il avait épuisé le savoir de son maître ».

Il alla alors à Paris. De Moncarville, Professeur de Mathématiques au Collège Royal, le remarqua aussi, mais pour vivre, il se spécialisa dans la construction des cadrans solaires. La précision de ses réalisations lui acquit une véritable réputation. Parmi celles-ci, on peut citer la méridienne exécutée au Louvre pour le duc de Nevers et celle de la Rue Neuve du Luxembourg. De Moncarville, a qui il devait succéder par la suite, l'orienta vers la mécanique et l'hydraulique. C'est ainsi qu'il fit éxécuter la machine élévatoire du château de Mme de Pompadour à Crecy et la pompe du château d'Arnouville.

Parmi ses premiers ouvrages on peut citer un traité complet de Gnomonique (1741) et un traité de Trigonométrie rectiligne et sphérique. Dans cette dernière, il considère projets pour fournir de l'eau à la ville de Paris ; un des plus connus est celui proposé en 1739 par M. Pinson, architecte. Il consistait en une machine hydraulique qu'il voulait faire construire au milieu de la rivière, vis à vis de Bercy ; cette machine devait apporter l'eau dans la ville et la distribuer dans les maisons par dessus les toits ; ce seul exposé du projet suffit pour en faire sentir la ridiculité.

En 1748, M. Dupuy, maître des requêtes, et M. Ferand de Monthelon, de l'Académie de peinture, proposèrent d'établir vis-à-vis Conflans trente machines, qui auraient conduit de l'eau dans de grands réservoirs au haut de l'Estrapade. Il n'est pas difficile de sentir combien un pareil projet aurait été dispendieux et combien il aurait été embarassant pour la navigation.

Ce fut en 1762 que M. de Parcieux annonca pour la première fois, au public, la découverte qu'il avait faite, aux environs de Paris, d'une rivière dont l'eau était très-salubre et dont le lit était assez élevé pour pouvoir être conduite presque en haut de l'Estrapade. Un mémoire fort étendu, qu'il lut alors dans une séance publique de l'Académie des Sciences, contenait des opérations et des nivellements qu'il avait faits pour s'assurer de la possibilité du projet.

L'accueil que le public fit au mémoire de M. de Parcieux, le

les triangles sphériques comme les bases de pyramides triangulaires, ayant leurs sommets au centre de la sphère, au lieu de les envisager, comme on le faisait ordinairement, tracés simplement à la surface de celle-ci.

En 1746, il publie un essai sur la probabilité de la vie humaine, d'où on déduit la manière de déterminer les rentes viagères tant simples qu'en tontine.

En 1747, il présente un mémoire sur la courbure des ondes (cames) qui substituées aux manivelles conduisent les balances (balanciers) dans diverses machines.

En 1748, il décrit un niveau, dont le principe était déjà connu, mais qu'il avait perfectionné et rendu d'un usage sûr (il comportait une lunette supportée par 2 flotteurs), et un aréomètre, destiné à la détermination de la densité des eaux des rivières.

En 1750, il attire l'attention sur l'influence nuisible de l'air, qui reste enfermé dans les coudes verticaux des conduites d'eau, et qui peut dans certains cas arrêter l'écoulement ; la conduite peut dans ces conditions être considérée comme une suite de siphons. Il expliquait ainsi que certaines fontaines peuvent couler en hiver et s'arrêter en été.

En 1754, il montrait déjà qu'il n'est pas indifférent de faire dans les roues hydrauliques agir l'eau par son choc ou par son poids, et en 1759, il signalait l'influence de l'inclinaison sur le rayon, des aubes des roues à vannes.

Puis ce furent en 1760 des recherches sur le tirage des chevaux, en 1764 des observations sur les inondations de la Seine, signalant les obstacles apportés à l'écoulement des eaux par les moulins, les piles des ponts, la pompe de la Samaritaine et en 1768, un mémoire sur les moyens de prévenir les accidents provoqués par la débâcle des glaces.

Il faut enfin signaler trois mémoires sur la possibilité et la facilité d'amener à Paris, auprès de l'Estrapade, les eaux de l'Yvette (voir p. suivante).

On lui doit également une presse pour la fabrication du tabac, qu'il fit établir pour la Ferme générale.

Voltaire a pris Deparcieux pour modèle du géomètre dans son conte de L'homme aux quarante écus, et lui a emprunté les calculs qu'il y donne.

bien de la Société dont ce zélé citoyen était toujours occupé, ne lui permirent pas de perdre de vue le projet d'amener l'eau de l'Yvette a Paris. Pendant qu'il en était occupé, il parut en 1765 un ouvrage de M. d'Auxiron (3) sur les eaux de Paris ; cet ouvrage proposait, comme un moyen préférable a celui de M. de Parcieux, l'établissement d'une pompe à feu.

Dans la séance du 12 novembre 1766, M. de Parcieux lut un second mémoire sur le projet de conduire l'eau de l'Yvette (4) a Paris ; il y fit voir d'abord que cette eau, malgré les bruits que quelques particuliers intéressés avaient répandus, était très-bonne et très salubre, qu'elle était plus pure que celle de Ville d'Avray et qu'elle ne différait pas beaucoup de celle de la Seine ; enfin qu'elle ne contenait, par chaque livre d'eau, qu'un sixième de grain de sélénite, un demi grain de terre calcaire et un tiers de grain de substance saline, composée de sel de Glauber et de sel marin à base terreuse. Cette analyse fut constatée par les épreuves les plus authentiques et par un rapport de la Faculté de médecine de Paris et de l'Académie des sciences.

(3) D'Auxiron (Claude, François, Joseph).
Né à Besançon. (1728).
Mort à Paris. (1778).
Servit tout d'abord comme capitaine d'artillerie.

Publications :

1° Mémoire sur les moyens de fournir des eaux saines à la capitale.

2° Mémoire pour combattre le projet de l'adduction des eaux de l'Yvette, proposé par Deparcieux.

3° Principes de tous les gouvernements ou Examen des Causes de la faiblesse et de la Splendeur de tout Etat considéré en lui même et indépendamment des mœurs (1766).

4° Traduction de l'ouvrage de Jean Isaïe Silberschlag : « Théorie des fleuves avec l'art de bâtir dans les eaux et d'en prévenir les ravages ».

(4) *Canal de l'Yvette* (appelé Canal de l'Ourcq, après sa réalisation sous le Premier Empire). Proposé par Deparcieux (Mémoires de l'Académie des Sciences 1762-1766-1767) il avait pour but de conduire à Paris les eaux de cette rivière.

Celle-ci prend sa source dans la région de Chevreuse.

Le Canal débutant à Vaugien devait passer par Gif, Palaiseau, Massy, Fresnes, l'Ay, Arcueil, pour aboutir à un château-d'eau un peu avant l'Observatoire.

Perronet fut nommé pour contrôler les données déterminées par Deparcieux et retrouva les résultats de ce dernier. Il fut chargé d'achever le projet et d'établir les devis et détails. Il proposa d'ajouter à celles de l'Yvette, une partie des eaux de la Bièvre et des deux ruisseaux des Mathurins et de Vauhalan.

Grâce a des réservoirs et à des retenues on pouvait obtenir 2.000 pouces d'eau (soit environ 26.000 litres par minute) en basses eaux, ce qui correspondait à peu près à 50 litres par jour et par habitant de Paris (leur nombre étant évalué à 800.000).

L'aqueduc de l'Yvette partant de St-Rémy devait avoir une longueur de 33.819 mètres, dont 4.309 en souterrain. La vitesse de l'eau y était prévue de 0 m. 32 par seconde.

Le prix de la construction estimé était de 7.826.000 livres, comprenant tous les frais à faire pour conduire l'eau à Paris.

Le même mémoire de M. de Parcieux contenait quelques réflexions sur la difficulté d'amener à Paris aucune autre rivière que celle d'Yvette.

Enfin, M. de Parcieux revint encore sur le même objet dans un troisième mémoire, qu'il lut en 1767 a l'Académie des Sciences. Il y fit voir de nouveau avec beaucoup plus de détails et dans la plus grande évidence qu'aucune des rivières des environs de Paris ne pouvait raisonnablement y être amenée ; que la rivière de Bièvre était la seule qui eût une pente suffisante, mais il prouvait en même temps qu'en prenant cette rivière a la hauteur nécessaire, elle ne donnerait pas le quart de l'eau fournie par la rivière d'Yvette.

Ce même mémoire contenait encore des discussions très intéressantes sur l'effet qu'on devait attendre des machines hydrauliques, des inconvénients qui en résulteraient nécessairement pour la navigation dans la ville de Paris ; enfin les conclusions qu'on pouvait en tirer étaient que les deux seuls projets proposables pour donner de l'eau à la ville de Paris étaient celui de l'Yvette et celui de la pompe à feu ; mais en même temps M. de Parcieux démontrait que le premier était infiniment plus avantageux.

Tel était l'état de la question lorsque M. de Parcieux fut attaqué de la maladie qui l'a enlevé. Peu de temps après sa mort, le père Felicien de St Norbert, carme déchaussé, entreprit une critique de son projet ; je n'ai pas très-présents maintenant les différents points sur lesquels roule cette critique, mais ils se trouvent discutés dans un mémoire en réponse que j'ai lu l'année dernière a l'Académie et qui est imprimé dans le Mercure de France d'octobre 1769.

Depuis ce mémoire il a paru différentes brochures sur le même objet que je n'ai pas toutes entre les mains. L'une d'elles, de M. Berthier, contient un projet de pompe publique établie a la pointe de l'île Saint-Louis. L'auteur propose de construire une colonne au haut de laquelle l'eau sera élevée par une machine hydraulique et reçue dans une cuvette, d'où elle sera distribuée dans les différents quartiers de Paris. Ce mémoire est resté sans réponse par cette raison même qu'il tombe de lui même et qu'il a été réfuté d'avance par M. de Parcieux.

Enfin, un autre mémoire fait par un physicien, et qui aurait été plus capable de donner atteinte au projet de M. de Parcieux, est l'ouvrage publié l'année dernière par M. d'Auxiron. J'ai été nommé commissaire par l'Académie des sciences pour l'examiner, et, d'après le compte que j'en ai rendu a la compagnie, elle a jugé que les objections faites par M. d'Auxiron contre le projet de M. de Parcieux, n'avaient pas autant de force que l'auteur leur en avait attaché, et que le projet de M. de Parcieux était aussi praticable que cet académicien l'avait avancé. Il reste un objet intéressant qui ne parait pas avoir encore été suffisamment éclairci : c'est l'objet de la dépense dans le projet de M. de Parcieux et dans celui de la pompe à feu proposé par M. d'Auxiron. Ce dernier prétend que l'établissement d'une pompe a feu, en réunissant l'économie des frais de construction, ceux de réparation et d'entretien, des gages d'ouvriers, etc. est beaucoup moins dispendieux que la construction du canal projeté par M. de Parcieux. J'ai encore été chargé par l'Académie d'examiner cette question, et je suis occupé à ressembler les matériaux nécessaires pour y répondre ; je le ferai incessamment. J'oubliais une circonstance qui fait trop d'honneur a M. de Parcieux, a son projet et a un ministre respectable pour ne pas en faire mention ici. M. Mainon d'Invau, alors contrôleur général des finances, s'étant fait rendre compte des différents moyens proposés pour fournir de l'eau a Paris, sentit combien le projet de M. de Parcieux était intéressant pour la salubrité et la commodité des citoyens ; il donna ordre en conséquence a M. Perronet (1), premier ingénieur des ponts et chaussées, dont le

(1) PERRONET (Jean Rodolphe).

Né à Suresnes, près Paris, le 25 octobre 1708.

Elu à l'Académie Royale des Sciences, comme associé libre, le 30 juin 1765. Premier titulaire de la 3e des 4 places créées le 5 de ce mois.

Associé libre lors de la réorganisation de 1785.

Membre de l'Académie d'Architecture et de la Société d'Agriculture.

Mort à Paris, le 9 ventôse an II (27 février 1794).

Perronet était le fils d'un officier suisse au service du Roi. Il fut admis dans le corps du Génie militaire ; mais les 3 places alors disponibles étaient réservées à des fils d'anciens ingénieurs militaires ; sa situation de fortune, plutôt précaire, ne lui permettant pas d'attendre une vacance, il entra dans les bureaux de Debeausire, architecte de la ville de Paris, où il resta vingt ans.

Il fut chargé en particulier de la surveillance des travaux d'établissement du grand égout passant devant les Tuileries, de l'encorbellement du quai de la Seine au voisinage du pont Notre-Dame.

Ces travaux ayant attiré sur lui l'attention de Trudaine père, Intendant des Finances, celui-ci l'attacha en 1745 au Corps Royal des Ponts. En 1746, il lui fit donner le brevet d'Ingénieur en Chef, chargé de la généralité d'Alençon.

En 1747, il le faisait revenir à Paris et nommer Inspecteur général des Ponts et Chaussées, Inspecteur des Salines, et Membre du Conseil Central, qui venait d'être crée pour l'examen des projets relatifs aux routes, ponts et canaux du royaume ; il lui confia également la même année l'organisation de l'Ecole des Ponts et Chaussées, dont il fut le premier directeur. La création de cette école fut un évènement européen, et de nombreux ingénieurs étrangers vinrent en suivre les cours.

En 1763, enfin Perronet succédait à Hupeau comme Premier Ingénieur des Ponts et Chaussées de France.

De très nombreux ponts furent établis sur ses plans. Ce furent tout d'abord celui mérite supérieur est bien connu du public, de faire les nivellements nécessaires pour vérifier les opérations de M. de Parcieux, de faire l'estimation de la dépense que cet ouvrage entraînerait en totalité et de lui en rendre compte.

M. Perronet a déjà rempli la plus grande partie de cet objet, mais il n'en a pas encore rendu compte ni au public ni a l'Académie ; nous croyons cependant pouvoir annoncer d'avance que le résultat de toutes les opérations de M. Perronet a été à l'avantage du projet de M. de Parcieux.

Voila, Monsieur, à peu près tout ce que je sais sur la rivière d'Yvette. Par rapport à l'atlas minéralogique de la France annoncé par M. Guettard, je vais vous mettre, en peu de mots, au fait de ce dont il s'agit.

M. Guettard est le premier que je connaisse qui ait eu l'idée de représenter sur des cartes géographiques, la nature des substances renfermées dans l'intérieur de la terre ; il s'est servi à cet effet de caractères minéralogiques analogues a ceux que les anciens chimistes

d'Orléans, sur la Loire, puis ceux de Mantes et de Nogent sur la Seine. Comme le fait remarquer Prony, ces deux ponts et quelques autres lui fournirent l'occasion de recherches importantes sur la stabilité des grandes voûtes, la théorie des décintrements, tandis qu'antérieurement la construction de ces ouvrages était empirique.

Parmi ceux construits sur ses données et qui présentèrent des caractéristiques nouvelles, il faut signaler tout d'abord celui de Sainte-Maxence sur l'Oise, à 3 arches de de 25 m. 34 d'ouverture, profilées non en ovale, mais en arcs de cercle, dont les naissances étaient établies à la hauteur des plus grandes eaux. Ceci dans le but d'améliorer l'écoulement en périodes de crues et de faciliter la navigation. Ce pont présentait également la particularité d'avoir des piles constituées par des colonnes groupées, laissant entre elles une ouverture telle qu'il était possible de traverser la rivière en bateau, sous le pont, dans le sens de la longueur de celui-ci, en passant au milieu de chaque pile. Ces vues avaient été alors considérées comme si audacieuses que Perronet avait du pour faire exécuter son projet s'appuyer, par l'intermédiaire de Trudaine, sur l'autorité royale elle-même.

Il faut citer encore les ponts de Trilport, de Château-Thierry, de Brunoy, le pont de la Concorde, terminé en 1792, celui de Nemours, celui de la Salpetrière, mais surtout le pont Louis XVI sur la Seine à Neuilly. Premier pont horizontal à 5 arches de 38 m. 98. Son décintrement eut lieu en présence du Roi, de la Cour, des Ministres, des Ambassadeurs et fut effectué en 3 minutes et demie. On lui doit également les études sur le Canal de Bourgogne et sur le Canal de l'Yvette (voir page 259), pour lequel il fut chargé de vérifier les opérations géodésiques servant de base au projet de Deparcieux.

Perronet fit partie de l'Académie d'Architecture, de l'Académie d'Agriculture, de celles de Rouen, Dijon, Lyon, de la Société Royale de Londres, de la Société des Arts de Londres, qui plaça son buste dans la salle de ses séances, voisinant avec celui de Franklin, des Académies de Berlin, St-Pétersbourg, Stockholm, etc...

Voici énumérées quelques unes de ses publications :

Mémoire sur la réduction de l'épaisseur des piles et sur la courbure qu'il convient de donner aux voûtes pour que l'eau puisse passer plus librement sous les ponts.

ont employés. Dès 1746, M. Guettard avait rassemblé assez d'observations pour dresser une carte minéralogique de la France, divisée par terrains ; elle se trouve dans les mémoires de l'Académie. Depuis cette époque il donna successivement des cartes plus détaillées des environs de Paris, de ceux d'Etampes, de la Suisse, de la Champagne, etc...

Ce plan d'ouvrage était trop étendu pour pouvoir être exécuté par un seul homme et sans le secours du gouvernement. M. Bertin, ministre et secrétaire d'Etat, ayant été frappé de l'importance d'un pareil ouvrage, a bien voulu l'appuyer de sa protection. Il a envoyé en conséquence M. Guettard dans différentes parties du royaume pour en dresser la carte dans un très-grand détail. Les Vosges étant un pays fertile en mines et en un grand nombre de productions minéralogiques très-intéressantes, il a désiré que cette partie fut donnée une des premières au public. M. Guettard a bien voulu m'associer à ses voyages et à ses travaux. Ayant eu depuis occasion de voyager seul, je n'ai rien négligé pour concourir a l'avancement

Moyen proposé pour fonder sur pilotis les ponts, sans batardeaux, ni épuisement nouveau (1748).

Mémoire sur les avants becs des ponts.

Mémoire sur le cintrement et le décintrement des ponts et sur les différents mouvements que prennent les voûtes.

Sur les différentes méthodes pour fonder les ouvrages en maçonnerie dans l'eau (1775).

Sur la réduction et l'épaisseur des piles et sur la courbure qu'il convient de donner aux voûtes (1777).

Mémoire sur les pieux et pilotis (1779).

Mémoire sur le cintre des ponts.

Sur l'éboulement qui arrive quelquefois à des portions de montagnes (1780).

Tombereau inversable, qui se décharge de lui même.

Drague en forme de machoires en tenailles pour enlever les vases et le sable du fond des rivières et des ports.

Scies à recéper les pieux sous l'eau.

Double pompe accolée qui fait mouvoir deux pistons, au moyen d'un mouvement continu.

Roue à aubes mobiles dont l'axe est vertical.

Autre roue dont l'arbre est horizontal.

Odomètre pour les épuisements.

Mémoire sur la recherche des moyens que l'on pourrait employer pour construire de grandes arches de pierre, jusqu'à 500 pieds d'ouverture, qui seraient destinées à franchir de profondes vallées bordées de roches escarpées (1793).

Il fut enfin consulté par Soufflot en 1770 au sujet de la colonnade par laquelle celui-ci avait projeté de soutenir la coupole du Panthéon, et le tranquillisa au sujet de la solidité qui était critiquée.

d'un ouvrage aussi intéressant, et dans ce moment même j'en suis encore occupé.

On a laissé à chaque carte particulière deux marges assez étendues : on a placé, dans l'une, l'explication des caractères minéralogiques contenus dans la carte ; dans l'autre, une coupe ou profil de l'intérieur des montagnes. De sorte qu'au moyen de ces cartes on peut connaître en même temps les substances qui se présentent, dans une province, à la surface de la terre et celles qui se rencontrent a différentes profondeurs.

Il y a déjà seize cartes de gravées qui embrassent l'Ile de France, la Champagne, partie de la Lorraine, de l'Alsace et de la Franche Comté ; on ne négligera rien pour être en état de donner incessamment la suite de ces cartes.

Vous me demandez, Monsieur, l'extrait du mémoire que j'ai lu sur l'eau ; comme il n'est point encore connu du public ni de l'Académie, et qu'il sera vraisemblablement réservé pour la première séance publique, il ne m'est pas possible de vous satisfaire.

Je ne sais, Monsieur, si j'aurai rempli vos vues dans cette lettre ; si vous aviez besoin de détails plus étendus, je vous prierais de vouloir bien m'écrire a mon adresse à Paris.

J'ai l'honneur d'être avec une parfaite estime et un sincère attachement...

***

N° 136

DUFOURNY DE VILLIERS A [LAVOISIER]

Sans date (1)

(Bibliothèque municipale de Clermont-Ferrand)

Collection de Chazelles, 100. O.

Pas d'indication de destinataire

Mon cher amy

Puisque je m'apperçois que malgré mes ordres on a oublié de vous rapporter hier au soir le Memoire de Monsieur Dauxiron jy joins

(1) Bien que non datée, et ne portant pas d'indication de destinataire, nous avons cru devoir donner ici cette lettre étant donnée la question qui s'y trouve traitée. Sa présence dans les papiers de Lavoisier permet de penser avec une grande probabilité que c'est bien à lui qu'elle était adressée.

quelques observations j'ai trouvé le tout plus solide que tout ce que j'ai vu sur le projet de l'Yvette j'avois toujours incliné pour son execution mais je trouve la comparaison de la depense trop favorable a M. Dauxiron Le reproche le plus fort est celuy de la gelée il est vrai quelle diminueroit le volume deau mais quand a la rupture du canal dont il compare la resistance a celle d'un tuyau cela m'a paru absurde et tres facile a prevoir en faisant les berges tres inclinées en sorte que le canal n'auroit que le surplus du poids des glaces que lon scait etre plus legeres que leau le canal auroit certainement la force de soutenir l'eau jusqu'au niveau de ses bords et a plus forte raison les glaces qui ne feroient aucun effort contre ses parois si sa coupe etoit à peu pres telle je scais que la

surface etant augmenté il y auroit une plus grande évaporation mais je suis persuadé par lexemple des petites rivieres produittes par des sources que celles de l'Yvette sont plus tard gelées que celles de la seine sauf le tems de nége son calcul sur la durée de la gelée relativement a la vitesse est absolument faux car il en resulteroit qu'un courant qui auroit un sixieme de la vitesse de la Seine seroit six fois plus longtems gelé la propreté et la surete du canal relativement aux habitans est trop facile a maintenir par une palissade en attendant une haye suffisante pour s'arreter a cette difficulté les forets et parcs sont maintens a labri du betail et de la hache et serviront de model lempoisonnement me paroit une crainte bien fondée et de la plus grande considération ainsi levaluat^{o} de 4 000 000 est ridicule

Quand a la filtration des eaux je ne scais ce qui a été proposé mais je crois qu'un certain nombre de chassis a des distances convenables garnis de toilles mediocrement serrées filtreroient tres facilement les eaux et beaucoup mieux qu'un amas de sable dont il ny auroit presque que la surface antérieure qui retiendroit les ordures et s'obstrueroit facilement je croirois encor a propos pour preserver un plus grand volume deau de la gelée de faire le canal de deux glaçis seulement comme je l'ai ponctué pour en revenir a la filtration je crois qu'a lentrée de lacqueduc il faudroit pratiquer un reservoir capable de contenir la consommation de deux jours tel que cy dessous A canal d'entrée B. Bassin. C canal de sortie D mur à l'extremité du canal d'entrée sous lequel vers le fond une arcade E passage au dessus d'un mur pour nadmettre que les eaux de la surface du bassin F ecluse pour fermer la communication entre le canal d'entrée et celuy de sortie et nadmettre dans ce dernier que l'eau du Bassin et fermer cette communication en admettant immediatement les eaux

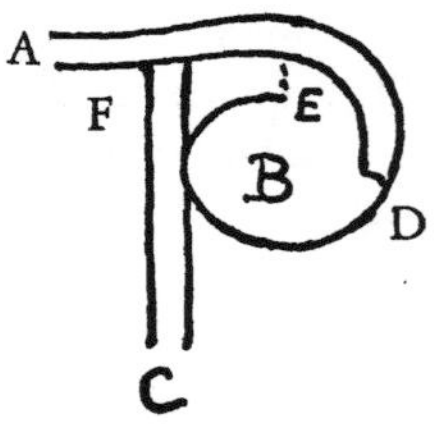

lorsqu'il faudroit curer le bassin ce qu'il seroit important de faire quatre fois par an ce qui sexecuteroit par le moyen d'une bonde au niveau du plus bas du bassin un pareil bassin seroit necessaire vers Paris ou il y auroit aussy un reservoir de pareil capacité pour fournir de leau pendant le tems du curage qui seroit de 12 heures et voicy comme il faudroit proceder de petites vannes placées contre les ponceaux que les communications exigent feroient autant de bassins dont on pourroit netoyer la capacité a volonté ·leau agitée auroit un écoulement a travers la berge immediatement au dessus de la vanne on pourroit apres avoir fermé la vanne laver a pleine eau avec des balais le canal en descendant laissant perdre leau sale par la bonde et apres avoir laissé couler leau pendant une demie heure eau qui ayant une issue libre et prochaine auroit

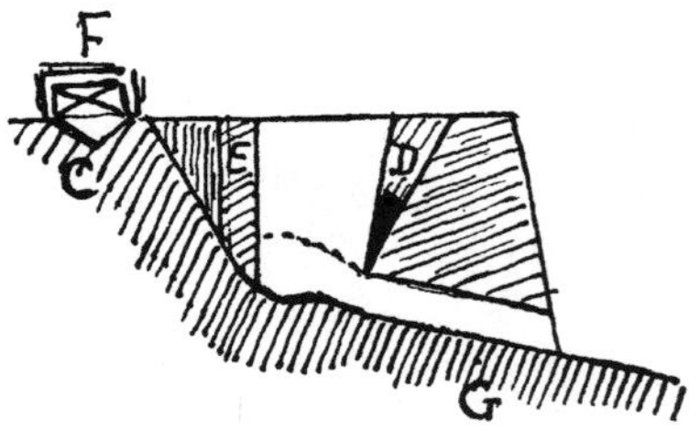

asses de rapidité pour ne rien laisser dans le canal on fermeroit la bonde on ouvriroit la vanne on laisseroit reprendre aux eaux du canal leur niveau pour ne point laisser baisser le reservoir de Paris et on procederoit de meme dans un bassin inferieure on auroit toujours attention d'ouvrir la Vanne avant de fermer la bonde pour eviter qu'un courant trop rapide qui entreroit dans une partie sans eau et bourbeuse n'en soulevat les saletes et ainsi de proche en proche on voit qu'on ninteromperoit point le service et que l'on pourroit perdre ainsi la consommation de deux jours pour le curage du canal et d'autant pour chaque bassin ce qui fait en quatre fois 24 jours. mais il faut observer que ce curage est necessaire immediatement apres les crues lorsque le limon que les pluyes ont entrainées est deposé et que la quantité deau des sources est surabondante et (un mot illisible) se reserver est necessairement perdu par le sureau [?] ou reservoir indispensable a la tête du canal le curage des bassins n'est necessaire que deux fois l'an apres lhiver a cause des depots de terre et apres la chutte des feuilles quelques chassis a toilles a lentrée du canal pour une filtration grossiere et dautres plus exacts a la distribution des eaux le (mot illisible) comme les bassins serviroient au depot seulement.

Quant aux machines a feu je n'ai rien compris aux soufflets qui peuvent a la verité concurremment avec la forme du fourneau diminuer la consommation (mais qui ajoutte necessairement a la puissance motrice) qui doivent dit-on diriger la fumée dans un reservoir d'eau ou elle sera condensée si elle y passe dans un tuyeau la fraicheur de leau la condensera mieux sans soufflet mais il y en aura toujours beaucoup si c'est sans tuyeau je m'y perdre [*sic*] dailleurs la fumée de quatre machines a feu peut faire deserter un quartier sans etre comparable avec celles de toutte la ville.

La mauvaise odeur qu'on reproche aux eaux de l'Yvette doit venir ou du fonda [?] qui recoit les pluyes dont sont formées ses sources ou de leur sejour dans la fange des marais qui lavoisinent et des etangs formes pour les moulins ou des tanneurs qui employent ses eaux ou des plantes affectées [?] a son lit il nest que le premier deffaut dirremediable car les deux causes suivantes seront [un mot illisible] et la derniere peut etre non seulement abolie mais cest peut etre l'indication d'un moyen de rendre ces eaux les meilleures possibles par la culture des plantes d'un caractère opposé.

J'ai bien des observations œconomiques sur la construction et laliment dune machine a feu faittes avec plusieurs dentre elles sous les yeux mais je les reserve pour un plus grand loisir et c'est asses vous ennuyer d'observations dans les plus solides desquelles vous m'aves surement prevenu. je desirerai profiter du vol. de Bélidor ou est la pompe a feu pendant votre absence je suis avec la plus sincere amitié.

Dufourny de villiers

N° 137

LAVOISIER A PAULZE

24 Janvier 1770

(*Archives de Chabrol*, O.)

Entièrement de la main de Lavoisier

A Monsieur

Monsieur Paulze fermier general du Roy

A Paris

Vous vous rappelles Monsieur que j'avois formé le projet de Rapprocher par ordre de matierre notre Correspondance reciproque pendant mon voyage de champagne. votre passage a un autre departement me paroit rendre plus interessante lexecution de Ce projet. je ne doutte pas que M. vallois ne propose des changemens dans l'arrangement des lignes. il est bon S'il Survient des difficultes que le fruit de vos travaux ne Soit pas perdu et que quelque chose Constate que les changemens qui ont ete faits ont ete le fruit d'une proffonde meditation. Comme il y a quelques unes des lettres que j'ay eu lhonneur de vous adresser dont je n'ay pas gardé de minutte je vous aurai beaucoup d'obligation de vouloir bien me Confier pour quelques jours les expeditions que vous aves entre les mains. mon premier dessein avoit eté de reffondre toute la Correspondance et d'en former un memoire mais independamment de la longueur du travail j'ay vu en relissant vos lettres qu'il etoit difficile d'y rien changer Sans les gatter et que j'aurois pris beaucoup de peine pour faire moins bien que le Copiste.

au reste vous pouves etre Sur que rien ne Sortira de mes mains Sans votre aveu et que je laisserai meme en blanc les passages ou il pourroit Se rencontrer quelque personnalité.

J'ay lhonneur d'etre avec le plus parfait attachement

Monsieur

Votre tres humble et très obeissant Serviteur

Lavoisier

Paris le 24 janvier 1770

je vous fais beaucoup d'excuses de ne point avoir lhonneur de vous voir Ce matin quelques occupations pressées ne me l'ont pas permis.

N° 138

HATTON LA GAINIÈRE A LAVOISIER

3 Février 1770

(*Archives de l'Académie des Sciences*, 98 C, O.)
Ni indication de destinataire, ni adresse (1)

Monsieur

J'ay l'honneur de vous adresser cy joint l'Etat de la pluye qui a tombé icy l'année derniere ; quoy qu'elle excede de prés de moitié celle des années ordinaires nous n'avons cependant pas eu dans cette province d'inondations aussy considerables que dans beaucoup d'autres.

depuis bien du tems j'avois envie de Savoir combien un pied de neige Sur la terre donnoit d'eau, j'ay eté dans le cas de me Satisfaire a mon arrivée icy ou j'en ai trouvé d'onze a douze pouces, mon experience auroit eté plus exacte Si j'avois pu la faire le jour même qu'elle a tombé, je n'ai pu la faire que Cinq jours aprés et j'ay trouvé avec un vase cilindrique dont je me Suis Servi que cinq pouces de neige donnoient Six lignes d'eau, le treizieme jour j'ay réiterée l'experience et les cinq pouces de neige ont produit treize lignes d'eau. j'ay fait une troisieme epreuve qui a eté de fouler de la neige dans le même vase et de la battre le plus quil m'a eté possible aprés la fonte elle a produit trois cinquièmes d'eau. Si ma premiere experience avoit pu Se faire le premier jour qu'elle a tombé elle n'auroit point encore eté affaissée comme elle devoit l'estre le cinquieme jour je Suis assuré qu'elle n'auroit pas produit au dela d'un quinzieme d'eau.

on ne peut etre plus reconnoissant que je l'ay ete de toutes les peines que vous et Monsieur votre père avés bien voulu vous donner pour me procurer la Recette des gabelles de cette ville, quoy que vous n'ayez pas reussi Suivant mes desirs Soyez bien assuré, Monsieur, que je ne vous en ai pas moins d'obligations. je ne Suis pas moins

(1) Le nom de Mlle Punctis, tante de Lavoisier, figurant à la fin de cette lettre indique bien qu'elle était adressée à ce dernier.

Sensible aux nouvelles demarches que vous avez faites dernierement pour l'entrepôt de Beaumont, le S. Desisles entreposeur actuel dont les effets avoient eté Saisis comme j'avois eu l'honneur de le mander à Monsieur votre pere a trouvé de nouvelles ressources pour empescher qu'ils ne fussent vendus comme c'est un homme absolument Sans conduite Sa destitution pourroit bien ne pas estre fort eloignée. il est a craindre qu'il ne prie avant ce tems quelques arrangements pour procurer Son employ a un autre afin d'en tirer quelque parti.

J'ay l'honneur d'estre avec Respect

Monsieur

Votre tres humble et tres
obeissant Serviteur

hattonlagainiere (2)

Je vous prie Monsieur de vouloir bien faire agréer mes Respects à M. votre pere et a Mlle Punctis

à Fresnay le 3 fevrier 1770.

(2) Il existe aux Archives de l'Académie des Sciences (Manuscrits de Lavoisier), sous la cote 313, une note ayant pour titre « Expériences et observations faites pour déterminer la direction des courants, par M. Hatton la Gainière ». (Sans date).

« Après avoir séjourné pendant 14 ans dans l'Ile de St-Domingue et m'être livré à des observations météorologiques pendant 8 années consécutives sur la quantité d'eau de pluie qui y tombe dans le quartier de St-Marc, mon domicile, je m'embarquai pour revenir en France le 16 août 1763, dans le navire le « Solide Bordeaux », capitaine le Sr Viviat.

« Je crus pouvoir profiter du temps de la traversée qui dura 36 jours pour faire quelques expériences propres à déterminer la direction des courants. Si elles n'ont pas eu un succès aussi complet que je le désirois, elles pourront au moins donner l'idée d'un travail suivi sur cet objet, et il est assez important pour mériter l'attention du gouvernement.

« Je jettai à la mer 14 bouteilles pendant 14 jours ; je renfermais dans ces bouteilles une carte sur laquelle était écrit le jour qu'elles avaient été jetées ».

***

N° 139

GINOT [?] A LAVOISIER

3 mars 1770

(*Archives de l'Académie des Sciences*, N° 1381, O.)

J'ay l'honneur Monsieur de vous envoyer le détail des différens, droits qui Se perçoivent sur les charbons de bois et de terre destinés pour la Ville fauxbourgs et petite Banlieüe de Paris, et je souhaite avoir rempli ce que vous desirez.

J'ai l'honneur d'etre Monsieur Votre très humble et très obéissant serviteur.

Ce 3 mars 1770.

Ginot [?]

***

N° 140

NOTE

(*Archives de l'Académie des Sciences*, 1388, O.)
De la main d'un Secrétaire

Etat des Droits imposés Sur le Charbon de Terre et de Bois à raison du muid ou voye composée de 15 minots (1).

Domaine par Eau			5 s	d	
Porteurs	de charbon	6	15	0	
Mesureurs	de terre	4	2	6	
Porteurs	de charbon	»	15		
Mesureurs	de bois	»	10		
		12 l.	8		
Vingtieme de lhopital (2)			12	4	80/100
		13		4	80/100
4 s. pour		2	12	»	96
2 s. p.		1	6	»	48
		16 l.	18 s.	6	24/100

(1) Nous avons cru devoir insérer ici cette note (non datée) en rapport avec les questions traitées dans les pages précédentes.

(2) Les mots « de lhopital » sont de la main de Lavoisier.

N° 141

LAVOISIER A DE FOUCHY

2 juillet 1770

(*Archives de l'Académie des Sciences*, Lavoisier Cartonnier n° 1)
Fac Similé. Collection de Mlle Clémentine Cuvier (1)

Epernay le 2 juillet 1770.

Monsieur

Le tems a ete Couvert hier toute la journée et il a plu a differentes reprises ; mais les nuages S'etant en partie dissipes vers le Soir je m'etois [proposé] prepare a observer avec une lunette acromatique de trois pieds la nouvelle Comete decouverte par M. Messier (2) et annoncee dans la Gazette de france. mais des nuages qui

(1) Extrait de « *Isographie des Hommes Célèbres ou Collection de fac-similés de lettres autographes et de signatures* », (Paris, Mesnier, 1828-1830, 2 vol., in-4°. — 1843, 4 vol.).

(2) MESSIER (Charles, Joseph).
Né à Badonviller (Meurthe-et-Moselle), le 26 juin 1730.
Mort à Paris, le 12 avril 1817.
Nommé à l'Académie Royale des Sciences, adjoint astronome, le 14 juillet 1770, en remplacement de l'abbé Chappe d'Auteroche, décédé.
Associé astronome, le 28 mars 1782.
Associé de la Classe d'Astronomie en 1785.
Pensionnaire astronome le 17 novembre 1792.
Membre résidant de la Section d'Astronomie de la 1re classe de l'Institut National, le 13 décembre 1795.

Orphelin à 11 ans, il vint à Paris en 1751 et grâce à sa belle écriture fut pris comme copiste par l'astronome Delisle, de l'Académie Royale des Sciences, qui était géographe de la Marine et professeur au Collège de France. Celui-ci le chargea en outre d'observations journalières et de la recherche des comètes. Lorsqu'il fut nommé astronome de la Marine, il obtint pour Messier le poste de commis au Dépôt de la Marine.

Mais Delisle gardait jalousement secrets ses travaux et ceux de son collaborateur, et ils perdirent de ce fait l'un et l'autre l'honneur d'avoir été les premiers en France à signaler le retour de la comète de Halley.

En 15 ans, Messier, à son observatoire de l'Hôtel de Cluny, découvrit presque toutes les comètes qui furent visibles durant cet intervalle de temps ; il en observa 46 et 21 sont dues à ses observations. Delambre dit de lui « qu'il s'arrêtait au plaisir de les observer, sans sentir l'ambition de les calculer et de les prédire » ; aussi lui reprochait-on d'être exclusivement un observateur et de ne s'intéresser ni aux calculs, ni aux théories.

En 1763, présenté à l'Académie Royale des Sciences, avec Bailly pour concurrent, il échoua d'une voix. Il fut cependant élu adjoint astronome en 1770.

Messier accompagna le marquis de Courtanvaux lors du voyage en Hollande de la frégate « L'Aurore », dont le but était l'essai de deux montres marines construites par Leroy, en vue de la détermination de la longitude à la mer.

demeuroient fixes vers le midy m'empecherent de remplir mon objet.

Ayant tourné par hazard mes regards du Coté du nord, je fus tres Surpris de voir dans lintervalle des nuages une apparence lumineuse tres marquée qui fut bientost Cachee a ma vue, Comme le tems netoit pas fort Couvert je ne perdis pas l'esperance de la revoir de nouveau. effectivement vers minuit les nuages Se dissiperent entierement et je m'assurai que Ce que j'avois appercu etoit une Comete [on remarquoit un]. Le noyeau n'en etoit pas beaucoup plus gros qu'une etoille de la Seconde grandeur, il etoit environné dune atmosphere lumineuse qui pouvoit occuper un espace de un degré et demie ou deux degres dans le Ciel. j'ay cherche a determiner a peu pres la position de Cette Comete affin qu'on put la retrouver

Il fit partie des Académies de Berlin et de St-Pétersbourg et du Bureau des Longitudes.

Ses mémoires fort nombreux sont dispersés dans l'Histoire de l'Académie Royale des Sciences, dans les publications de l'Académie de Berlin, les Philosophical Transactions, la Connaissance des Temps. Nous citerons seulement :

Observations sur le passage de Vénus sur le disque du Soleil, faites, le 6 juin 1761, avec des remarques sur ce passage.

Passage et résultat des observations pour la théorie de Vénus.

Catalogue et notice des principales observations astronomiques faites dans l'Observatoire de la Marine à Paris (1752-1762).

Observation de la plus courte durée du 3e satellite de Jupiter dans l'ombre, faite le 23 janvier 1763.

Catalogue des nébuleuses et des amas d'étoiles que l'on découvre parmi les étoiles fixes sur l'horizon de Paris. (1771).

Observations météorologiques faites à Pékin par le père Amyot, Jésuite, pendant 6 années (1757-1762) mises en ordre par Messier (1774).

Observations sur les points de lumière qui s'observent sur les anses de l'anneau de Saturne. (1774).

Occultations d'étoiles par la lune (1774).

Observations sur le froid extraordinaire du commencement de 1776.

Observation singulière d'une prodigieuse quantité de petits globules qui ont passé devant le disque du Soleil. (17 juin 1777).

Observation d'une bande obscure qui paraît sur le globe de Saturne. (1776).

Observation d'une aurore boréale singulière. (26 février 1777).

Observation et dessin de la grande et belle nébuleuse de la Ceinture d'Andromède, la première qui fut découverte et de petites nébuleuses l'une au dessus de la grande, et l'autre au dessous (1807).

Année moyenne conclue des observations météorologiques faites à Paris pendant 29 ans. (1768-1796).

Observations sur les grandes chaleurs, la sécheresse et la diminution des eaux de la Seine pendant les mois de juillet et août 1793.

Observation de la sublimation du mercure dans la partie vide des tubes de baromètre, produite par les rayons du soleil (1799).

Réapparition de la planète d'Olbers ou Pallas, à sa sortie des rayons du Soleil, dans la Constellation de Pégase (1806).

Grande Comète ayant paru à la naissance de Napoléon le Grand. (1808).

aisement dans le cas ou elle diminueroit de grosseur. Comme je n'avois pas avec moi de Cartes Celestes, je me [Contenteroi] Suis Contenté de figurer a peu près les etoilles qui l'environnoient Si le tems a ete decouvert a Paris Cette Comete aura eté Surement observée par quelques astronomes et tout Ce que j'ay lhonneur de vous annoncer dans Cette lettre devient alors absolument inutile je me feliciterai toujours d'avoir trouve Cette occasion de vous renouveller les [Sent] temoignages du Respectueux attachement avec lequel je Suis

Monsieur

Votre tres humble et tres obeissant Serviteur (1).

Lavoisier.

a M. de Fouchy.

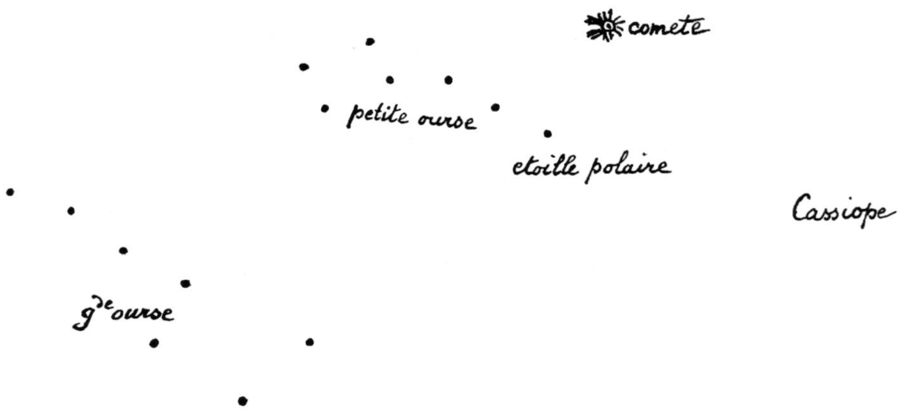

(1) Ayant communiqué cette lettre à M. Danjon, de l'Académie des Sciences, Directeur de l'Observatoire de Paris, en le priant de bien vouloir me dire si c'était bien, a son avis, une seconde comète que Lavoisier avait put observer au Nord, j'ai reçu l'intéressante réponse que voici :

« La comète, qui fut visible au début de 1770, est célèbre ; c'est la comète dite de « Lexell, du nom de celui qui démontra le caractère elliptique de son orbite. Elle porte « le nº 946 dans le catalogue de Baldet (Annales du Bureau des Longitudes, 1950). Elle

N° 142

FROMENT A LAVOISIER

30 Septembre 1770

(*Archives de l'Académie des Sciences*, N° 634-9, O.)

Ni indication de destinataire ni adresse

Monsieur,

je vous envoye en partie ce que vous m'avés fait la grace de me demander Concernant les terres qui sont dans nôtre voisinage ; je desire que cela puisse servir au projet que vous et votre illustre associé Monsieur Guettard ont de perfectionner la Carte minéralogique de la france (1).

je vous fais en meme tems tenir deux especes d'argille de differentes qualites, la premiere Envlopée [*sic*] de papier gris et extremement fine et collante S'amalgame aisement avec une tres grande quantité d'eau, l'autre est differente en ce qu'elle est plus caillouteuse et remplie de substance craionneuse. je les crois toutes deux tres propres pour la fayence. La 1re espece est du village

« fut découverte à Paris, par Messier, le 14 juin. Le 2 juillet, Messier trouva à sa chevelure un diamètre apparent de 2°,23'.

« Cette comète périodique n'avait jamais été observée auparavant et elle n'a « jamais été revue. Le Verrier a résolu cet étrange paradoxe en montrant que, avant et « après son apparition de 1770, la comète de Lexell avait été très fortement perturbée « par Jupiter, et que son orbite avait subi des modifications considérables. Les premières « l'avaient « captée », les secondes l'avaient renvoyée dans l'espace interstellaire.

« En fait, on ne peut pas affirmer qu'elle ait été captée par des perturbations peu « avant son apparition de 1770 : le calcul ayant montré que, si à son apparition précédente « elle suivait déjà l'orbite de 1770, elle avait du rester dans le voisinage du Soleil et être « inobservable. La capture a donc pu avoir lieu antérieurement et l'apparition de 1770 « était peut-être la seconde.

« Les comètes périodiques épuisent rapidement leurs réserves de gaz occlus et les « chevelures très étendues et très brillantes appartiennent presque toujours à des comètes « paraboliques. L'éclat inaccoutumé de la comète Lexell semble bien la preuve qu'elle « n'appartenait pas depuis de longues années au système solaire.

« Si, lorsque le ciel redevint clair, dans la nuit du 1er au 2 juillet 1770, Lavoisier « avait cherché au Sud la comète Messier-Lexell, il ne l'y aurait pas trouvée. Elle s'était « déplacée très rapidement, après une longue station vers 10° de déclinaison australe, « et en quelques jours, elle avait atteint le voisinage du pôle dans Céphée. Dans l'Histoire « de l'Académie 1776, p. 603, Messier rapporte qu'elle avait parcouru 40° du 30 juin au « 1er juillet.

« Le dessin que donne Lavoisier s'applique presque exactement sur la carte qui « accompagne le mémoire de Messier, c'est donc bien la comète de Lexell que Lavoisier « a vue sans l'identifier. »

(1) Cette phrase permet de considérer Lavoisier comme le destinataire de cette lettre.

de prouzel [?] près amiens, la 2e se trouve à pissy. lieu distant d'amiens de 3 lieues.

l'argille se rencontre à 4 pieds de profondeur

le Bief [?] a 10 pieds

la marne à 20 pieds

le cran [?] à 40 pieds

la pierre tendre à 50 pieds. c'est cette même pierre qui sert à construction des batimens elle est très aisée à tailler et à faire de la chaux.

les puits contiennent 275 pieds de profondeur et sont tous Creusés dans Le Roc Les Sources se developpent par des fillieres qui S'observent en Creusant il n'en est pas de même de ceux qui sont pratiqués dans les vallées tels que ceux de la Somme ou l'on creuse jusqu'a ce que l'on trouve une terre que les ouvriers appellent le gly. lequel est Composé de terres et de Sables mouvants.

Les carrieres de pissy sont de 100 pieds de profondeur.

Au Saulfoy [?] chateau pres pissy il ne se trouve point d'argille dans les Environs du chateau, il nia que Le Bief qui est une terre tres rouge et caillouteuse grasse par consequent tres propre à faire de la tuille, mais ne peut etre utile pour la Brique. Cette terre est à pied de profondeur [*sic*]

la marne à 15 pieds.

le cran à 35 pieds

la pierre à 50 pieds

la carriere de cet endroit est de 100 pieds de profondeur. l'on i observe que les bancs sont de 6 pieds de hauteur l'on ignore leur Etendue

par Rapport à La juste profondeur des matieres (mot illisible) l'on ne peut assurer [?] exactement sur l'inegalité qu'on observe dans toute Letendue du terrein, il est des endroits oû l'argille N'est qu'a deux pieds, d'aute ou il ne S'en trouve point. ce n'est que le Bief [?] souvent il nia ni l'un ni l'autre ce qui prouve que ces mêmes Couches de terres vont en serpentant je compte pouvoir vous donner encore d'autres observations que je joindroi à celles ci sur 40 ou 50 village des Environs de notre canton je N'obmettrai Rien pour vous les faire passer je les mettrai dans une autre ordre que celles que je vous Envoye et mestimerai trop heureux de chercher toutes les occasions de meritter vos bontés toujours reconnoissant de celles dont je suis redevable à Monsieur votre pere

jai L'honneur detre avec Respect
Monsieur
Votre tres humble
pissi 30 7bre 1770 — et tres obeissant Serviteur
froment M^e es art et
en chirurgie

mon adresse est au chateau de pissy près amiens.

⁂

N° 143

LAVOISIER A PAULZE
23 Novembre 1770
(*Archives de Chabrol*, O.)
Entièrement de la main de Lavoisier

a Monsieur

Monsieur Paulze
fermier general du Roy à lhotel des fermes
A Paris

Je suis arrivé icy Monsieur hier vers les trois heures. mon premier Soin a ete de voir M. le Brun, et d'examiner dans un tres grand detail la regie qui lui est Confié. Cet objet m'a occupe hier jusqu'a neuf heures du soir et aujourdhuy toute la matinée. je Suis a peu pres au bout. je vais me mettre Sur le champ a rediger mes observations et vous en envoyer le plutost possible le resultat. la regie du tabac dans la principaute de charleville est absolument etrangere a Celle du clermontois ainsy je Crois que je peux vous en rendre Compte avant davoir vu M. le leu la quantite de tabac en feuille existante icy est tres Considerable et malheureusement de qualite tres foible, je ne Scais quel parti la Compagnie prendra a cet egard; je lui ferai passer mes observations et Mes idées

M. le Brun me paroit un honete homme et qui a des vues droittes il a des talens mediocres et ne Seroit point en etat d'occuper un poste tres interessant mais il ne manque ni dintelligence ni de bonne volonté. il a de l'ordre et je le crois tres propre a la place qu'il occupe. par rapport à M. de Montreuil, il veut se meler de tout Sans y rien entendre. Ce que je peux faire de mieux a Son egard est de l'ecarter le plus qu'il est possible, encore ai-je bien de la peine à y reussir. je Crois que le bien de la chose exige quil ne Soit chargé de rien jusqu'a Ce que l'etablissement Soit entierement fait. jexcepte Cependant les inventaires du premier janvier aux quels il Sera necessaire quil assiste, lui ou M. aubert parce qu'a Cet epoque. je Serai vraisemblablement a Stennay. j'aurai lhonneur de vous ecrire .plus en detail sur tous ces objets a mesure que j'aurai eu le tems de rasseoir mes idees

Je Serai a Stennay dimanche ou lundy prochain au plus tard

J'ay lhonneur d'etre avec un tres parfait attachement

Monsieur

Votre tres humble et tres obeissant Serviteur.

Lavoisier.

Charleville le 23 9bre 1770.

⁂

N° 144

LAVOISIER A [PAULZE]

26 novembre 1770

(*Archives de Chabrol*, O.)

Entièrement de la main de Lavoisier

Ni indication de destinataire, ni adresse

ferme de charleville

Il a toujours ete dusage Monsieur depuis que M Blandin est en posession de la regie du tabac a charleville et meme je Crois dans les beaux anterieurs de delivrer aux etrennes les quantites de tabac suivantes :

Au Commandant de Mezieres.	3 Billes
au lieutenant general de charleville....	3
a l'avocat general fiscal..............	3
au procureur general fiscal.	3
au procureur et avocat de la ferme. ...	3
au visiteur de la douanne.	1
Total.	16

Ces etrennes Se delivroient en tabac hollande et les billes etoient environs du poids de 3 l. 8 o. je Scais qu'il a toujours ete dans les principes de la ferme generale de se refuser autant qu'il etoit possible a toutes etrennes en tabac. mais Comme en meme tems il est extremement interessant d'eviter de deplaire aux officiers de M^{r}. le Prince de Condé surtout dans un premier instant; je Crois qu'on pourroit accorder les principes de la Compagnie avec la bienseance en Convertissant en Bougies les etrennes qu'on a toujours eu Coutume de delivrer en tabac. on pourroit en accorder 12 livres au Commendant de Mezieres et [aux] a chaque officier du prince Six au procureur et avocat de la ferme et retrancher Celles du visiteur de la douanne qui n'ont plus aujourdhuy dobjet. je vous prie de vouloir bien me faire Connoitre lintention de la Compagnie Sur Cet article avant le premier janvier affin que je puisse me conduire en consequence et en prevenir meme les officiers de Mgr le prince de Conde lorsque je repasserai a charleville.

J'ay lhonneur detre avec un tres parfait attachement

Monsieur

Votre tres humble et tres obeissant Serviteur

Lavoisier

Stennay le 26 9bre 1770.

⁂

N° 145

LAVOISIER A PAULZE

26 novembre 1770

(*Archives de Chabrol,* O.)

Entièrement de la main de Lavoisier

Je monte a linstant Monsieur en voiture pour me rendre a stennay le tems Commence a presser a bien des egards. j'ay lhonneur de vous adresser Cy joint le reste de mes observations sur la regie du tabac de charleville. je Crois qu'il sera necessaire que M. de la hante ait communication de ce qui Concerne les tabacs fabriqués et non fabriques restans en magazin. Comme la reponse au memoire cy joint pourroit vous jetter dans de longues discussions, vous pourriés pour les abreger faire transcrire le memoire l'apostiller a mie marge de vos observations et des decisions de la compagnie et me le renvoyer a Stennay. j'ay fait a charleville quelques autres decouvertes dont je me propose de vous entretenir particulierement lorsque j'aurai un moment de libre je n'ay dans Cet instant que tems de vous assurer du parfait et inviolable attachement avec lequel j'ay lhonneur detre

Monsieur

Votre tres humble et tres obeissant Serviteur

Lavoisier

Charleville le 26 9bre 1770.

M. Paulze

⁂

N° 146

LAVOISIER A [PAULZE]

26 novembre 1770

(*Archives de Chabrol,* O.)

Entièrement de la main de Lavoisier

Ni indication de destinataire, ni adresse

M. Le leu vient de Mannoncer a mon arrivée dans Cette ville qu'il avoit adressé il y a deja huit a dix jours Sa demission a la Compagnie. je n'ay pas encore pu tirer bien au clair les motifs qui l'ont engagé a quitter ainsy de son plein gré une place utile et agreable. je Crois entrevoir que quelques desagremens quil a eprouve de la part de Sa compagnie en sont la Cause. il m'a assuré quil ignoroit au moment où il a donné sa demission que la ferme generale entra en jouissance au premier janvier prochain et il m'a temoigné quelques regrets de la demarche precipitée qu'il avoit faitte. Si vous pensies que M. le leu put etre utile a la chose, il ne Seroit pas difficile de le determiner a rester mais je ne puis m'avancer a Cet egard que quand je Scaurai quelle est votre intention. par rapport à moi, il n'y a qu'une heure que j'ay vu M. le leu pour la premiere fois et je Suis bien eloigne de le connoitre a fond. je puis dire en general qu'il ne manque pas de talens ni de Connoissances qu'il paroit bien Connoitre la regie qui lui est Confiée; quil parle asses bien, qu'il a lexterieur decent et honete et qu'il paroit avoir beaucoup dordre dans Ses papiers. je n'ay point encore vu M. Rogier qu'il propose pour son Successeur il est en Campagne et ne se rendra icy que demain ou après. en general le choix d'un sujet pour remplir la place de directeur a Stennay nest pas aisé a faire il faut un homme qui reunisse beaucoup de Connoissances et de qualites personnelles, il faut un homme tres liant et qui Sache prendre de la Consistence et de la Consideration. je ferai en sorte de decouvrir les veritables motifs de la retraitte projettée de M. le leu et j'aurai l'honneur de vous en informer.

je vous prierai de ne pas Communiquer indifferemment a M. Blandin tous les details de notre Correspondance pour raisons que j'aurai lhonneur de vous exposer dans la Suitte. pour que vous puissies [dans la Suitte] distinguer tout dun coup les lettres particulieres de celles qui Seront ostensibles, je timbrerai Ces dernieres cest à dire celles qui Seront ostensibles de ces mots *ferme de charleville ou ferme du clermontois* (1) je ne timbrerai point Celles qui Contiendront des details qui ne doivent point passer par les bureaux

j'ay lhonneur detre avec un tres parfait attachement

Monsieur

Votre tres humble et tres obeissant Serviteur

Lavoisier

Charleville le 26 novembre 1770

(1) Ces mots sont soulignés dans le texte.

⁂

N° 147

LAVOISIER A [PAULZE]
26 novembre 1770
(*Archives de Chabrol*, O.)
De la main d'un Secrétaire. Signature seule de Lavoisier
Ni indication de destinataire, ni adresse

de Stenay le 26 9bre 1770

Ferme de charleville

Vous avés Vu Monsieur, par les observations que jai eu l'honneur de vous adresser Sur les tabacs Restant dans les Magasins de M. Blandin a charleville que le tabac andouille Soit de feuilles du cru du pays Soit de ces memes feuilles melangées avec celles de St Omer, ne pouvoit absolument Servir qu'a faire du tabac de Cantine. vous n'ignorés pas que les matieres propres a la fabrication de cette derniere espece de tabac ne Sont que trop communes dans les manufactures de la ferme Et qu'il est necessaire dy faire fabriquer de la cantine pour les debarrasser des basses matières dont elles Seroient Surchargées. Vous avés Vu par les memes observations que je ne desespere pas qu'on ne puisse tirer parti du tabac du cru de charleville en feuilles Et qu'il pourroit etre Employé a la couverture des Rolles. dans ces circonstances il Seroit interessant pour la ferme Generalle que la compagnie de M. Blandin cessa toute fabrication de tabac commun en Rolle cru de Charleville Et de St Omer Et qu'elle n'en conserva uniquement que pour la consommation du mois prochain. la lettre cy jointe adressée a M. le Brun paroit avoir été ecrite d'apres des principes tout a fait differents, vous Verrés qu'on prescrit au preposé de forcer Sa fabrication en basses Especes Et de faire passer les tabacs dans le clermontois a mesure qu'il Seront fabriqués. je vous prie de Vouloir bien faire Sentir à M. Blandin Et a Ses associés combien cet ordre est contraire aux interets de la ferme Generalle, Et de les prier de ne la point Surcharger d'une espece de tabac qui ne lui Seroit d'aucun usage. puisqu'elle consent a reprendre tous les tabacs existants dans les Magasins de M. Blandin, au moins est il juste qu'ils lui Soient laissés Sous la forme qui lui

Sera la moins onereuse, Et qu'elle ne Soit pas forcée de Supporter les frais d'une main d'œuvre qui lui Seroit absolument inutile.

jai l'honneur d'etre avec un tres parfait attachement

Monsieur

Votre tres humble Et tres obeissant serviteur.

Lavoisier

***

N° 148

Copie de la lettre Ecrite par M. Blandin Et compagnie à M. le Brun, le 22 novembre 1770 (1)
(*Archives de Chabrol*, O.)

Il est essentiel Monsieur que vous ne perdiés pas un instant a faire fabriquer avec le tabac du cru de charleville Et le meilleur du cru de flandres, du tabac andouille en Rolle pour le clermontois, c'est a dire trois quarts de feuilles de charleville, Et un quart du cru de flandres, vous ferés votre possible pour d'ici a la fin de decembre pousser cette fabrication au plus fort, attendu que nous devons laisser dans le clermontois 27000 Livres de tabac andouille Et qu'au premier de ce mois il n'en existe que 12000 L.

Concertés vous avec M. Leleu a ce Sujet Et faites lui passer ce tabac a mesure qu'il y en aura une Voiture de fabriquée.

a l'egard du tabac commun de charleville Vous ne devés ainsi que nous vous l'avons marqué precedemment y employer que le tabac de flandres de moindre qualité.

Par rapport aux côtes que vous avés en Magasin Et qui proviendront de la fabrication que vous ferés faire jusques a la fin de decembre Vous aurés attention de les Enfermer en magasin Sans les faire Bruler.

(1) Annexée à la lettre précédente.

⁂

N° 149

LAVOISIER A [PAULZE]

27 novembre 1770

(*Archives de Chabrol,* O.)

De la main d'un Secrétaire

Ni indication de destinataire, ni adresse

Corrections de la main de Lavoisier

de Stenay le 27 9bre 1770

jai Reçu ce matin, Monsieur, la lettre que vous m'avés fait l'honneur de m'ecrire en datte du 21 de ce mois je ne puis y repondre Sans entrer dans des discussions qui vous paroitront peut etre un peu longues mais que je crois cependant necessaires.

M. le leu autant que le peu de temps que j'ai Vecu avec lui me permet de le connoitre, ne manque ni de talents, ni de connoissance, ni d'intelligence, je crois qu'a cet egard, il convient a peu près a la place qu'il occupe, tous ceux qui m'en ont parlé jusques a present m'ont assuré qu'il l'avoit toujours rempli a la Satisfaction du public Et de Ses commettants; Mais ce meme M. le leu est un homme caché et difficile a connoitre a fond, quelques moyens que jaye Employé auprès de lui, il ne m'a pas été possible de decouvrir quels etoient les Veritables motifs de Sa demission, Et il ne m'a repondu que par des raisonnements Vagues qui m'ont paru peu naturels, il m'a pretexté d'abord l'envie de Rejoindre Sa famille Et de Se retirer dans Sa patrie, il m'a fait a cet Egard un Etalage de beaux Sentiments auxquels je ne me Suis fié que Mediocrement; tout ce qu'il m'a ajouté lorsque je lai poussé un peu Vivement, c'est qu'il avoit Eprouvé de M. Blandin quelques desagrements qui lui avoient donné du degout Et qui l'avoient engagé a demander Sa demission, il ne Scavoit pas alors, a ce qu'il m'a assuré que la ferme generalle entroit en possession au premier janvier de l'année prochaine. Malgré l'air de Vraisemblance qu'il a voulu donner au pretexte, je Soupconne que ces [prétendus] desagrements qu'il pretend avoir eprouvé de M. Blandin ne Sont qu'une histoire faite a plaisir, et je n'assurerois pas [qu'il ne fut encore l'homme de M. Blandin Et] qu'il ne fut beaucoup plus attaché à Sa personne Et a Ses interets qu'il n'affecte de le faire paroitre; Voici les Raisons Sur lesquels je fonde mon opinion.

Premierement ce M. Rogier qu'il propose pour le remplacer est le beau frere d'une dame de charleville avec laquelle on assure que M. Blandin pere a été tres etroitement lié, Et c'est probablement l'origine du bien qu'on lui veut, aureste je n'ai point Vu M. Rogier, mais on me le Vente a l'exces, Et je Serois bien etonné S'il n'existoit pas entre lui Et M. le leu un traité pecuniaire Relatif a la place.

Secondement jai observé que M. le leu me disoit du bien de presque tous les parents Et protegés de M. Blandin.

Enfin M. le leu tout en Se lachant avec moi Sur le compte de M. Blandin, en m'en disant meme quelquefois du mal, m'en a toujours parlé cependant Sur le ton d'un homme qu'il cherchoit a menager.

Voila a peu près où j'en etois de mes decouvertes Sur M. le leu lorsqu'il a recu Votre lettre, Soit qu'il fut persuadé que la ferme generalle fut peu favorablement disposé en Sa faveur Soit que M. Blandin par des Vues particulieres eut cherché a le lui insinuer; il m'a Semblé que l'effet de votre lettre Et de la conversation que j'avois eu avec lui avoit été de changer Ses idées, il S'est apperçu Sans doute qu'il avoit fait une faute tres grave Relativement a Ses interets de demander aussi precipitamment Sa demission, Et apres quelques heures de Reflexions qui m'ont paru l'agiter beaucoup il est Venu me dire qu'il etoit determiné a demeurer attaché a la ferme generalle Et me demander Si je trouverois quel qu'inconvénient qu'il vous en ecrivit. je lui ai repondu assés froidement que je croyois que jusques au moment de Sa demission l'intention de la compagnie avoit été de le conserver dans Sa place, que peut etre Sa lettre La trouveroit elle Encore dans les memes dispositions, que cependant il pouvoit arriver, que d'après la lettre qu'il vous avoit Ecritte elle eut pris des Engagements qui ne lui permettroient point de lui Rendre Sa parole.

[depuis ce moment M. le leu] Quoiquil en soit M. le leu depuis la reception de votre lettre a affecté avec moi un air plus ouvert, il S'est empressé d'aller au devant des Eclaircissements dont j'avois besoin, mais j'avoue que je n'ai pu prendre encore en lui une confiance bien complette ; je crois toujours entrevoir chez lui Sous l'apparence de la franchise une Reserve qui m'empeche de me livrer. peut etre cette Reserve tient elle aux circonstances, peut etre M. blandin a t-il Supposé a la compagnie des dispositions qu'elle n'avoit pas, afin de detacher d'elle un homme qu'il a cru pouvoir lui etre utile, peut etre encore a t'il cherché a degouter M. le leu pour placer M. Rogier Son protégé. ces Reflexions Rapprochées de celles que vous avés pu faire Et de ce que vous pourrés tirer de M. Blandin vous mettront peut etre a portée de prendre un parti. En attendant, je vois que M. le leu est determiné a conserver Sa place, qu'il y compte, Et qu'il y a été Sollicité par M. de St alban; il Sera je crois difficile dans ces circonstances de refuser de le conserver.

quoi qu'il en Soit je vais toujours Repondre a la Seconde partie de votre lettre ou il est question de donner un Successeur a M. le leu. je pense comme Vous que M. abel Seroit tres propre a remplir ce poste. je lui crois même plus de talents plus de correspondance qu'a M. le leu, il a plus l'esprit de Regie Et plus de connoissance Surtout dans la partie des aydes, il est d'ailleurs peu fait pour un employ actif Et de mouvement Et Seroit beaucoup mieux a Son poste directeur a Stennay qu'inspecteur a Ste Manehould ; il faut dans ce dernier poste un homme actif qui Soit nuit Et jour En campagne M. abel au contraire est devenu casanier Et n'est bon que pour un Employ de cabinet. je crois donc que la compagnie Gagneroit a tous Egards a cet arrangement. tout en concluant en faveur de M. abel je ne me fais point illusion Sur Ses defauts, c'est un homme trop fin, trop adroit Et qui ne met point dans les affaires cet espece de Bonhomie que doit avoir un galant homme: je dois Vous dire de plus qu'on m'a assuré qu'il n'avoit quitté la partie des aydes que comme contraint Et Relativement a des faits assés graves, j'ignore jusques a quel point ces imputations Sont fondées, mais il est necessaire de les Eclaircir, Et je crois que vous ne pouvés mieux vous adresser a cet egard qu'à M. Gauthier, il a eté a la tete de la Sous ferme de champagne Et M. abel a travaillé Sous lui.

Par rapport a la place de M. Rogier j'ai passé en revue les differents Sujets que j'ai Eu occasion de Voir dans les aydes, je vous transmettrai mes Reflexions Sur ce chapitre dans une autre lettre, Si les circonstances S'arrangent de maniere a les Rendre necessaires. je craindrois d'ailleurs en prolongeant celle cy de me laisser gagner par l'heure de la poste: je crois que je Serai en etat de vous proposer deux Sujets qui Seront l'un Et l'autre a peu près en etat de remplir l'objet que vous avez en Vue.

jai l'honneur d'etre avec un tres parfait attachement

Monsieur

Votre tres humble Et tres obeissant Serviteur

Lavoisier

⁂

N° 150

LAVOISIER A [PAULZE]

28 novembre 1770

(*Archives de Chabrol,* O.)

De la main d'un Secrétaire

Ni indication de destinataire, ni adresse

de Stenay le 28 9bre 1770

je n'ai pas Voulu passer a charleville, Monsieur, Sans Soumettre aux Epreuves ordinaires les tabacs Vendus par les debitants de la regie de M. Blandin, Et m'assurer Si l'abus des melanges de corps Etrangers S'etoit repandu dans cette Ville comme dans la plus part de celles du pays de privilege.

Le Resultat de mes Epreuves a été que le tabac de Scollen celui d'hollande Et celui de St Vincent etoient exempts de tout melange du moins en quantité Sensible; mais ce n'a pas été Sans une Extreme Surprise que je me Suis apperçu en meme temps que le tabac a Vignette orange qui S'envoye comme les trois especes precedentes tout Rapé de la Manufacture etoit considerablement melangé Et precisement dans la meme proportion chez tous les debitants. de l'esprit de Vitriol Versé Sur ce tabac y excitoit une Vive effervescence avec Bruit Et gonflement, le bruit etoit Surtout tres Sensible en approchant le Verre de l'oreille, Ce melange d'ailleurs deceloit par Son odeur une quantité de cendre tres considerable ou au moins d'une

Substance quelconque tres analogue. jai cru devoir pousser plus loin ces Epreuves, jai fait bruler Sur une pele une certaine quantité de Tabac Vignette orange Et une Egale quantité de tabac hollande, la premiere des deux Especes m'a laissé après la combustion une quantité de cendre beaucoup plus considerable que la Seconde.

La consequence Naturelle que je devois tirer de ces Epreuves etoit que tous les debitants de charleville trompoient impunement le public Et Se livroient a des melanges frauduleux Cependant une circonstance fort Singuliere Et qui me donnoit beaucoup a penser, c'est que la Vignette orange Seule Se trouvoit melangé toutes les autres especes de tabac etoient absolument pures. or comment concevoir que tous les debitants d'une Ville S'entendissent pour ne melanger qu'une Seule Et meme Espece de tabac a l'exclusion de tous les autres. ces Reflexions m'ont fait Soupçonner que le melange pouvoit bien Venir du bureau ou de la manufacture, et ces Soupcons ont été confirmés. jai levé un echantillon de chacun des Barils qui Se trouvoient au magasin de charleville Et par les Epreuves auxquelles je les ai Soumises, jai reconnu qu'il existoit egalement dans tous un melange de cendre au moins d'un huitieme, il y a tout lieu de presumer que ce Sont les cendres meme des cotes de tabac Brulées qui Servent a cet usage.

il me Restoit pour completter cette decouverte a determiner Si c'etoit par le manufacturier de dunkerque que Se faisoit le melange ou par le preposé a charleville, mais il ne m'a pas été possible d'acquerir des preuves Satisfaisantes a cet egard. une infinité de circonstances Rapprochées me portent cependant a croire que le melange Se fait a la manufacture meme, Et je Suis encore confirmé dans cette opinion par la connoissance que j'ai du caractere de M. le Brun. je me persuaderois difficilement qu'il ne fut pas honnete homme, ou au moins qu'il fut assés fripon pour Se livrer a une pareille manœuvre a l'inçeu de Ses commettants. je n'ai rien laissé entrevoir à M. le Brun ni de mes Epreuves ni de leur Resultat, mais je lai engagé Sous d'autres pretextes à laisser Sous le plomb de la ferme jusques a mon Retour a charleville un des barils de Vignette orange en poudre qui doit lui arriver incessament, il me Sera tres facile d'après cela de Reconnoitre par des faits Sans Replique Si le melange Se fait Veritablement a la manufacture. jai cru devoir vous faire cette confidence pour en faire tel usage que vous jugerés a propos, peut etre penserés vous qu'avant de rien dire il est necessaire d'attendre la preuve que je me propose de faire Sur le boucaud plombé. En tout Etat de cause je pense que la compagnie Sera tres fondée de Refuser a M. Blandin de reprendre les tabacs qui Sont alterés a ce point.

parmi les Echantillons de tabac que j'ai adressé a l'hotel de longueville Et que jai eu l'honneur de vous annoncer, il y a un petit pot de Vignette orange Rapé, ainsi vous Serés a portée de repeter mes Experiences.

jai l'honneur d'etre avec un tres parfait attachement

Monsieur

Votre tres humble Et tres obeissant Serviteur.

Lavoisier

Depuis ma lettre Ecrite jai acquis la preuve a peu près complette que le melange de cendre Se faisoit a la manufacture meme, En effet jai Repeté les memes Epreuves a Stennay Sur le tabac a Vignette orange existant dans le magasin Et j'ai reconnu qu'il etoit melangé precisement dans la meme proportion que celui Existant dans les Magasins de charleville.

Postcriptum a la lettre du 28 9bre 1770 (1)

D'après letat ou sont les tabacs a vignette orange dont M. Blandin approvisionne le clermontois, il est permis d'avoir une juste mefiance de ceux qu'il doit livrer a la ferme au premier janvier. il sera necessaire en Consequence que ceux qui existent dans les magazins de dunkerque ne Soient pas recus Sans examen. Si vous le jugies necessaire je pourrois me transporter a dunkerque dans le Courrant de janvier la route depuis charleville est asses belle. au reste je Crois qu'il Sera bon de garder le Secret vis à vis de M. Blandin.

je me propose Si vous le trouvés bon de lever en presence des employes Superieurs dans les derniers jours de decembre un echantillon de chaque boucaud de tabac. Cet echantillon Sera mis dans un pot de gres cacheté et deposé au greffe des juridiction et il en Sera pris acte pour valoir Ce que de raison. daprès Cette precaution, on sera en etat de faire la loix a M. Blandin et de Constater le melange en justice Si lon le croyoit necessaire. Cette affaire pourroit devenir de Consequence Si la ferme generale etoit dhumeur a la Suivre.

(1) Ce post-scriptum est entièrement de la main de Lavoisier.

Letat dans lequel Se trouvent [les] le tabac a vignette orange me procurera un moyen Sur de m'assurer de la fidelite des entreposeurs et des debitans. Comme ils ont plusieurs especes de tabac rien ne leur est plus facile que de melanger la vignette orange qui est a bas prix avec le St vincent et le hollande qui leur est egalement delivré rapé. au moyen du melange de cendre qui existe dans la vignette il Sera toujours facile de la reconnoitre par tout.

***

No 151

LAVOISIER A [PAULZE]

29 novembre 1770

(*Archives de Chabrol,* O.)

Entièrement de la main de Lavoisier

Ni indication de destinataire, ni adresse

Une lettre que j'ay recue Monsieur par le derniere ordinaire de M. de la hante m'apprend que vous etes dans lobligation par une clause du bail de mettre la vignette du prince Sur le tabac qui sera vendu dans le clermontois. comme M. Blandin est Manufacturier de tabac et que Soit dit entre nous on assure que Sa manufacture de dunkerque approvisionne une partie de Ceux qui font commerce de faux tabac dans le pays de vente exclusive, je regarderois comme de tres grande Consequence de ne point employer la meme vignette que Celle dont il Se Servoit pour le clermontois. ce Seroit lui menager un moyen Sur de contrefaire le tabac de la ferme et des lors le Caracterre du fermier ne Seroit plus exclusif. peut etre Seroit-il encore tems de faire graver une nouvelle vignette. au surplus Si vous penses que le terme du premier janvier Soit trop Court je Crois que Mgr le prince de Conde et Son Conseil ne S'opposeront pas à ce qu'il Soit vendu du tabac a la vignette de julien alaterre dans le Clermontois pendant les deux premiers mois de lannée.

J'ay lhonneur detre avec un tres parfaittattachement

Monsieur

Votre tres humble et tres obeissant Serviteur

Lavoisier

Stennay le 29 9bre 1770

***

N° 152

LAVOISIER A PAULZE
29 novembre 1770
Timbre de la Poste. Stenay
(*Archives de Chabrol,* O.)
Entièrement de la main de Lavoisier

Stennay le 29 9bre 1770

a Monsieur Paulze
fermier General du Roy a l'hotel des fermes
A Paris

J'attens toujours Monsieur le bail du clermontois le tems Commence a presser; il faut en effet qu'il Soit enregistre dans les Six prevostés, et il faudra au moins le tems de faire une expedition pour chacune delles.

j'ay vu M. Rogier dont j'ay ete asses Content. M. le leu Se livre davantage que dans le Commencement et je vois qu'il a grande envie de Conserver Sa place ; je ne lui en ay pas parle depuis. mon tems a ete en grande partie employé depuis que je suis a Stennay en Conferences et en visittes actives et passives a l'exception de quelques lettres que j'ay trouvé le moment d'ecrire. je Crois avoir acquis une idée assez nette de la regie du clermontois du moins relativement aux gabelles au tabac a l'impost fredeau (1) et aux

(1) Droit de Fredeau ou de petit Passage. — On désignait ainsi un droit de péage du par les marchands sortant du Clermontois et entrant dans le Verdunois, qui par rapport au Clermontois était une province réputée étrangère.

Le Prince de Condé y jouissait du droit de Fredeau qui était perçu par son fermier — [d'après Bouchet d'Argis, Avocat au Parlement, dans « Répertoire universel et raisonné de Jurisprudence Civile, Criminelle et Canonique » publié par Guyot, tome VII, p. 661, 1784].

Le Clermontois avait appartenu anciennement aux Ducs de Lorraine. Louis XIV le conquit en 1632. Le Duc de Lorraine le lui céda en 1641, et le Roi le donna en 1648 à Louis de Bourbon, Prince de Condé, en récompense de ses services.

droits d'aides je Compte m'enfermer demain et travailler a un plan de regie pour le tabac j'aurai lhonneur de vous lenvoyer S'il est possible par le premier ordinaire; il y aura aussy quelques changemens a faire relativement aux droits daides et Surtout a lordre qui S'observe dans la Comptabilité.

il sera essentiel que vous envoyés incessamment a M. le leu une procuration au nom du nouvel adjudicataire. moi meme je n'en ay qu'une de julien alaterre et S'il Se trouvoit quelque difficulté elle ne formeroit pas un titre Suffisant pour agir. il sera encore necessaire de donner de nouvelles Commissions aux employes mais je me reserve de vous ecrire particulierement Sur cet objet, en vous indiquant en meme tems quelques changemens que je Crois necessaires.

Tout se prepare bien jusqu'a Ce moment et je trouve de toute part les esprits beaucoup mieux disposés que je ne m'y attendois. jespere que j'ammenerai les habitans de la province a demander eux meme la conversion de limpost fredeau ; tous les magistrats de Cette ville sont bien disposés Sur Cet article.

Cette Conversion Seroit tres interessante pour le fermier en ce quelle diminuroit le nombre des bureaux, quelle simplifieroit la regie et quelle donneroit la facilite de Supprimer des brigades uniquement occupées a la Conservation de ce droit on pourroit les employer plus utilement ailleurs. je vous entretiendrai plus particulierement de Cet objet dans un autre moment. Si tost que j'aurai redigé un premier apercu Sur les principaux Changemens a faire pour le premier janvier jaurai lhonneur de vous l'adresser et je partirai Sur le champ pour varennes ou il est important que je Confere de tout avec M. de St andré il m'a ecrit pour m'inviter a descendre ches lui

Jay lhonneur detre avec un tres parfait attachement

Monsieur

Votre tres humble et tres obeissant Serviteur.

Lavoisier.

***

N° 153

LAVOISIER A [PAULZE]
30 novembre 1770
(*Archives de Chabrol*, O.)
De la main d'un Secrétaire. Signature de Lavoisier
Ni indication de destinataire, ni adresse

de Stenay le 30 9bre 1770

ferme du clermontois

L'article 37, du projet de bail que vous m'avés fait l'honneur de me Remettre a mon depart de paris porte Monsieur que les commis du clermontois devront etre porteurs des Bandouilleres aux armes de S.A.S. Mgr le prince de Condé, Et que les commissions devront etre Expediées en Son nom Et Signées de lui. Cette clause ne laissera pas que d'entrainer quelques Embarras dans la Regie; En effet un des principaux avantages de la reunion du clermontois a la ferme generalle est de pouvoir porter en avant toutes les forces de la regie, pour arreter l'introduction des Son origine Et pour garder en meme temps Et le clermontois Et l'interieur du pays de Vente Exclusive. d'après un premier apperçu Sur la disposition des Brigades du coté de la principauté de Carignan et de l'entrepost de Montmedy. je vois qu'une partie des lignes Sera Sur l'extreme frontiere du clermontois, partie en dehors, partie en dedans; Mais Si les Employés qui Seront Sur terre de france Sont porteurs de Bandouilleres Et de commissions au nom du Roy Et de son adjudicataire Et que ceux du clermontois n'en n'ayent qu'au nom de Mgr le prince de Condé, il ne leur Sera pas possible ni de lier leur travail ni de Suivre la fraude. les procès Verbaux Seront attaqués tous les jours, ils deviendront une Source de contestation, Et il n'y aura plus dans la Regie cet Ensemble qu'on a eu en Vue. le bien du Service exige Souvent d'ailleurs des deplacements de force, des deplacements d'Employés d'un poste a l'autre; ces differents arrangements deviennent impossibles Si les Employés des deux Regies ne peuvent travailler Egalement partout Et de concert.

je ne vois que deux partis a prendre pour lever ces difficultés; le premier Seroit d'obtenir du conseil du prince la dispense de l'execution de cet article du bail Et permission a l'adjudicataire du clermontois de faire Exercer Sa ferme par les commis de l'adjudicataire des fermes du Roy. Le Second Seroit de donner a tous les Employés du Canton tant ceux travaillant Sur clermontois que ceux travaillant Sur terre de france une bandouillere Sur laquelle Seroient portées d'un coté les armes du Roy Et de l'autre celles de Mgr le prince de condé; il leur Seroit egalement delivré deux commissions. peut etre jugerés Vous de meme necessaire de donner une double commission aux controlleurs ambulants Et aux commis aux aydes, Et une double procuration au directeur.

il Restera encore une autre question a decider, c'est Si les Employés de la ferme Generalle porteurs de Bandouilleres Et de commissions de Mgr le prince de Condé Seront obligés de preter un nouveau Serment par devant les juges du clermontois: je vous prie de me faire passer votre decision a cet egard.

Sitot que j'aurai pris des idées fixes Sur le changement qu'il convient de faire dans le grade Et la qualité des quelques Employés, je vous enverrai la notte des commissions qui doivent etre expediées par la compagnie ; par Rapport a celles de gardes, meme de Brigadiers Et Soubrigadiers il Sera je crois Suffisant qu'elles Soient Expediées par le directeur. Si la Signature de Mgr le prince de condé est jugée necessaire comme le porte l'article 37 du projet de Bail que jai entre les mains, il Sera necessaire d'en envoyer un certain nombre en blanc.

il n'est point d'usage dans les aydes de delivrer des commissions, l'ordonnance n'assujetit point les commis a en etre porteurs. on ne connoit que des ordres d'installation qui Sont adressés au directeur Et qui restent entre Ses Mains ; au moyen de ce que les commis Seront chargés de la Suite de toutes les parties, meme de Verifier les comptables relativement a la partie des domaines, il est necessaire qu'ils ayent des commissions, jaurai lhonneur de vous adresser des Models de celles qui leur ont été expediées par la Regie de M. Blandin.

jai l'honneur d'etre avec un tres parfait attachement
Monsieur
Votre tres humble Et tres obeissant Serviteur
Lavoisier

je croirois toutes Reflexions faites que pour Eviter aux Employés de la ferme Generalle l'embarras d'une nouvelle prestation de Serment Relativement au travail qu'ils auront à faire Sur le clermontois on pourroit obtenir de concert avec Mgr le prince de condé un arrest du conseil qui authorisat les Employés de l'adjudicataire des fermes du clermontois a travailler a l'exploitation des dittes fermes en quelque juridiction qu'ils eussent preté Serment; alors il Seroit Suffisant de donner une double commission Et double bandouillere aux Employés de la ferme generale Sans autre formalité.

***

N° 154

LAVOISIER A PAULZE

1er décembre 1770

(*Archives de Chabrol,* O.)

Entièrement de la main de Lavoisier.

Je Crois Monsieur que vous pourres trouver quelques eclaircissemens sur le prix des tabacs Crus de flandres dans le memoire que j'ay eu lhonneur de vous remettre lannée derniere a mon retour de Cette province sur la Culture du tabac. il entre dailleurs dans les approvisionnemens de la Compagnie en tabac en feuille une portion de Cru de flandres et de varvick elle a meme un commissionnaire ad hoc pour Cet objet, cest linspecteur de la manufacture de valenciennes. il devroit donc naturellement Se trouver dans les Comptes du bureau des achats des details très exacts Sur Cet objet. par rapport aux tabacs damersfort et de virginie je Concois que les prix de la Compagnie peuvent etre differens de Ceux de dunkerque. quoi quil en soit j'adresserai par le meme ordinaire à M. de la Serre a M. arbanerre Commissionaire de la Compagnie et à M. thuillier Controlleur general à dunkerque un modele detat pour les prier de le remplir et de vous l'adresser Sur le champ. vous aures quelque chose dexact de M. arbanere et de la Serre Sur le tabac de flandres et de hainaut mais je ne vous repond pas egalement du reste je Crois que vous trouveres encore des eclaircissemens Sur le meme objet dans un memoire que jay envoyé d'amiens a M. de la hante Sur la fabrication du tabac a Dunkerque les prix actuels y sont enoncés

J'ay lhonneur d'etre avec un tres parfait attachement

Monsieur

Votre trés humble et tres obeissant Serviteur

Lavoisier

Stennay, le 1er Xbre 1770

⁂

N° 155

LAVOISIER A PAULZE

2 décembre 1770

(*Archives de Chabrol,* O.)
Entièrement de la main de Lavoisier

ferme du clermontois

J'ay lhonneur de vous adresser Cy joint, Monsieur, un memoire sur l'etablissement de la regie du tabac dans le clermontois. je l'ay redige en forme de deliberation par ce quelle m'a paru la plus Claire et que d'ailleurs j'ay pense quelle pourroit vous eviter quelque travail. j'ay joint a gauche Sur le verso de la page des observations Sur chacun des articles qui m'en ont paru Susceptibles enfin j'ay menagé une colonne a droitte dans laquelle vous voudrés bien porter vos observations et les decisions de la compagnie il y a beaucoup de changemens a faire dans la partie des aides soit par rapport a la Consistence des departemens soit par rapport aux objets dont les employes Seront charges Soit enfin par rapport à la Comptabilité, mais je ne puis prendre un parti que d'apres votre decision relativement a la partie du tabac. au reste mes projets Seront tout prets et je Serai en etat de vous les adresser Sitost que j'aurai recu votre reponse.

vous trouverés peut etre dans le plan que j'ay lhonneur de vous adresser un peu trop desprit de Sisteme et d'innovation. j'avoue que je m'y Serois moins livré Si je n'avois Seu que mes idées devoient etre rectiffiées par les votres et que vous Seriés en etat de les appretier j'avouerai d'ailleurs qu'une partie de ces idées sont puisées dans les Conversations memes que j'ay eues avec vous et avec M. de la hante et Cette Circomstance Seule m'y donne beaucoup de Confiance. enfin Monsieur létablissement d'une nouvelle regie nous procure un avantage qui ne Se retrouvera peut etre pas aisement, cest de pouvoir faire en petit l'essay d'une regie qui peut etre dans la Suitte pourroit devenir applicable a l'universalité de la machine. ces differentes refflexions m'enhardissent et me font quelquefois regretter de n'avoir pas meme ete plus loin. au reste Monsieur vous reflechires Sur le tout et vous voudres bien prononcer.

je travaille a un ordre de regie relativement aux operations a faire pour la transmission de bail d'un fermier a l'autre j'aurai lhonneur de vous en adresser une copie Sitost quil Sera redigé j'en ay deja Conferé avec le directeur et il est occupé a dresser des Circulaires pour les differens ordres demployés.

M. le leu Se livre de bonne grace cest un homme fort laborieux et qui a suffisamment de talens pour bien remplir sa place. il est beaucoup mieux que les premiers jours; je desirerois Cependant trouver en lui moins de reserve. je vous ferai part de mes refflexions Sur Son compte et Sur Celui de tous les employes lorsque je serai un peu Sorti du premier Cahos ou je me Suis trouvé en arrivant icy

j'ay lhonneur detre avec un tres parfait attachement

Monsieur

Votre tres humble et
tres obeissant Serviteur

Lavoisier

Stennay le 2 Xbre 1770

Les grosses eaux ont fait beaucoup de ravage dans Ce Canton plusieurs pont ont ete entraines par le Courrant nottament Celui de dun et Celui de chaalons Sur marne. si les eaux ne se fussent retirees il ne m'auroit peut etre pas ete possible de me rendre a varennes. je Compte y etre mardy prochain. je Serai encore oblige de faire un tour asses Considerable a Cause de laccident arrivé au pont de dun.

Je n'ay point encore donné a enregistrer la cession de M. Blandin pour le clermontois. j'attens que vous m'envoyés le Bail affin deviter lembaras et les frais d'un double enregistrement Si je ne le recois pas incessament je me Contenterai de faire enregistrer la cession et larrest du Conseil. je puis encore attendre une huitaine de jours.

⁂

Nº 156

LAVOISIER A PAULZE

8 décembre 1770

(*Archives de Chabrol,* O.)

Entièrement de la main de Lavoisier

A Monsieur
Monsieur Paulze fermier
General du Roy a l'hotel des fermes
A Paris

J'ay parcouru depuis que je n'ay eu lhonneur de vous ecrire une grande partie du clermontois ; et j'ay ete a portee de prendre une idée generale de l'etat de la regie et du Caracterre de ceux qui lhabitent

j'ay trouve dans M. de St andré un homme droit, un esprit juste une tete bien faitte et toutes les qualites qui Constituent un homme estimable. M. Blandin ne S'etoit point du tout formé Cette idée de M. de St andré, mais je Crois que la trempe du Caracterre de l'un et de l'autre etoit trop differente pour qu'ils pussent S'entendre. Si M. de St andré etoit un homme faux, S'il netoit pas Ce qu'il m'a paru etre, il faudroit renoncer a Croire a la vertu

j'ay trouvé dans M. de Bonneval un homme instruit Connoissant a fond les reglemens relatifs a la regie du clermontois, ayant des idées nettes et bien digerées ; mais difficile a bien Connoitre et n'ayant point cet air ouvert qui inspire de la confiance.

j'ay trouvé dans M. Maucler du merite et des talens, moins Cependant que Sa reputation ne m'en avoit annoncé. cest un ennemi irreconciliable de M. Blandin et un homme prevenu en general Sur tout ce qui S'appelle perception. je lui ay entendu mettre en jeu a chaque instant les interests de la province, Cependant en analisant ses idées, en refflechissant Sur quelques Conversions de droits quil proposoit je me suis apperçu que ce quil appelloit l'interest du public nétoit Souvent que le Sien propre et que toute Cette classe d'hommes presques Sans exception qui Sannoncoit comme protectrice du peuple ne cherchoit qu'a repporter Sur les autres Citoyens de la province la portion de droits dont ils etoient charges.

j'ay encore vu M. du Moncel. j'ay trouvé en lui une abondance prodigieuse d'idées mais Sans Suitte Sans liaison Sans ensemble ; Beaucoup de merite et de Connoissances mais une tete echauffée un esprit porté presque toujours a lextreme ; un homme voyant beaucoup, mais voyant Souvent mal. je ne finirois pas Monsieur Si je voulois vous donner une idée des différentes personnes que j'ay eu occasion de voir, je me propose Cependant de vous les faire Connoitre par la Suitte ; mais il est tard et j'ay fait aujourdhuy huit ou dix lieues a cheval par les plus mauvais chemins possibles ; je vais prendre un peu de repos.

j'ay rassemblé dans la petite tournée que je viens de faire le Controlleur general de verdun et M. abel. je Suis convenu avec eux de presques tous les points relativement a larrangement des brigades des directions de Mets et de chalons. j'aurai lhonneur de vous envoyer Sous peu de jours un memoire Sur Cet objet. j'entrevois en faisant grandement les choses une economie de 25 a 30 mille francs environs. je Compte me rendre demain a Stennay ou je m'enfermeroi pour m'occuper de Cet objet et de quelques autres Sur les quels il est important de prendre un parti. j'ay beaucoup vu, beaucoup ecouté il me reste a tirer des Consequences et a vous proposer des resultats

j'etois dans l'oppinion que le bureau de Correspondance du clermontois etoit etabli a Paris et je regardois des lors Comme indifferent de multiplier la Correspondance. puisque tout le poids en tombe sur vous je la menagerai le plus quil Sera possible

J'ay lhonneur detre avec un tres parfait attachement

Monsieur

Votre tres humble et tres
obeissant Serviteur

à clermont le 8 Xbre 1770

Lavoisier

***

N° 157

LAVOISIER A [PAULZE]

11 décembre 1770

(*Archives de Chabrol*, O.)

Entièrement de la main de Lavoisier

Ni indication de destinataire, ni adresse

M. Le leu Monsieur a pour lui le veu de la province. j'en ay entendu dire du bien dans toutes les parties du clermontois et par tout le monde ainsy je Crois que la regie doit Sestimer heureuse de l'avoir Conservé. je remplirai en consequence de Son nom la procuration que vous voudres bien m'envoyer. M. le leu est en outre un homme entierement livré a Son etat, qui Se livre peu au plaisir et a la Societé et qui est prodigieusement laborieux.

il doit arriver tant icy qu'a charleville un approvisionnement Considerable de vignette orange en poudre. jecris de nouveau par cet ordinaire a charleville pour que le tout Soit laissé sous plomb. je Comte my rendre Sous dix à douze jours et je ne negligerai rien pour constater dans toutes les formes l'etat des tabacs. je ne pense pas au surplus quil Soit a propos den parler dans le public dans la crainte qu'on ne puisse Soupconner la ferme generale d'avoir decrié le tabac de M. Blandin pour nuire a Ses ventes

votre refflexion Sur les melanges de Rheims est tres conforme a ce que j'ay observé, meme Cette année. le tabac d'un nomme flon a donné par lexperience des acides precisement les memes resultats que le tabac a vignette orange, il avoit dailleurs exactement la meme odeur il n'en etoit pas de meme de tous. j'ay la Certitude que la Cendre etoit le principal melange de la plus part, il en a meme ete trouvé de tamisée et de preparée chez un nommé Piot [?] qui a eu recours à votre protection. (1)

Lacte de Cession de M. Blandin et larrest du conseil qui authorise le fermier du clermontois a porter le tabac au prix du privilege est deja enregistré dans plusieurs des prevotes, il le Sera incessamment dans toutes. je le ferai enregistrer a charleville vers la fin du mois. Par rapport au bail passé avec S.A.S. il ne m'est point encore parvenu

(1) Ici les lignes suivantes barrées :
« Par rapport a la vignette mes observations ne roulaient que sur ce que j'avois compris que vous eties dans lintention demployer celle de M. Blandin puisque vous en faittes graver une nouvelle il ny a plus de difficulté ».

Sans doute vous aures jugé le paquet trop gros et il aura ete mis a la messagerie

J'ay eté occupe tous Ces jours cy de projets darrangements de brigades jen ay Confere avec M. abel, avec le controlleur general de verdun et avec une partie des Capitaines generaux de la direction de Mets. je Serai a Ce que jespere en etat de vous faire passer par le premier ordinaire mes etats pour chalons charleville et Mets. j'ay redigé aussy de Concert avec M. le leu un ordre de regie et des Circulaires et instructions pour les differens ordres demployés qui devront etre occupes aux inventaires et aux retrouves pour le premier janvier ; je ne negligerai rien pour que loperation Soit faitte avec exactitude et regularité. j'aurai besoin de 30 employes Suplementaires, je les tirerai des inspections de Souhesme de Consenvoy de Busancy et de Cernay. Sitost que toutes les dispositions Seront achevées jen ecrirai a M. delioncourt Controlleur general a verdun et a M. abel a Ste manehould.

Les Commissions des employés du clermontois Sont il est vrai au nom de Monsr le prince de Conde mais elles portent le nom de M. Blandin ; il sera [en consequence] donc necessaire de les renouveller et Consequemment de faire pretter un nouveau Serment aux employés. M. le leu a retrouvé dans Ses papiers un asses grand nombre de Ces Commissions Signés de S.a.S. en blanc. elles Suffiront pour le premier moment ; il Sera seulement necessaire d'en faire expedier de particulieres pour les employés Superieurs. je vous en enverrai au premier moment l'etat et les modeles affin que vous puissies les faire Signer par S.A. et viser par la Compagnie. Cette derniere formalité a toujours ete observé jusqu'a present par le directeur et je la Crois necessaire

je ne vous parle point aujourdhuy de la papeterie de varennes par la raison qu'avant de vous faire aucune proposition j'ay ecrit dans quelques papeteries de lorainne pour scavoir le prix des papiers. j'attens reponse et j'aurai lhonneur de vous ecrire Sur le champ en consequence.

J'ay lhonneur d'etre avec un tres parfait attachement
Monsieur

Votre tres humble et tres
obeissant Serviteur

Stennay le 11 Xbre 1770 Lavoisier

Ma lettre sur M. le leu ne vous est point parvenue aussitost quelle l'auroit du parcequelle avoit eté mise trop tard a la poste

⁂

N° 158

LAVOISIER A PAULZE

13 décembre [1770]

(*Archives de Chabrol*, O.)

Entièrement de la main de Lavoisier

Pas d'adresse, année non indiquée (1)

Entrepost de Montfaucon

Stennay le 13 Xbre

Lentrepost de Montfaucon etant Monsieur enclave presques de toutes part dans le clermontois, les Circomstances paroissent exiger que le tabac y Soit porté au meme prix que dans Cette province. je n'ose dire quil Seroit de l'interest de la Compagnie d'y vendre egalement le tabac en poudre; Comme Montfaucon fait partie de la champagne peut etre Craindra-t'elle qu'il ne tire a Consequence d'y introduire la vente directe du tabac rapé. Si la champagne et le Clermontois ne formoit qu'une Seule et meme ferme, jirois peut-etre encore plus loin et je proposerois de supprimer lentrepost de Montfaucon et de refondre les paroisses qui le composent dans les entreposts de Stennay et de varennes il est en effet probable que Ce dernier Sera d'un Si foible objet que la Compagnie Sera oblige de le Supprimmer

Si la Compagnie Se refuse Comme il y a lieu de le presumer a la vente du tabac en poudre dans l'entrepost de Montfaucon et a Sa reunion au clermontois, il me paroit au moins necessaire de le distraire de la direction de Metz pour le reunir a Celle de chalons. Montfaucon en effet depend de la champagne pour les traittes, il va Se trouver eloigné de toutes les brigades de la direction de Metz. il est au contraire tres a portée de Baricourt et la brigade de Mont faucon ainsy que Celle de Dannevoux ne peut plus Correspondre qu'a Cette inspection. il Seroit Contre tout principe que Celui qui Supporte les charges neut pas de part aux benefices ; que Celui qui veille a la Conservation des produits ne fut point interessé a leur

(1) Cette lettre, bien que l'année n'y figure pas, se classe sans erreur possible après la précédente. Même origine : Stennay.

prosperité. enfin il paroitroit y avoir quelque bisarerie de faire dependre Sans necessité le meme endroit de Mets pour le tabac et de chalons pour les traittes.

une derniere Consideration qui nest pas il est vrai du meme ordre cest que la direction de chaalons Souffre presques Seule aujourdhuy de la Suppression elle se trouveroit dedomagée par l'acquisition dun nouvel entrepost.

J'ay lhonneur detre avec un tres parfait attachement

Monsieur

Votre tres humble et tres
obeissant Serviteur

M. Paulze Lavoisier.

***

N° 159

(*Archives de Chabrol,* O.)
A la suite de la précédente sur la même feuille
Entièrement de la main de Lavoisier

Grenier a Sel
de clermont

Stennay le 13 Xbre.

Le grenier à Sel de clermont Consiste Monsieur en une grange qui Se loue 58 livres par an. M. Blandin y a fait faire environs pour cent pistolles de depense pour le faire garnir de planches et pour le mettre dans un etat convenable. Cette depense va tomber aujourdhuy en pure perte au moyen de ce que le proprietaire refuse de Continuer de louer et de ce qu'une partie meme des planches Se trouvent pourries et ne peuvent resservir. Cette Somme de Cent pistolles a donc veritablement tournée en augmentation de loyer, en raison des interests et du nombre dannées pendant les quelles la Compagnie a occuppe ce grenier. si la Compagnie Se pourvoit d'une autre grange elle Sera oblige d'y faire une nouvelle depense non pas egale a Celle faitte par M. Blandin, puisqu'une partie des bois pourra Servir, mais au moins de Six cent francs et elle formera de meme une augmentation reelle de loyer. dans ces Circomstances un particulier propose de faire construire a Ses frais dans un emplacement beaucoup plus Commode que celui actuel, un grenier Suffisamment vaste et tout dispose a recevoir le Sel a Condition quil lui Sera payé linterest de son avance a raison de 5 pour Cent. j'ay fait faire pendant mon Sejour a clermont un devis et il paroit que la depense nexcedera pas 3000 ; au moyen de quoi le prix de la location seroit de 150 livres. quoique Cette somme offre au premier Coup doeuil une augmentation Considerable, je Crois par les Considerations precedentes quelle nest pas reelle et que la Compagnie doit Conclure ; sauf a prendre toutes les precautions necessaires pour quelle ne puisse etre tenue dans aucun cas de payer plus de 150 livres a quelque Somme que montent les frais de Construction. au reste je ne terminerai rien que je n'aye votre avis. jajouterai que le grenier actuel quand il Seroit possible de l'avoir est Situé dans un endroit presquinaccessible pour les voitures que dailleurs le proprietaire ne Se determineroit a le laisser a la ferme que par lappas dune augmentation Considerable de sorte quil en couteroit autant pour etre mal loge que pour letre bien

j'ay lhonneur d'etre avec un tres parfait attachement
Monsieur

Votre tres humble et tres obeissant
Serviteur.

Lavoisier

⁂

N° 160

LAVOISIER A [X...]

13 décembre 1770

(*Archives de Chabrol,* O.)
Entièrement de la main de Lavoisier, pas de signature.
Ni indication de destinataire, ni adresse.

J'ay lhonneur de vous envoyer Cy joint Monsieur des modeles de Commissions que je vous prie de vouloir bien faire expedier a Paris je vous prierai de me les renvoyer lorsquelles auront ete Signees de S.A.S. et visées de la Compagnie. on avoit ete jusqu'a present dans lusage de n'expedier aux employes de differens grades que des Commissions de gardes. il m'a Semble quil etoit necessaire quil Se trouva une distinction etablie entre eux par la Commission meme et quelle fut relative a leurs fonctions. les modeles de Commission Cy joints ont ete [expediés] redigés un peu a la hate ainsy je vous prie de vouloir bien les relire et y faire tels changemens que vous jugeres a propos.

je Comptois vous envoyer en meme tems le resultat de toutes mes operations Sur les brigades de Mets chalons et charleville mais quelques erreurs qui Se Sont trouves dans les etats relatifs aux deux premieres directions men ont empeché, je ne vous envoye que charleville. je ferai mettre demain a la poste a Sedan Ce qui Concerne les autres et il ny aura a ce que jespere par Ce moyen qu'un jour de retard.

Stennay, le 13 Xbre 1770.

***

N° 161

LAVOISIER A [PAULZE]
14 décembre 1770
(*Archives de Chabrol*, O.)
Entièrement de la main de Lavoisier
Ni indication de destinataire, ni adresse

J'ay lhonneur de vous adresser Cy joint Monsieur les projets d'arrangemens pour Metz et chalons. il faut S'attendre a des reclamations de la part de M. vallois. M. Puissant S'en tirera Comme il pourra. Si vous juges a propos de faire quelque changement dans les postes, je vous prie de ne pas perdre de vue la necessité de faire Servir les brigades de champagne a la Conservation de l'impost fredeau. Comme je n'ay pas entre les mains letat du montant en argent des appointemens des differens ordres d'employés et que je les ay rempli de memoire dans les etats Cy joints il pourroit Se trouver quelquérreur Surtout pour la Cavalerie. je Crains aussy de mètre trompé a legard du Capitaine de ville de Ste Manehould. mais toutes les erreurs ne peuvent pas faire une difference de Cent ecus ainsy il nen resulte point de changement Sensible dans lappercu general. on peut toujours Compter Sur une economie de 28 mille francs au moins encore y auroit il quelque chose a gagner Sur verdun et sur la direction de chalons.

je vous prie de vouloir bien me procurer une reponse prompte pour charleville le reste nest pas pressé

J'ay lhonneur detre avec un tres parfait attachement

Monsieur

Votre tres humble et
tres obeissant Serviteur

Stennay le 14 Xbre 1770. Lavoisier

je Crois avoir oublié de vous marquer dans ma dernierre lettre que M. le leu avoit retrouvé dans Ses papiers un nombre Suffisant de Commissions en blanc pour les debitans de Sel et pour les gardes au moyen de quoi je n'ay besoin que de Celles dont je vous ai adresse le modèle

⁂

N° 162

LAVOISIER A PAULZE

18 décembre 1770

(*Archives de Chabrol,* O.)

Pas d'adresse

Entièrement de la main de Lavoisier

J'ay lhonneur de vous adresser Cy joint Monsieur un projet de deliberation relativement a quelques nouveaux etablissements que la Circomstance et le bien de la regie me paroissent exiger. j'y joins un appercu asses informe il est vrai des augmentations de frais de regie qui en resulteront. j'ay porté les appointemens des gardes ambulans au meme prix que dans les directions voisines ainsy quil paroit que cest lintention de la Compagnie. Cette partie forme presque seule l'augmentation de (1) que vous observeres dans l'etat cy joint. il ne m'est pas possible de vous envoyer de projet d'etat de frais de regie en regle ; il faut que je Sache auparavant Si la Compagnie est dans l'intention de faire les etablissemens que je lui propose ; je Serai en etat dy travailler Si tost que vous m'aures adresse vos observations Sur le projet de deliberation Cy joint

j'ay lhonneur detre avec un tres parfait attachement

Monsieur

Votre tres humble et tres
obeissant Serviteur

Stennay le 18 Xbre 1770 Lavoisier

M. Paulze.

(1) Ici espace blanc.

***

N° 163

LAVOISIER A PAULZE

18 décembre 1770

(*Archives de Chabrol,* O.)

De la main d'un Secrétaire. Signature seule de Lavoisier

Pas d'adresse

de Stenay le 18 xbre 1770

M. le Brun directeur des tabacs a charleville me mande, Monsieur, qu'il n'a point de commission en blanc pour Renouveller celles des Employés de la principauté de charleville. d'un autre coté les Brigades placées en arriere de la meuse devant etre portees pour le premier janvier Sur terre de charleville, il Sera necessaire de les munir de commissions de S.A.S. je vous prie en consequence de m'adresser le plustot possible a charleville ou je compte etre le 23 de ce mois au plus tard, au moins quarante cinq commissions de Gardes. Si M. blandin en a de toutes imprimées, elles pourront Servir Egalement, autrement il Sera je crois necessaire que vous en fassiés imprimer Environ un cent conformement au modele cy joint, je vous prie de m'envoyer le tout contre Signé.

La compagnie ne peut Se dispenser d'avoir a charleville un fondé de procuration de claude anne Couly, il S'agit de Savoir Si ce fondé de procuration Sera M. de Montreuil, ou M. le Brun ; j'aimerois mieux toutes choses Egales avoir affaire a ce dernier mais d'un autre coté, ce Seroit compliquer inutilement la Regie que d'avoir deux hommes dans une meme Ville. je Serois donc d'avis tout bien pesé qu'on preferat M. de Montreuil. quelque Soit le parti que prenne la compagnie a cet egard, il est necessaire que vous m'adressiés tres promptement une procuration de M. claude anne Couly pour l'un ou pour l'autre, afin qu'elle puisse etre enregistrée avant le premier janvier, Et que les procès Verbaux puissent etre dressés a la poursuite Et diligence du fondé de procuration.

jai deja ecrit deux fois à M. le Brun pour le prier de convertir en un bon poider [?] en tabac la remise que les cultivateurs consentent a accorder au fermier Sur le prix des tabacs en feuilles, Mais Soit qu'il ait Reçu des ordres contraires ou autrement, je ne puis obtenir de lui aucune Reponse Sur cet article, Et je crains qu'il n'ait conclu a 30 Sols de Remise par cent. pour abreger Et Eviter les Repetitions je vous Envoye copie de la lettre que je lui Ecris, Vous Verrés que le tabac est dans les greniers du fermier Et par consequent en sureté.

il me Reste encore une question a vous faire, le Sieur claude anne couly Subrogé a M. blandin fera-t-il election de domicile rue de Richelieu paroisse St Roch ou a l'hotel des fermes rue de grenelle paroisse St Eustache. je vous prie de me mander vos intentions a ce Sujet afin que je puisse faire partir une circulaire instructive pour les Employés.

j'ai l'honneur d'etre avec un tres parfait attachement

Monsieur

Votre tres humble Et tres obeissant Serviteur.

Lavoisier

M. Paulze

⁂

N° 164

LAVOISIER A LEBRUN

18 décembre 1770

(*Archives de l'Académie des Sciences*, N° 220, O.)

De la main d'un Secrétaire

Copie de la lettre ecrite à M. Lebrun à Charleville par M. LaVoisier fermier g^al^ le 18 Xbre 1770 :

Je vous avais mandé plusieurs fois, Monsieur, quil étoit essentiel pour l'interét respectif des deux Compagnies que vous convertissiez en un bon poids en Tabac la remise en argent de 30 sols par quintal dont nous êtions convenus avec les Cultivateurs pour raison du dechet que ce Tabac auroit eprouvé entre leurs mains d'icy au mois de Juillet, vous ne me repondez pas directement sur cet article et je n'en divine [*sic*] pas la raison.

Considerez je vous prie, que la remise de 30 sols sur le prix de 16 livres par cent que nous accordent les Cultivateurs forment un objet de neuf et demy pour cent environ ; or pourquoi nous accordent t-ils cette remise ? c'est qu'ils estiment que le Tabac qu'ils nous livrent contient (independamment des 4 p % d'usage) neuf livres et demye par cent d'humidité superflue, qui doit tourner en déchet d'icy au mois de Juillet prochain.

Ce n'est donc pas 29629 livres qu'ils vous ont veritablement livré, mais seulement 26850 livres qui avec neuf et demy p% d'humidités, c'est a dire avec 2779 livres forment votre quantité totale de 29629 livres. ce n'est donc que 26850 livres que vous devez porter dans les Etats que vous demande M. Blandin, mais ces Tabacs en même tems doivent y être evalués au prix de 16 livres le cent prix convenu entre M. Blandin et les Cultivateurs, ce qui vous donnera toujours votre somme de 4296 livres en argent.

Cette operation vous paroîtera peut être compliquée et embarassante, mais elle est dans la justice ; il est donc de toute necessité que vous commenciez par retrancher neuf et demy pour cent sur les livraisons de chaque Cultivateur (independamment des 4 p%) et que cette deduction faite, vous payez tous les Tabacs a raison de 16 livres le cent les quittances que vous donneront les Cultivateurs devront être dressées sur ce principe. Au reste si vous avez quelque Embarras sur cet objet vous pourrez attendre mon arrivée a Charleville je m'y renderay dimanche au plus tard et nous terminerons cette affaire par aport aux fonds qui me seront necessaires pour le payement des Tabacs, je pourray vous en faire passer de Stenay où de Sedan si vous en manquez.

Je vous prie de laisser toujours sous plombs les bouccauds de Tabac qui vous sont arrivés le 13. de ce mois ainsi que nous en sommes convenus, le Tabac ne peut pericliter pour quelques jours de plus

Je seray en etat de vous remettre a Charleville le nombre de Commissions qui vous sera necessaire pour les Employés de votre Ville.

⁂

N° 165

LAVOISIER A LA FERME GENERALE

20 décembre 1770

(*Archives de Chabrol,* O.)

Ni indication de destinataire, ni adresse

De la main d'un Secrétaire. Corrections et signature de Lavoisier

de Stenay le 20 Xbre 1770

La Compagnie de M. Blandin, Vient de faire passer Messieurs, à M. leleu des ordres auxquels il ne peut ni ne doit obeir Et auxquels je dois m'opposer de tout mon pouvoir. elle pretend que tous les tabacs qui ont été livrés aux debitants Sont Reputés Vendus Et qu'ils ne doivent point etre rapportés a l'Entrepost au premier janvier prochain. cette pretention est absolument contraire a tout principe de Regie Et a ce qui Se pratique dans toute transmission de beaux.

Le droit de Vente Exclusive du tabac ayant été cedé a la ferme generalle pour le premier janvier prochain M. blandin a cette Epoque n'a plus droit de Vendre une Seule once de tabac. or les debitants de tabac etant les commis de M. Blandin, ils ne peuvent avoir un droit qu'il n'auroit pas lui même.

C'est d'après ces principes qui me Semblent incontestables qu'ont eté dressés a la direction les ordres de Regie les circulaires Et instructions Relatives au changement de fermier ; il a été formé [en consequence] un etat general de tournées divisé par arrondissement de deux ou de trois paroisses chacun ; ces tournées ont été distribuées entre les Employés du clermontois Et ceux des directions de Metz Et de chalons qui Se Sont trouvés les plus a portée, il a eté prescrit aux uns Et aux autres de Se rendre le premier janvier a Sept heures du matin dans l'une des paroisses qui leur Etoit assignée. toutes ces dispositions Sont deja faites Et les ordres Expediés depuis plus de huit jours. l'instruction porte que les tabacs de toute espece Seront mis par les Employés en presence du debitant dans un Sac de toile qui Sera cacheté a la ligature, lequel Sac devra etre reporté dans le jour a l'entrepost par le debitant, qu'il Sera fait une perquisition exacte chez le debitant Et qu'il Sera dressé procès Verbal du tout Suivant un model imprimé qui a été Remis a chacun des Employés.

Voila l'ordre que j'ai cru devoir Etablir pour Satisfaire a l'esprit de justice Et d'equité qui anime les deux compagnies Et afin que tout Se passat En quelque façon d'une manière contradictoire l'Etat de tournée a été disposé de maniere que l'inventaire Sera fait en meme temps par un Employé du clermontois Et un de la ferme generalle.

Vous Sentés aisement la foule d'inconveniens qui Resulteroit de laisser entre les mains des debitants du clermontois des tabacs de l'ancienne ferme. quelques Soient donc les pretentions de M. Blandin a cet egard, l'ordre de Regie que je Viens de vous Exposer ne peut etre changé Sauf aux deux fermiers a discuter leurs droits dans la Suite ; au moyen de l'inventaire contradictoire ils Seront toujours en Sureté. jai prié M. le leu d'Ecrire dans cet Esprit a M. Blandin Et de lui mander que je m'opposerois de tout mon pouvoir a l'execution des ordres qui lui etoient donnés a moins que je n'en eusse moi meme de tres precis de ma compagnie.

Mais pour faire Sentir a M. Blandin combien Sa pretention est peu consequente a tous les principes Representés lui je vous prie les Risques qu'il courerroit en y persistant. les permissions de Vendre du tabac Existantes dans le clermontois, n'ont Et ne peuvent avoir d'effet que jusques au premier du mois de janvier, nous Sommes maitres de n'en Renouveller aucune, nous pouvons donc Reduire les debitants de M. Blandin a l'impossible de debiter, bien plus je viens de faire mon calcul Et nous avons plus de forces qu'il n'en faut pour placer a la porte de chaque debitant un detachement de deux Employés qui les Veilleront a compter du premier janvier Et qui a la premiere once qu'ils Vendront en dresseront procès Verbal Saisiront les tabacs qui existeront chez eux et les assigneront pour Se Voir condamner a l'amende de cent pistoles.

je peux ajouter quelque chose de plus, c'est que je doute fort que le ministere public Souffrit que le tabac de M. Blandin fut Vendu dans le clermontois passé le premier janvier. l'Epreuve qui en a eté faite judiciairement hier Suivant le proces Verbal cy joint a fait beaucoup plus de bruit que je ne m'y etois attendu, il S'est trouvé des temoins Et malgré le Secret que j'avois Recommandé presque toute la ville Scait deja ce qui S'est passé. je crois qu'en faisant part à M. Blandin Et a sa compagnie de ces considerations, il Sentira qu'il est non Seulement dans les principes de la justice de Se departir de Sa pretention, mais que Son interest même l'Exige indispensablement.

jai l'honneur d'Etre avec un tres parfait attachement

Messieurs

Votre tres humble et tres obeissant Serviteur.

Lavoisier

***

N° 166

LAVOISIER AUX [FERMIERS GENERAUX] (1)
20 décembre 1770
(*Archives de Chabrol,* O.)
Ni indication de destinataire, ni adresse
De la main d'un Secrétaire. Signature seule de Lavoisier

de Stenay le 20 Xbre 1770

Vous vous rappellés, Messieurs, qu'etant à charleville Et Voulant m'assurer Si les debitants de cette Ville ne Se livroient pas a des melanges de corps Etrangers, je fis lever chez chacun d'eux des Echantillons des differentes Especes de tabac en poudre qu'ils livroient au public, je ne fus pas peu Surpris lorsque par le Resultat de mes Experiences, jai Reconnu que le tabac a Vignette orange en poudre faisoit avec l'acide Vitriolique une effervescence considerable avec bruit Et gonflement, mais ce qui m'a paru le plus Singulier, c'est que chez tous il etoit alteré precisement dans la meme proportion ; jetois très Eloigné de Soupconner alors que cette alteration put Venir de l'entreposeur ou de la manufacture ; cependant comme j'ai toujours été dans l'usage dans toutes les Epreuves de ce genre de faire la comparaison du tabac levé au bureau avec celui levé chez les debitants ; j'ai prié M. lebrun Sans lui annoncer mon objet de trouver bon que je prisse dans chacun des tonneaux de Son Magasin un Echantillon des tabacs de toute Espece ; ce qui a été executé en prenant la precaution d'Etiqueter chaque paquet Sur le champ ; ces tabacs ayant été Soumis a differentes Epreuves, j'ai Reconnu que celui de Scolh, celui de hollande, Et celui de St-Vincent etoient Exempts de tout melanges ; celui a vignette orange au contraire a donné avec de l'Esprit de vitriol la meme effervescence que cy dessus.

j'avois trop bonne opinion de la probité de M. le Brun pour pouvoir le Soupconner d'avoir melangé le tabac qu'il avoit Reçu de dunkerque pour Vendre l'excedent de poids a Son profit : mais comme il pouvoit arriver a la rigueur que par Negligence ou autre-

(1) L'expression « Messieurs » rencontrée deux fois dans cette lettre, montre qu'elle est plutôt adressée à la Ferme générale qu'à Paulze en particulier.

ment, il eut été trompé par les hommes de peine de Son bureau, jai cru devoir Suspendre mon jugement.

Etant passé depuis dans le clermontois, jai Successivement Repeté les memes Epreuves Sur les tabacs des Entrepots de Stenay de clermont Et de Varennes Et Enfin Sur tous ceux Existants dans le Magasin General de Stenay dont M. leleu a bien Voulu que je prisse des Echantillons, la Vignette orange Seule m'a donné des Signes d'alteration les autres Se Sont trouvés purs. il etoit evidemment prouvé d'apres cela qu'il Se faisoit a la manufacture même Soit dans la fabrication Soit après la pulverisation un melange quelconque dont l'effet etoit de produire une effervescence avec l'acide Vitriolique. j'étois tenté de croire d'abord que ce melange n'avoit lieu qu'après la pulverisation, cependant une derniere Epreuve m'a fait Voir qu'il etoit fait auparavant Et qu'il Existoit probablement dans la Sauce. jai fait mettre en effet en poudre a la Rape une bille de tabac a Vignette orange levée a l'Entrepot de Stenay, jelai Soumis a l'Epreuve de l'acide Vitriolique, Et elle a fait presque la meme Effervescence que le tabac arrivé en poudre de dunkerque.

Ces Epreuves quelques multipliées qu'elles fussent me laissoient encore quelque chose a desirer, il pouvoit arriver En effet, quoique contre toute apparence, que le melange eut eté fait dans le magasin de Stenay par des hommes de peine infidels a l'inçu de M. le leu lui même, il S'est presenté une occasion de decider la question Et de constater en meme temps le fait d'une maniere juridique Et jai cru devoir la Saisir avec Empressement.

avant hier dix huit de ce mois il est arrivé a M. leleu un chargement de Six boucaudes de tabac a Vignette orange en poudre Expedié de dunkerque, Sur l'avis que j'en ai eu par hazart, jai prié M. leleu de les faire decharger purement Et Simplement au bureau, mais de Vouloir bien les laisser Sous plomb jusques au lendemain, parceque je desirois pour des Raisons particulières faire reconnoitre par le juge les plombs Et la qualité des tabacs. je m'attendois bien que M. leleu me feroit quelques difficultés Sur cet article ; mais je lui ai fait Sentir qu'étant a la veille d'entrer en ferme ni M. Blandin ni lui ne pouvoient nous Refuser une Reconnoissance que nous Regardions comme interessante pour le bien de notre Regie. je n'ai pas cru devoir m'ouvrir d'avantage avec lui dans les circonstances, dans la crainte que connoissant mon projet il me fit plus de Resistance.

d'après cela j'ai presenté Sur le champ requete au juge a l'effet d'ordonner Son transport au bureau general du tabac accompagné du greffier Et du procureur fiscal ; jai prié en meme temps M. dupré Medecin de la faculté de medecine de paris demeurant a Stenay, homme tres connu Et tres instruit de Vouloir bien assister ainsi que M. Gault apotiquaire de Stenay aux Epreuves que je me proposois de faire Sur les tabacs nouvellement arrivés ce qui en Effet a eté Executé. je craignois toujours que M. leleu ne mit de la Resistance dans ce dernier cas j'etois determiné a Requerir Sur le champ le transport du juge a l'Entrepost pour l'Epreuve y etre faite en Sa presence Sur le tabac a Vignette orange, Et en etre dressé procés Verbal ; d'apres ce fait une fois constate, je ne douttois pas que le procureur fiscal ne prit des conclusions pour que la Visitte du bureau general fut faite par authorité de justice. heureusement tout S'est passé avec tranquilité ainsi que vous En jugerés par le procès Verbal cy joint, tout ce que je pourrois ajouter ici ne Seroit que la repetition de ce qui y est contenu.

je pars apres demain 22 pour charleville ou je compte faire la meme operation en presence de M. Simonard.

jai l'honneur d'etre avec un Respectueux attachement

Messieurs

Votre tres humble Et tres obeissant Serviteur

Lavoisier

***

N° 167

LAVOISIER A [PAULZE]

(Sans date) (1)

(*Archives de Chabrol,* O.)

Pas d'indication de destinataire

Entièrement de la main de Lavoisier

Vous vous rappelles Monsieur qu'en Causant avec M. Blandin fils sur la situation et sur le commerce du clermontois il regardoit Comme tres interessant d'y favoriser la Consommation des bois et il se plaignoit a Cet egard de la chute des verreries. les usines relativement a la Consommation du bois remplissent a peu pres le meme objet que les vererries et je Crois qu'il seroit important pour le bien de la province, pour l'avantage de Mgr le prince de Condé et pour les progrès de la regie d'en faciliter l'etablissement le plus qu'il

(1) Nous avons cru devoir insérer ici cette lettre, sans date, en raison des questions relatives au Clermontois, qui y sont traitées.

Sera possible. il Se rencontre une occasion de remplir ces differens objets et d'obliger en meme tems une des personnes des plus Considerables de la province. le Clermontois ne fournit qu'a peine la quantité de mine necessaire pour l'aliment des usines de Mgr le prince de condé M. le baron de Pouilly propose d'etablir une fenderie(1) dans Sa terre pourvu qu'on lui accorde quelque facilite pour tirer Ses fers soit de l'etranger soit de la france. il demande en consequence que dans le dernier Cas, Comme ils auront deja payé le droit de marque des fers au fermier, ils puissent rentrer en france apres avoir eté faconnés Sans l'acquitter de nouveau en justiffiant par des Conges en bonne forme que les droits ont eté acquittes en france, et il offre a Cet egard de se soumettre a toutes les formalites qu'on voudra lui imposer pour la sureté de la regie. il consent de meme a payer les droits de traittes a la sortie de france pourvu qu'on l'en exempte a la rentrée.

Par rapport aux fers quil pourra tirer de l'etranger il consent egalement a les acquitter Soit a leur passage pour arriver a Pouilly, soit a leur entree en france mais il demande que les droits ne Soient exiges qu'une Seule fois

je ne Connois pas assés les reglemens Sur lesquels est appuyé la regie de la marque des fers pour juger de la legitimite ou de l'illegitimité de la demande de M. de Pouilly. Peut etre le bureau de la marque des fers pensera t'il que Cette facilité tireroit a Consequence, et quelle pourroit servir a Couvrir des abus. tout ce que je Scais, cest que S'il ny a point dobstacle invincible il Seroit avantageux a toutes sortes degard daccorder dans le moment a M. de Pouilly l'objet de sa demande. la ferme generale paroitroit chercher a favoriser le commerce de la province et Cet esprit de patriotisme feroit le meilleur effet aux yeux des habitans. quelque soit le parti que prenne la Compagnie a Cet egard je vous prie de vouloir bien m'adresser une reponse que je puisse montrer à M. de Pouilly et dans laquelle vous aures la bonte de marquer lempressement que la ferme generale aura toujours a Concourir au bien de la province.

J'ay lhonneur detre avec un tres parfait attachement
Monsieur
Votre tres humble et tres obeissant Serviteur
Lavoisier

je joins icy le memoire de M. le Baron de Pouilly.

(1) Fenderie = Usine où, au moyen de cisailles mues hydrauliquement, on débitait le fer en longues barres dites fentons.

***

N° 168

LAVOISIER A LA FERME GENERALE

Date incertaine (1)

(*Archives de l'Académie des Sciences*, N° 221, O.)

De la main d'un Secrétaire.

Verification de l'Entrepost de fismes

Copie de la lettre ecrite par M. Lavoisier f^{r} G^{l} de tournée a la Compagnie.

Les plaintes qui me Sont Revenues, Messieurs, Sur la mouillade Excessive que M. de la haulle Entreposeur de fismes donne a Son tabac m'ont Engagé a Visitter cet Entrepost lors de mon passage en cette Ville,

1re operation.

il n'etoit point prevenue de mon arrivée Et mon premier Soin a été de Visitter Sur le champ le magasin ; il m'a paru Sec, mais le tabac qui y etoit contenu Et qui n'avoit été levé au bureau que deux jours auparavant etoit Extremement humide, de sorte qu'il a été demontré [*un mot illisible*] qu'il avoit été arrosé.

2e Operation

jai ensuite fait peser en ma presence ce meme tabac Restant en Magasin Et jai trouvé que le poid commun des bouts etoit de 3 L. 7on 3g quoi que Suivant la facture de livraison de la Surveille ce meme poid commun ne fut que de 3L. 6on 3g ce qui donnoit juste une once de Mouillade par chaque Bout.

3e Operation.

Quelque considerable que fut cette mouillade, je ne pouvois la regarder comme tres criminelle qu'en la Supposant habituelle, Et c'est ce qui restoit a determiner d'après l'examen des Registres.

(1) La date 8 bre 1770 et le membre de phrase « dans un intervalle de temps aussi court », que l'on rencontre dans le cours de cette lettre, nous permet, croyons-nous, de la considérer comme datant de la fin de 1770.

jai Voulu d'abord operer Sur les Registres de l'année Courante Et je croyois y trouver d'autant plus de facilité que la comptabilité devoit y etre etablie par nombre de bouts, mais l'entreposeur n'y avoit fait aucun enregistrement depuis quinze jours Et les quantités qu'il avoit Vendu Se trouvoient portées toutes Separement Sur des feuilles Volantes l'inventaire d'ailleurs fait au premier 8bre 1770 (1) n'avoit point eté fait par nombre de bouts, au moyen de quoi toute Verification devenoit presque impraticable ou du moins tres equivoque dans un intervalle de temps aussi court.

4e Operation

Ne pouvant tirer que peu de lumieres du Registre de l'année Courante, je me Suis fait Representer celui de l'année derniere. la comptabilité n'y etoit pas etablie par nombre de bouts, mais jai observé que toutes les Ventes presque Sans exception avoient été faittes par livraison de quatre bouts Et au dessous, or rien après cela n'etoit plus facile que de Calculer le nombre de bouts de chaque article, Et il etoit impossible que je me trompasse d'un Seul bout Sur d'aussi petites quantités.

quelque Simple que parut cette operation jai été bientot arreté parceque l'entreposeur avoit fait entrer dans plusieurs de ses livraisons des fractions de Carottes. pour lever cette difficulté, jai fait faire le depouillement du Registre de l'entreposeur En deux parties ; jai fait porter dans l'une toutes les livraisons faittes en nombre de bouts complets, jai fait porter dans l'autre les articles dans lesquels il etoit entré des fractions de bouts ; l'Etat nº 1 presente la premiere de ces deux parties. jai Rapproché Sur le meme etat le tableau des levées faittes par l'entreposeur au bureau general, de l'autre Ses Ventes jour par jour, Et vous pourrés Remarquer en comparant la Vente aux levées que les bouts de tabac en passant par Son magasin acquirent un excedent de deux onces Environ qu'on ne peut attribuer qu'a l'effet de la mouillade ; le magasin etant tres Sec par lui meme, il en Resulte que le tabac n'a pu acquerir ce poids que parce qu'il a eté arrosé.

d'apres l'etat Nº 1. Et le poid commun Etabli pour chaque mois il ne m'a pas été difficile d'etablir le nombre de bouts Relatif aux quantités portées Sur l'Etat Nº 2. d'après quoi jai eté en etat

(1) Voir note au bas de la page précédente.

d'etablir la comptabilité de l'entrepot par poid Et nombre de bouts, ainsi qu'elle est presentée par l'etat Balancé cy joint N° 3.

Ce qui m'a paru le plus Singulier dans le resultat de cette operation Et ce qui m'en a prouvé en meme temps l'exactitude c'est que le nombre des bouts Vendu par l'entreposeur au public conclu par calcul S'est trouvé exactement Cadrer avec celui qu'il avoit Reçu du bureau general.

Les Etats N° 1 Et 2 etant la copie exacte du Registre de l'entreposeur, le total des livres qui y etoit porté devoit naturellement Cadrer avec l'arreté fait a la fin de l'année par l'entreposeur, cependant d'après l'Etat balancé cy joint il Se trouvoit un excedent de 183 l. Sur le ficellé, jai Repassé en consequence avec tout le Soin possible Sur mes calculs Et après m'etre assuré que l'erreur ne venoit point de ma part, jai fait la Verification de ceux de l'entreposeur, Et je me Suis apperçu que pour cacher l'effet de Sa mouillade, il avoit fait a plusieurs pages des erreurs Volontaires dans les additions l'Etat n° 4 présente l'arreté de chaque mois de Son Registre avec les erreurs qui S'y Sont Rencontrés, vous verrés que la quantité Soustraite est de 322 livres.

Les differentes operations Rapprochées prouvent incontestablement que l'entreposeur de fisme donne habituellement a Ses tabacs une mouillade de une once Et demie ou deux onces par bout Et que l'effet accumulé de cette mouillade lui a procuré un benefice illicite de 183 livres en tabac ou de 567 l. 6 s en argent Sur 6000 de tabac ficelle. c'est a dire d'un peu plus de trois pour cent.

Le nombre de bouts livrés au public par l'entreposeur S'etant trouvé cadrer exactement avec celui qu'il avoit Reçu du bureau General, on peut en conclure qu'il n'y a point eu d'articles abimés a enregistrer pendant le cours de l'année.

par rapport au tabac de Virginie l'etat balancé cy joint presente un dechet de 22 livres, mais il y a toute apparence que ce dechet ne vient que de quelques articles qui n'ont point été enregistrées ; comme il n'y a a l'egard de ce tabac aucun moyen de Verification il ne m'a pas eté possible d'en convaincre l'entreposeur.

je joins ici le Registre de livraison de l'entreposeur que jai cru devoir Retirer de Ses mains afin de vous mettre en etat de repasser Sur les Calculs.

jai l'honneur...

ANNÉE 1771

N° 169

LAVOISIER A PAULZE

3 février 1771

(*Archives de Chabrol,* O.)

Entièrement de la main de Lavoisier

A Monsieur

Monsieur Paulze fermier general du Roy

A Paris

vous m'avés permis Monsieur de vous demander pour quelques jours les differentes lettres et memoires que j'ay eu lhonneur de vous adresser du clermontois. je vous Serai bien obligé de vouloir bien les remettre au porteur. je les relirai affin de voir S'il nest pas reste quelques objets en souffrance

j'ay lhonneur detre avec un tres parfait attachement

Monsieur

Votre tres humble et tres obeissant Serviteur

Lavoisier

Paris le 3 fevrier 1771

***

N° 170

LAVOISIER A PAULZE

6 février 1771

(*Archives de Chabrol,* O.)

Entièrement de la main de Lavoisier

A Monsieur

Monsieur Paulze fermier general du Roy

A Paris

je vais examiner Monsieur les Etats que vous me faittes lhonneur de m'adresser je les Comparerai avec ceux que j'ay dresse moi meme a charleville pour le meme objet. Sitost que ces veriffications Seront faittes j'aurai lhonneur de vous voir. vous voudres bien refflechir Sur les moyens qui vous paroitront les plus propres a empecher les abus pendant le transport de dunkerque dans le clermontois. il Sera je Crois au surplus necessaire que les deux Compagnies Se rassemblent pour Conferer Sur tous les objets en litige

j'ay lhonneur detre avec un très parfait attachement

Monsieur

Votre tres humble et tres obeissant Serviteur

Lavoisier

Paris Ce 6 fevrier 1771

***

N° 171

DUPAIN-TRIEL A LAVOISIER

25 avril 1771

(*Bibliothèque Municipale de Clermont-Ferrand. Collection de Chazelles,* O.)

A Monsieur

Monsieur Lavoisier de l'Academie des Sciences et fermier general. En sa maison rue Neuve des Bons Enfans quartier St-honoré.

25 avril 1771

Monsieur

Je vis avant hier M. le Duc de Croy qui après l'envie qu'il auroit de vous voir, m'a demandé Si au moins vous pourriés lui donner communication du discours que vous avés prononcé a l'accademie d'Amiens. Il ignore S'il est imprimé. Peut-être que le prochain entretien que vous aurés avec lui le déterminera a travailler a l'arrangement et la reduction des différentes coupes que vous lui connoissez. Ce Seroit un vrai gain pour la mineralogie. Il m'a dit qu'il comptoit être chez lui tous les matins de cette Semaine

M. Parent vient de m'envoyer aussi quatre desseins de Mines qui Se trouvent a Vilfort en Languedoc. On en pourra faire usage dans le tems

Voici ce que j'ai de caracteres pour la Carte des Eaux minerales

J'ai l'honneur d'etre

Monsieur

Votre très humble et tres obeissant serviteur

Dupaintriel (1)

a Paris ce 25 avril 1771.

(1) Dupain-Triel (Jean, Louis).

Né a Paris, le 26 novembre 1722.

On ne connaît pas la date de sa mort, on sait seulement qu'il vivait encore en 1804.

Entré dans le Corps des Ingénieurs hydrographes, il fit en qualité d'ingénieur géographe les dernières campagnes du Maréchal de Saxe et leva trigonométriquement la carte de France.

Lavoisier, dans l'exposé qu'il fit au Bureau de Consultation des Arts et Métiers (fondé le 13 septembre 1791 pour fournir au Gouvernement des indications sur les inventions utiles à l'Etat et proposer des récompenses), le représente comme « géographe trigonomètre », c'est-à-dire « qui lève les cartes, qui les réduit et qui les dessine ». (*Œuvres de Lavoisier*, tome IV, p. 640).

Dupain-Triel, qui avait tout d'abord collaboré avec Cassini, travailla ensuite avec Guettard et Lavoisier à l'établissement de l'Atlas minéralogique, puis avec Monnet, qui continua leur œuvre. Le gouvernement ayant abandonné le projet faute de fonds, Lavoisier et Dupain-Triel le reprirent sous une autre forme et celui-ci établit dans ce but une carte de France en 13 feuilles ; mais ce dernier projet ne fut pas non plus entièrement réalisé.

Dupain-Triel a publié :

Lettre à M. le Comte de ... dans laquelle on examine l'insuffisance de la méthode actuelle d'enseigner les mathématiques. (1759).

Tableau géographique de la navigation intérieure de la France.

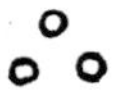 fontaine bitumineuse

 fontaine minérale acide ou aérienne

 fontaine Salée

 fontaine alumineuse

 fontaine minérale Chaude

 fontaine minérale froide

 fontaine incrustante ou petrifiante

 fontaine refluante

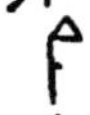 fontaine Sulphureuse

 fontaine minérale ferrugineuse

 feu ou vapeur brulante

Carte générale du cours des fleuves, rivières et des principaux ruisseaux de France. (1781).

Plans comparés de 200 principales villes du monde (Essai poléométrique d'un amateur de plans sur la grandeur de quelques villes). (1782).

Considérations sur les Arts et les Artistes. (1783).

France connue sous les plus utiles rapports. (Dictionnaire de France d'après la carte de Cassini). (1783).

Recherches géographiques sur les différentes hauteurs des plaines de France. (1791).

Dupain-Triel a donné un essai d'une méthode proposée par du Fourny et de Carla pour représenter les niveaux. Différentes couleurs servent de limites à des différences de 50 en 50 toises, il distinguait aussi le roc vif, les couches horizontales ou inclinées, les montagnes volcaniques.

De l'établissement des Collèges municipaux pour les Sciences, les Arts, les Métiers en faveur de la jeunesse. (1791).

L'Homme de guerre ou plan indicatif et discuté des études propres à le former dans l'une ou l'autre classe de Service. (1792).

Carte de France où l'on a essayé d'exprimer la configuration de son territoire par une nouvelle méthode de nivellement. (1799).

***

N° 172

LECOMTE A LAVOISIER

18 septembre 1771

(*Archives de l'Académie des Sciences*, N° 634-2, O.)

A Monsieur

Monsieur LaVoisier
fermier Genéral Rüe neuve
des Bons enfans
A Paris

Méziéres le 18 7bre 1771.

Monsieur

J'ay, L'honneur de vous faire passer cy joint la Réponse au Mémoire que vous m'avés addressés relativement à L'atlas Minéralogique de la france pour les Environs de Rocroy et de Maubert fontaine. Je vous prie d'etre bien persuadé que Sy ma maladie et le Régime de ma Convalescence m'eussent permis de faire sur les Lieux les Informations dont le resultat constitue cette Réponse, vous ne L'auriez Pas desiré sy longtems. dans Le Cas où elle ne Rempliroit pas parfaitement vos vues faites moy Le plaisir de me le mander et Comme je suis en Etat maintenant de Voyager je feroy tous mes éfforts pour vous Satisfaire pleinement.

Je Suis avec l'attachement le plus sincère et bien Respectueux

Monsieur

Votre très humble et tres obeissant Serviteur

Lecomte (1).

(1) A cette lettre est jointe la pièce suivante, questionnaire et réponses, que nous reproduisons comme exemple des renseignements demandés par Lavoisier et des réponses qui lui étaient faites.

Questions	Réponses. Rocroy, Maubertfontaine et lieux circonvoisins.
Quelles Sont les diférentes Espèces de Pierres que l'on employe pour batir dans le pays, leur couleur et dureté.	L'on employe des Pierres de carriere très dures qui ressemblent beaucoup aux Cailloux, les Brins n'en Sont pas réguliers, très dificils à avoir et a casser, il Se trouve dedans de petits grains argentins. Leur couleur est bleue quelquefois veinée, celles que l'on ramasse dans les bois Sont marquetées, elles Sont si dures que rien ne les écrase.
Si elles approchent de la nature du Marbre	L'on tire à Couvin à trois lieües de Rocroy, une pierre de taille bleue veinée de blanc qui approche beaucoup du marbre noir.
Si l'on trouve des apparences de Coquillages.	Il ni à dedans aucune apparence de Coquillage.
Les endroits où on en tire des environs Ceux qui fournissent des Pierres à faire la chaux.	L'on fait tirer depuis trois années des Pierres de Taille de Chilly sur le chemin qui conduit du Tremblois à Maubertfontaine qui sont remplies de coquillages de toute espèce, dont beaucoup Sont pétrifiées, d'autres cristolisées. Cette pierre est propre à faire de la chaux ; de même que celle que l'on tire de la vallée du Chatelet, et de Rimogne. La chaux des Pierres de ces derniers lieux est plus grasse que celle de Chilly ; ces villages Sont à deux lieües de Rocroy.
S'il y à des Grey pour paver et à défaut de quelle Pierre l'on Se Sert.	L'on tire des Grey pour paver dans les bois qui conduisent du Gué d'hossu à Couvin près l'hermitage couvent de Récolets pays de Liege à deux lieues de Rocroy. La voiture en étant couteuse, on ramasse des Cailloux dans les bois et les ruisseaux des environs. La qualité en est très dure, ils ne se brisent point sous le poids des voitures les plus chargées, ils Sont Si irréguliers qu'ils ne Sont point susceptibles d'être opérés.
Lieux d'où l'on tire le Sable.	Le Sable Se tire dans les environs de Maubertfontaine, Le tremblois, Le bourgfidet et Rocroy. Le Village de Sevigny La forest à une lieue de Rocroy en est rempli, il fournit du Sable blanc propre pour la verrerie, l'ouvrage qu'on en tire approche du Cristal.

Questions	Réponses. Rocroy, Maubertfontaine et lieux circonvoisins.
Si L'ardoise est commune.	Il y à une ardoisiere à Rimogne, très renommée, une autre Sur le terroir de fouzy près d'Eteigneres, l'une et l'autre a deux lieües de Rocroy, les emplacemens Sont à portées de la route de charleVille à hirson, il y à quantite d'autres ardoisieres dans les environs. fumay est très renommé pour cette Pierre.
S'il y à du Marbre dans les Environs.	L'on ne connoit point de Carriere de Marbre dans les environs les plus prochaines Sont à Rance près de Chimay.
S'il y à des apparences de Mines de Charbon de terre, où quel quautre mattieres interessantes pour le Commerce.	L'on n'a jamais fait de recherches pour le charbon de terre. quelques personnes prétendent qu'il S'en trouveroit dans quelques endroits. L'on tire dans les marais des gazons que l'on nomme de la tourbe qui bien sechée au Soleil Se brule très bien. bien des pauvres gens en tirent, en font leur chaufage, les cendres qui en proviennent Servent à réchauffer le terrain et à l'améliorer. L'on amasse des mousses dans les endroits marecageux des bois, particulierement dans ceux qui avoisinnent Revin en tirant du côté des Ardennes, on les vent au cent pésant. Elles S'envoyent à Rouen et autres lieux, on S'en Sert pour parer les toiles, on en fait des bâlets et des vergettes.
S'il y a des Mines de fer et d'où on les tire.	Il se trouve des Mines de fer sur les Terroirs d'harcy, Rimogne, dans les bois usagers de Rocroy lieu dit la forge des Mazures, Elles Sont en grain, on S'en Sert pour fondre la Castine qui est un premier ban de pierre que l'on trouve en tirant la pierre de taille de chilly et celle a faire la chaux. ce premier ban est très dur et a des parties ferrigineuses. Il y a aussi des mines de fer Sur le terroir d'Anvilles-les forges qui Sont également en grain, le fer que l'on en tire est tendre.
Quelle est la nature des pierres qui composent les montagnes des Environs.	L'on trouve dans les environs de Maubertfontaine des Pierres qui tiennent de l'agaise cependant plus dures. les montagnes du côté de Revin Sont composées de rochers dont la pierre est très dure.

Questions	Réponses. Rocroy, Maubertfontaine et lieux circonvoisins.
	dans les environs de Rocroy l'on trouve des Pierres en feuillets que l'on nomme agaise ; Elles sont communes, très tendres et peu propres à la maçonnerie, les habitans S'en Servent pour leurs bâtimens.
Quels sont les différens bancs que l'on trouve en fouillant les Puits.	Assés ordinairement en foüillant les Puits on trouve 4 à 5 pieds de terre meslée. après une terre glaise Sur environ 8 pieds de hauteur. ensuite une terre pierreuse de couleur blanchâtre Sur environ 4 pieds. ensuite même espece de terre rougeatre et bleüe, quelquefois des Pierres cristalisées ressemblant aux pierres fausses dont on fait des bagues, cette derniere espèce est rare.
Si l'on trouve des Coquilles et autres Corps Marins dans les Environs.	Il en est fait mention a l'article de Chilly.

***

N° 173

LAVOISIER A RIGAULT

Sans date (1)

(*Archives de l'Académie des Sciences*, 633-A, M.)

Entièrement de la main de Lavoisier

M. Rigault a St Quentin

1. Les papiers publics ont annonce lannée derniere.....

3. Les environs de St Quentin guise vervins Sont dans le Cas et lon desireroit entrer en correspondance avec quelqu'un qui put procurer des eclaircissemens Sur la nature des terres pierres mines et fossilles qui Se rencontrent dans ce Canton.

on Scait asses generalement que les Coteaux des environs de St quentin contiennent de la Craye mais on ignore Si Cette

(1) Nous avons cru devoir insérer ici ce projet de lettre se rapportant à des questions analogues à celles faisant l'objet des lettres qui précèdent.

Craye Setend loin a quel endroit elle finit quels Sont les pays ou la nature du terrain change enfin quelles Sont les pierres terres etc. qui Se rencontrent a la place.

[on Concoit quil est difficile] on Concoit quil nest quun tres petit nombre de personnes qui connoissent la province dans un asses grand detail pour pouvoir donner des renseignemens tres precis Sur [cet article] cet objet [la nature des terrains de toute la province de tous les terrains qui la composent] mais il est facile detre aide a Cet egard et la maniere [en meme tems la plus] en est Simple et [la plus] Sure elle Consiste a Sadresser a des Macons intelligens et de les questionner Sur les objets qui Suivent...

***

N° 174

PROJET DE LETTRE A X***

Sans date (1)

(*Archives de l'Académie des Sciences*, 633-C, M.)

Entièrement de la main de Lavoisier

Pour Guise

Les papiers publics ont annoncé l'annee dernierre...

Les environs de Guise vervin la Capelle hirson aubenton Sont dans le cas et l'on desireroit entrer en correspondance avec quelquun du pays pour Se procurer des eclaircissemens Sur la nature des pierres des terres et des montagnes de Ce Canton.

on Scait quen general le fond du terrain est [de la craye] Composé de Craye dans les environs de Guise et de vervin mais on desireroit Scavoir Si cette regle est generale et Si elle Souffre des exceptions on Scait encore quen gagnant le cote de la capelle hirson aubenton le terrain change et quon ne trouve plus de Craye on desireroit Scavoir lendroit ou finit la craye et quelle est la nature des pierres ou terres que l'on rencontre a la place on ne demande pas Sur ces differens objets des recherches tres approffondies on ne pourroit les attendre que de personnes qui auroient faitte une etude particuliere de lhistoire naturelle [mais] on prie

(1) Même observation que pour la précédente.

[les personnes] Seulement les personnes qui voudront bien concourir a la perfection de latlas mineralogique de la france de S'adresser a quelque macon intelligent du Canton et de le questionner Sur les objets qui Suivent.

1° quels Sont les endroits ou lon tire de la craye quelle est Sa durete et Sa Consistance et Si on lemploye pour batir.

2° quelle est la nature des terres et pierres qui Se trouvent en fouillant des puits dans les differentes paroisses.

3° quelles Sont les differentes especes de pierre quon employe pour batir dans le pays quelle est leur nature leur Couleur leur durete Si elles tiennent de la nature du marbre Si elles Seroient propres a faire de la chaux Si lon y trouve des apparences de Coquilles quels Sont les endroits ou lon entire dans tous les environs.

4° quels Sont les endroits dou Se tire la pierre dont on fait de la chaux.

5° quels Sont Ceux dont on tire le Sable quelle est Sa couleur Sa finesse etc.

6° S'il Se trouve dans les montagnes des environs des pierres qui ne Soient pas propres a batir quel est leur nature Si elles tiennent du marbre ou Si elles Sont en feuillets.

7° S'il Sy trouve des Coquilles ou autres corps marins.

8° S'il y a des marbres dans les environs

9° Si l'ardoise y est commune et quels Sont les endroits dou elle Se tire

10° S'il y a des gres pour faire du pavé et a leur deffaut par quelle pierre on y Suplée

11° S'il y a des mines de fer et dou elles Se tirent Si elles Sont en grains ou autrement

12° Sil y a des apparances de quelquautre mine comme de charbon de terre ou de quel que matierre interessante pour les arts et pour le Commerce.

13° Sil y a des tourbes.

la reponse a ces questions fournira tous les eclaircissemens dont on a besoin on prie de les mettre Sur le champ par ecrit mais Surtout dindiquer avec autant de precision quil Sera possible la Situation des fouilles Carierres ou mines de designer si Cest Sur une montagne ou dans un fond a quelle distance de quelquendroit Connu Sur le chemin de quel endroit etc. de maniere quon puisse retrouver la position indiquée Sur une Carte geographique

Si Ces recherches occasionnoient quelques menus frais Comme port de lettres ou legeres gratiffications pour les ouvriers qui auroient ete Consultés on prie den tenir notte on en fera passer le remboursement.

Si le memoire quon prie denvoyer ne remplissoit pas Complettement lobjet on demanderoit la permission de demander des eclaircissemens Sur les articles qui en paroitroient Susceptibles

⁂

N° 175

PROJET DE LETTRE A X***

Sans date (1)

(*Archives de l'Académie des Sciences*, 633-C, M)

Entièrement de la main de Lavoisier

Les papiers publics ont annoncé l'année derniere le prospectus dun atlas mineralogique de la france dedié a M. Bertin ministre et Secretaire detat presenté a l'academie des Sciences par M. Guettard. Cet ouvrage qui a paru meriter lattention et la protection du gouvernent [*sic*] est deja fort avancé dans quelques parties de la france mais il l'est peu dans d'autres on ne peut esperer de le porter a la perfection dont il est Susceptible qu'autant quon Sera puissamment aidé pour les provinces que M. Guettard n'a pu parcourir lui meme les environs de l'abbaye de Clerfontaine Rocroy et mauberfontaine Sont dans Ce Cas [on ne demande pas] et l'on desireroit pouvoir entrer en correspondance avec quelqu'un du pays pour Connoitre la nature des terres des pierres des montagnes de Ce Canton. on n'exige pas des recherches tres approffondies Sur ces differens objets on ne pourroit les attendre que de personnes qui auroient faittes une etude particuliere de lhistoire naturelle tout Ce que l'on demande cest que lon veuille bien prendre la peine de consulter les macons du pays et de prendre notte de leurs [observations] reponses Sur les objets qui Suivent.

1° quelles Sont les differentes especes de pierres quon employe pour batir dans le pays quelle est leur Couleur leur dureté

(1) Même observation que pour la précédente.

Si elles approchent de la nature du marbre Si lon y trouve des apparences de Coquilles. quels Sont les endroits ou l'on en tire dans les environs

2° quels Sont les endroits ou Se tire la pierre [a chaux] dont on fait la chaux

3° quels Sont ceux ou Se tire le Sable

4° S'il y a des grès pour faire du pavé et a Son deffaut par quelle pierre on y Supplee

5° Si lardoise est Commune et quels Sont les endroits dou elle Se tire.

6° S'il y a des marbres dans les environs

7° S'il y a des apparences de mines de charbon de terre ou de quelqu'autre matierre interessante pour le commerce

8° S'il y a des mines de fer et dou elles Se tirent Si elles Sont en grains ou autrement

9° quelle est la nature des pierres qui composent les montagnes des environs Si elles tiennent de la nature du marbre Si ce Sont simplement des pierres a chaux ou bien Si elles Sont en feuillets

10° Sil Se trouve des Coquilles ou autres corps marins dans les environs.

11° quels Sont les differens bancs quon trouve en fouillant des puits

on desireroit [entre au] particulierement Scavoir Si les pierres feuilletes quon nomme agaises dans le pays Sont Communes et dans quels endroits on en rencontre

on prie Surtout lorsquon [designera] indiquera lendroit ou est Située une Carierre un rocher une mine etc. de designer precisement Sa position. Si cest Sur une montagne ou dans un fond [a quelle distance elle Se trouve] Sa distance de quelquendroit Connu Sur le chemin de quel endroit etc.

[on pourra Sexprimer ainsy a une lieue de tel endroit Sur le chemin de tel endroit a tel endroit] de maniere quon puisse retrouver la position indiquée Sur une Carte geographique. Si ces recherches occasionnoient quelques menus frais Comme ports de lettres [pour boire] ou legeres gratiffications pour les ouvriers qui auroient eté Consultés on prie den tenir notte on lui en fera passer le remboursement

***

N° 176

X... A LAVOISIER

3 octobre 1771

(*Archives de l'Académie des Sciences*, N° 634-4, O.)
Pas d'adresse. Signature illisible.

Paris le 3 8bre 1771

vous trouverés ci joint, Monsieur, Le Memoire que vous m'aviés remis pour avoir des Eclaircissemens historiques sur le Duché de Guise, avec les reponses aux questions qu'il renferme, Je desire, Monsieur, qu'elles puissent vous être aussi utiles que vous m'aves parû le souhaiter.

J'ai L'honneur d'étre avec un parfait attachement Monsieur, Vôtre trés humble et trés obeissant serviteur (1)

Illisible

M. Lavoizier F^{r} G^{al}

(1) A cette lettre est joint un mémoire de 2 pages 1/2, contenant les réponses a des questions posées pour l'Atlas minéralogique, analogues à celles annexées a la lettre précédente de Lecomte. Nous n'avons pas cru devoir les reproduire.

***

N° 177

LAVOISIER A DE BORDA ET A TABARI (ou TABARY)
5 octobre 1771
(*Archives de l'Académie des Sciences*, **653, M.**)
Entièrement de la main de Lavoisier

Envoyé a MM. de Borda (1) Et labary (2) a brest (3)
(Cette phrase est de la main d'un Secrétaire)

Ce 5 8bre 1771.

Le peu de Sejour que MM. Pingre (4) de Borda et tabari feront a terre les operations multipliees qu'ils auront a faire ne leur permettront [que de faire] pas sans doute de Se livrer a des observations tres approffondies dhistoire naturelle et de mineralogie on Se bornera donc a leur demander [les choses les moins Compliquées quil Sera possible] des choses Simples et qui ne demandent pas des connoissances tres approfondies de mineralogie.

les [naturalistes] mineralogistes distinguent a la Surface de la terre [deux] trois especes de [montagnes ou de bancs ou de] montagnes les unes Composées de Couches horizontales et qui paroissent avoir

(1) Borda (Jean-Charles) dit le Chevalier de Borda.
Né à Dax, le 4 mai 1733.
Il entre à l'Académie Royale des Sciences comme adjoint géomètre le 27 juin 1756, en remplacement de Deparcieux, promu associé.
Associé géomètre le 28 juin 1768, en remplacement de Deparcieux promu pensionnaire surmuméraire.
Pensionnaire géomètre, le 12 février 1772.
Sous-directeur en 1776.
Directeur en 1777.
Pensionnaire de la Classe de Géométrie (Réorganisation du 23 mars 1785).
Membre résidant de la Section de Mathématiques, 1re classe de l'Institut National (9 décembre 1795). Président de la Classe (premier semestre de l'an V (1796-1797).
Mort à Paris le 19 février 1799.
Une première étude de Borda, mais sur laquelle on n'a pas de précisions, faisait faire à D'Alembert le souhait « que la position de ce jeune homme le portat à songer à l'Académie ».
En 1755, nommé officier dans les Chevaux légers de la Garde du Roi, il est chargé des fonctions de maître de mathématiques.

(2) Voir note 2 page 336.

(3) Voir note 3 page 336.

(4) Voir note 4 page 338.

eté formees par les eaux de la mer les autres Composees de Couches inclinées a lhorizon et qui paroissent de formation plus ancienne. enfin [il en est dune troisieme espece] les troisiemes qui paroissent avoir eté formees de matierres vomies par les volcans. un des points importans [a determiner] est de determiner a laquelle de ces trois especes de montagnes on doit rapporter Celles qui Se trouveront dans les isles ou Continens ou l'on debarquera

on prie Surtout de Sappliquer a determiner la hauteur jusqua laquelle Selevent les montagnes composees de Couches horizontales autrement dit formées par les eaux de la mer.

[il paroitra peut etre difficile de remplir ces differens objets il est neanmoins possible dy parvenir presque Sans aucunes Connois-

Le 29 mai de l'année suivante (1756), il présente un travail « Sur la courbe décrite par les bombes et boulets, en ayant égard à la résistance de l'air », qui avait été longtemps négligée.

Newton, Bernoulli, Euler l'avaient envisagée, mais sans en faire l'application aux tirs d'artillerie. Borda montra qu'en la faisant intervenir la trajectoire calculée n'était plus symétrique, et que les tirs réels, pour des canons de 24, donnaient une portée observée égale seulement au 1/10e de celle correspondant au vide.

Son régiment ayant été envoyé à Dunkerque, il y commença les expériences qu'il poursuivra longtemps sur la résistance de l'air et de l'eau et il présente en 1763 à l'Académie Royale des Sciences un premier mémoire sur ces questions. Il y démontre notamment qu'un cube, se déplaçant dans l'eau, éprouve une résistance plus grande lorsqu'il se meut dans le sens d'une diagonale de sa base que perpendiculairement à une de ses faces.

En 1757, Aide de Camp du Maréchal de Maillebois, il fait la campagne de Hanovre. Libéré du service après la Convention de Closterseven, il se consacre alors davantage aux questions scientifiques.

Désirant entrer dans le Corps des Ingénieurs militaires, il se présente à l'Ecole de Mézières, où il est admis sans examen; « M. le Chevalier de Borda, de l'Académie Royale des Sciences ayant donné des preuves de ses connaissances supérieures dans les sciences mathématiques avant d'être reçu dans la dite Académie en qualité de géomètre a été dispensé par le Ministre d'en donner de nouvelles preuves ». Il en sort l'année suivante, par une promotion spéciale, avant la fin de la durée normale des études, « ayant éminemment toutes les connaissances que l'on peut acquérir dans l'Ecole du génie ». Il est alors envoyé à Brest.

En 1766, il présente à l'Académie des Sciences un mémoire « Sur l'Ecoulement des fluides par les orifices des vases ». Partant du principe de la conservation des forces vives, il obtint des résultats plus précis que ceux de D'Alembert et de Bernoulli. Il étudia également la contraction de la veine liquide, (observée par Newton), en tenant compte du frottement interne.

En 1767, c'est tout d'abord un nouveau travail « Mémoire sur les roues hydrauliques ». Il y montre toujours en utilisant la conservation des forces vives, que dans les roues à axe vertical, si l'eau frappe normalement les pales planes, le rendement est égal à 1/2, tandis que si celles-ci sont courbes, et si l'eau y entre sans choc, le rendement s'élève au voisinage de l'unité, enfin qu'il en est de même dans le cas des roues à godets à axe horizontal; l'eau doit y arriver sans choc et en sortir sans vitesse, puis un second « Eclaircissement sur les méthodes de trouver les courbes qui jouissent de quelques propriétés du maximum et du minimum ».

Le 1er octobre de la même année, il est nommé à titre surnuméraire, lieutenant de sances de mineralogie. Ce moyen Consiste a prendre un petit echantillon des pierres ou roches qui composent les montagnes a differentes hauteurs en tenant notte de lendroit ou il a eté detache et a peu pres de la hauteur au dessus du niveau de la mer ou d'un fleuve Connu. on Concoit quil est possible] il arrive fort Souvent que la Surface de tout un pays meme les Coteaux de montagnes Sont recouvert dune couche epaisse de terre et de matierres bouleversees qui ne permettent pas de voir la disposition des bancs qui Composent linterieur des montagnes [alors on pourra se contenter de detacher un petit morceau des rochers qui pourront se montrer] il est rare encore dans Ce cas quil ne se trouve quelque pointe de rochers qui Se montre a la Surface alors on pourra en detacher un petit morceau et repetter la meme chose a differentes hauteurs en tenant toujours notte du lieu

vaisseau et de port, et de Roquefeuil, commandant à Brest, propose au ministre de le consulter au sujet de la construction de nouvelles corvettes.

En septembre 1768, Borda présente un « Mémoire sur les pompes » (De navires ou de mines). Il y applique encore le principe des forces vives à l'étude de l'influence des étranglements, notamment de ceux provenant des soupapes.

C'est à cette occasion, nous l'avons vu page 254, qu'il étudia la pompe actionnée par la machine à feu de Montrelais.

Le 21 septembre 1768, il reçoit l'ordre d'embarquer sur la flute « La Seine » faisant partie d'un groupe de bâtiments dont on désirait comparer les qualités nautiques et sur lesquelles il devait au retour donner son avis.

En 1769, le Roi le désigne comme membre ordinaire de l'Académie de Marine reconstituée.

En 1771 il embarque au titre d'officier en second, désigné avec le chanoine Pingré comme Commissaire de l'Académie des Sciences, sur la frégate « La Flore » (voir page 336). Ce bâtiment, commandé par Verdun de la Crenne, était chargé d'un long voyage dans l'Atlantique, ayant pour but de reconnaître la meilleure méthode de détermination du temps à la mer (sujet mis au concours par l'Académie des Sciences). Au cours de ce voyage, il devait, outre ses observations astronomiques et maritimes étudier diverses questions relatives à la mature. C'est durant cette période qu'il imagina le cercle à réflexion qui devait illustrer son nom.

Une seconde expédition ayant été décidée pour compléter et préciser les observations faites durant la campagne de La Flore, la bagarre « La Boussole » fut armée dans ce but, et son commandement confié à Borda. Parti le 20 mai 1776, il rencontra le capitaine Cook à Téneriffe et y fit avec lui les observations nécessaires aux corrections de leurs chronomètres. Un des buts de cette campagne était de vérifier la position de l'île de Fer (archipel des Canaries), dont on projetait de prendre le méridien comme méridien origine.

En 1778 Borda est nommé major de l'Escadre de l'amiral d'Estaing envoyé sur les côtes d'Amérique pour soutenir « les Insurgents ». Au cours de cette campagne, il put se rendre compte de l'importance de la similitude des formes de carène et de gréement pour des bâtiments devant avoir, pour manœuvrer ensemble, des facilités égales d'évolution.

En 1779 il est nommé capitaine de vaisseau.

Il publie en 1781 « Mémoire sur les Elections au Scrutin ». (Etude d'un mode de scrutin propre à en assurer la sincérité et la loyauté).

Ce mode de scrutin fut adopté par la loi du 15 germinal an V lors des élections à l'Institut.

En 1782, commandant « Le Solitaire », il se rencontre avec une escadre anglaise, et ou il a ete detache et de la hauteur a peu pres au dessus du niveau de la mer [ou dun fleuve connu] ou du fleuve ou de la rivierre voisine. Ces echantillons rapportes a Paris Suffiront pour mettre a portee de reconnoitre lespece dė montagnes dont elles auront ete tirées et pour donner des idees asses precises Sur leur Composition.

Par rapport aux hauteurs on concoit quil est possible de se tromper de moitiée en les determinant par [evaluation] estime mais en Supposant meme les erreurs poussees aussy loin quelles puissent l'etre il en resultera toujours des Connoissances tres pretieuses

[ces echantillons rapportes a Paris Suffiront pour reconnoitre l'espece des montagnes dont elles auront eté tirées et donneront par consequent une idée tres nette de la Composition des montagnes.]

soutient dans la région de la Barbade un combat inégal contre deux des vaisseaux anglais. Il est fait prisonnier, mais grâce à sa notoriété scientifique, il est renvoyé en France sur parole.

Attribuant la perte du « Solitaire » à sa mauvaise marche, Borda établit les plans du « Téméraire » et le Ministre de la Marine, le 31 mars 1783, lui communiquait le compte-rendu qui lui avait été rendu des bonnes qualités nautiques de ce bâtiment, « gouvernant au mieux, dont les évolutions étaient rapides et qui se comportait bien par grosse mer ».

En 1784, Borda est nommé Inspecteur des Constructions Navales et de l'Ecole des Ingénieurs de vaisseaux.

Dès 1670, A. Mouton, vicaire à St-Paul de Lyon avait proposé un système de mesures dont le prototype était relié aux dimensions de la Terre. La Condamine avait repris la question. Talleyrand, évêque d'Autun, présenta en 1789, à l'Assemblée Constituante un projet d'unification des unités de mesure. On proposa comme unité la longueur du pendule battant la seconde sous la latitude de 45°. Une première commission formée de Borda, Lagrange, Lavoisier, Tillet, Condorcet adopta le principe du système décimal, puis une seconde qui comprit Borda, Lagrange, Laplace, Monge et Condorcet. Pour unité de longueur elle envisageait soit celle du pendule battant la seconde, qui avait l'inconvénient de faire intervenir le temps, soit la dix-millionième partie du quart d'un méridien terrestre, et décida de la mesure d'un arc de celui-ci sensiblement de part et d'autre du 45ᵉ degré de latitude.

Le rapport fut adopté par l'Assemblée Nationale. Borda et Coulomb étaient chargés de déterminer la longueur du pendule. Lavoisier et Haüy devaient établir le poids d'un volume donné d'eau. La commission des Poids et Mesures adressa le 23 frimaire an 2 une demande au Comité de Salut Public tendant à ce que Lavoisier arrêté et qui assistait aux réunions accompagné d'un gendarme puisse être rendu « aux travaux importants qu'il avait suivis avec autant de zèle que d'activité ». La réponse du 3 nivose fut que « considerant combien il importe à l'amélioration de l'esprit public que ceux qui sont chargés du gouvernement ne délèguent leurs fonctions, ni ne donnent de mission, qu'a des hommes dignes de confiance par leurs vertus républicaines et leur haine pour les rois... arrête que Borda, Lavoisier, Laplace, Coulomb, Brinon et Delambre cesseront de faire partie de la commission ».

Une commission régénérée, l'expression est de Monge, fut créée, puis supprimée, enfin le 28 germinal an III 12 nouveaux commissaires étaient nommés : Berthollet, Borda, Brinon, Coulomb, Delambre, Haüy, Lagrange, Laplace, Méchain, Monge, Prony, Vandermonde. Lavoisier avait été éxécuté le 8 mai 1794.

Borda, Haüy et Prony furent chargés de la détermination de l'étalon de poids.

Le 21 prairial Borda lut 2 mémoires, l'un sur la longueur du pendule, l'autre sur la il est encore un moyen plus Simple de [remplir] non pas de remplir absolument le meme objet mais [dacquerir neanmoins des Connoissances asses precises Sur la Composition des montagnes et des terrains voisins cest de faire venir] mais den approcher beaucoup. Comme il nest point embarassant et quil nexige ni peine ni course ni perte de tems on espere que M.M. Pingre Borda et tabari voudront bien au moins ne pas negliger den faire usage il consiste a faire venir les entrepreneurs des batimens et les macons les plus intelligens du pays et leur demander Ce qui Suit.

1° un echantillon des differentes especes de pierre quon employ pour batir dans le pays avec une notte de tous les endroits Connus ou lon en tire de Semblables il sera necessaire de Speciffier asses

construction des règles destinées à la mesure de l'arc de méridien Dunkerque-Barcelone.

Sur la fin de sa vie, Borda fit calculer à ses frais, après avoir vendu dans ce but sa propriété du Sanguinet, la première table de logarithmes dans le système décimal.

Il mourut à Paris le 9 février 1799. (Voir J. Mascart. La Vie et les Travaux du Chevalier Charles de Borda).

(2) Il m'a été impossible d'identifier « Tabari », écrit « Labary » par le Secrétaire de Lavoisier. M. le Capitaine de Vaisseau, Rostand, Chef du Service historique de la Marine, qui a bien voulu faire des recherches dans les Archives de l'Académie Royale de Brest n'a pas été plus heureux. Il ne l'a pas trouvé non plus mentionné sur le rôle d'équipage de La Flore.

(3) « *Campagne de La Flore* ».

Cette lettre correspond au voyage de « La Flore », frégate commandée par le lieutenant de vaisseau Verdun de la Crenne, qui appareilla de Brest le 29 octobre 1771 et y revint le 8 octobre 1772. — Son but était l'étude des méthodes proposées pour déterminer le temps à la mer.

Nous avons vu d'autres fois Lavoisier donnant à des voyageurs des instructions leur permettant de rapporter de leurs expéditions des observations d'histoire naturelle. Ce sont par exemple en 1767 des notes pour des voyageurs allant à St-Domingue, puis plus tard à l'occasion de l'expédition de La Pérouse.

On avait proposé depuis longtemps, et étudié diverses méthodes de détermination de la longitude, par exemple, l'observation des éclipses des satellites de Jupiter, celle utilisant des éclipses de soleil ou de lune, la mesure de distances d'étoiles au bord de la lune (méthodes des distances lunaires), des occultations d'étoiles, etc... enfin l'emploi d'horloges marines.

De nombreux prix avaient été proposés pour encourager les recherches. Vers 1604 Philippe III d'Espagne en avait fondé un de 100.000 écus, puis les Etats généraux de Hollande.

La méthode des distances lunaires avait été proposée dès 1514, par Jean Werner et l'abbé La Caille, qui était resté 8 mois en mer pour comparer les méthodes et les instruments l'avait préconisée et calculé les tables correspondantes ; il les donnait de 4 heures en 4 heures.

A. de Mannevillete, capitaine de vaisseau de la Compagnie des Indes, élève de Lalande, et correspondant de l'Académie des Sciences l'avait aussi étudiée. Il fut un des premiers français à utiliser les instruments à miroir (type sextant) inventés par Hadley, appliquant un principe du à Newton.

Tobias Meyer en 1755 avait calculé aussi de telles tables, mais la méthode de calcul restait compliquée.

Le Parlement anglais en 1714 avait promis 1.000 livres à celui qui donnerait le moyen de déterminer la longitude en mer à 1 degré près, le prix étant doublé si la précision obtenue atteignait le 1/2 degré.

les endroits pour quon puisse en reconnoitre la position sur une Carte geographique

2° un echantillon des pierres qui Servent a faire la chaux

3° de Celles qui Servent a paver

4° [de la terre qui sert] du Sable quon mele avec la chaux

5° de la terre qui Sert a faire la thuille et la brique

6° du platre Si on en employe

il Sera necessaire de tenir egalement notte pour tous ces objets du lieu ou lechantillon aura ete tiré et de tous les endroits ou lon en tire de Semblables.

avec de lhabitude il est extremement facile de reconnoitre au premier coup dœuil les montagnes qui ont ete formees Sous les

L'Académie Royale des Sciences qui dès 1720 avait mis le sujet au concours, avait posé tout d'abord en 1745, puis 1747, enfin en 1767 la question de la meilleure manière d'obtenir l'heure à la mer. Une montre de Leroy avait paru intéressante.

Le même prix avait été proposé en 1769, sa valeur étant doublée, et il fut délivré à Leroy à la suite de la campagne de « L'Enjouée », dont le but était de vérifier son comportement à la mer.

La même question avait été posée à nouveau pour le concours de 1773.

Lors de l'expédition de « L'Isis » que Pingré avait accompagnée comme la précédente, des montres de Berthoud avaient donné des résultats dépassant les prévisions.

C'est alors que de Boynes, secrétaire d'Etat à la Marine avait prescrit un nouveau voyage et la frégate « La Flore » avait été désignée pour l'entreprendre.

Ce bâtiment était commandé par le lieutenant de vaisseau de Verdun, Marquis de la Crenne, qui avait déjà fait partie de l'expédition de « L'Enjouée ».

Le chanoine Pingré et le lieutenant de vaisseau de Borda embarquèrent également comme Commissaires de l'Académie des Sciences. Ce dernier remplissait en outre les fonctions d'officier en second. Ils étaient accompagnés de l'astronome Mersais, élève de Lalande.

Le but était toujours les mêmes études. Etaient embarquées diverses montres marines, celles de Leroy, de Berthoud, d'Arsandeau, de Biestra, la nouvelle chaise marine de Fyot, proposée en vue de faciliter l'observation des éclipses des satellites de Jupiter, (sa suspension devait théoriquement permettre de soustraire l'observateur aux mouvements du navire), un mégamètre de Charnières (lunette astronomique dont l'objectif était scié en deux parties, susceptibles de se rapprocher ou de s'écarter sans changer le plan focal, permettant ainsi des mesures d'angles jusqu'à 10 degrés).

Le programme comportait aussi l'étude de l'octant de Hadley et des observations de navigation et d'hydrographie.

L'itinéraire du voyage fut les côtes d'Espagne, celles d'Afrique jusqu'aux îles du Cap Vert, les Açores, Madère, les Canaries, Ténériffe, les Antilles, St-Pierre et Miquelon, les bancs de Terre-Neuve, l'Islande, les Feroë, les côtes de Norvège, Copenhague, Dunkerque et Brest.

On constata tout d'abord la précision des montres. La condition exigée étant de donner l'heure avec une erreur de moins de 4 minutes, après une navigation de 2 mois (soit correspondant à 1° de longitude) trois d'entre elles avaient donné un écart inférieur à 3 minutes. La chaise marine ne donna pas de bons résultats, « quand il y avait peu de mer, on observait plus facilement du pont ».

L'octant de Hadley avait permis des mesures avec une erreur inférieure à une minute, le mégamètre s'était montré intéressant, mais devait subir quelques modifications.

eaux independamment de ce que les couches en Sont horizontales les matieres qui les Composent [se reduisent presques] sont presques toujours [propres a faire de la] calcaires cest a dire quelles Se dissolvent dans les acides et quelles Sont propres a faire de la chaux. mais Comme M. de Borda n'a point acquis Cette habitude Sur un objet dont il ne Sest point occupé il pourra y Suppleer par le moien Cy joint quon le prie de Communiquer a Ses Compagnons de voyage par rapport a Celui cy [on le prie de] Comme il Contient des idees qui ne Sont point encore generalement repandues on le prie de le garder dans Son portefeuille

[[Quelque [desordre que] Soit le desordre qui regne en apparence dans la disposition des Couches de terres et de pierres qui Composent la Surface du globbe que nous habitons il nest pas neanmoins difficile de reconnoitre que ces irregularites memes sont assujeties a de Certainnes loix quelles Suivent de Certaines regles

[une des premieres observations qui Se presentent Celle qui frappe] une distinction frappante et qui ne peut echapper aux premieres recherches dun observateur est la differente disposition des couches qui composent la partie de linterieur du globbe que nous Sommes a portee dobserver la premiere inspection y fait

Les commissaires concluaient que seules étaient pratiques les horloges marines et la méthode des distances lunaires et solaires. Borda concluait aussi en faveur du sextant et donnait une formule particulièrement élégante pour corriger parallaxe et réfraction dans le cas de la détermination des distances lunaires et solaires.

Borda, Pingré et de Verdun publièrent un premier compte-rendu de l'expédition, puis une relation complète :

« Voyage fait par ordre du Roi en 1771 et 1772 en diverses parties de l'Europe, de l'Afrique et de l'Amérique pour vérifier l'utilité de plusieurs méthodes et instruments servant à déterminer la latitude et la longitude tant du vaisseau que des côtes, isles et écueils qu'on reconnait, suivi de recherches pour rectifier les cartes hydrographiques (1778) ».

Verdun de la Crenne avait fait aussi, notamment, des observations pour essayer de déterminer le rapport des vitesses de marche suivant les angles de vent, par houle et par belle mer.

Cette expédition fut considérée comme l'événement le plus important de l'époque, au point de vue de l'astronomie nautique.

(4) Pingré (Alexandre, Guy).

Né à Paris le 4 septembre 1711.

Nommé à l'Académie Royale des Sciences le 12 mai 1753 comme correspondant de Le Monnier.

Associé libre le 30 mars 1756.

Associé libre lors de la réorganisation de 1785.

Elu membre résidant de la Section d'astronomie de la 1re classe de l'Institut National (1795).

Mort à Paris le 12 floréal an IV (1er mai 1796).

Alexandre Pingré, appartenait à l'ordre des Génovéfains et fut chanoine régulier appercevoir deux especes [de montagnes]. la premiere inspection en fait appercevoir de deux especes. les unes dont les Couches Sont horizontales les autres dont les couches sont ou perpendiculaires ou inclinées a lhorizon.

[Ces montagnes paroissent avoir eté formées a des epoques trés differentes, Celles inclinees a lhorizon Sont infiniment plus anciennes les autres au contraire Celles composees de Couches horizontales sont evidemment [composees danimaux marins et de vegetaux detruits ou de pierres meme des mont] de formation plus recente [on y trouve des animaux marins et des vegetaux on y rencontre frequemment des vestiges danimaux marins et Comme [elles sont] ces dernieres especes de montagnes Sont infiniment plus basses que les autres et elles sont posées.]

de Ces deux especes de montagnes les premieres paroissent de formation plus moderne elles ne Sont composées ou que damas de Coquilles amoncelees ou de pierres usees dont les fragmens deposes par les eaux ont formé des bancs qui quelquefois dans la Suitte ont pris la consistance de pierre

de la Congrégation de France. De 1772 à sa mort, il fut conservateur de la bibliothèque Ste-Geneviève.

Il enseigna tout d'abord la théologie, qu'il abandonna ensuite pour l'astronomie.

Il fut élu à l'Académie Royale des Sciences, le 12 mai 1753, comme correspondant de Le Monnier, s'étant fait remarquer par le calcul de l'éclipse de lune du 23 décembre 1749. En 1757 Le Monnier l'engagea dans le Calcul de l'Etat du Ciel, premier almanach nautique complétant la Connaissance des Temps.

Nommé associé libre le 30 mars 1756, il le resta toute sa vie ; le règlement de l'Académie ne permettant pas en effet aux religieux réguliers de devenir pensionnaires ou honoraires.

Pingré se spécialisa dans le calcul des orbites des Comètes (il en détermina 24). Il publia « Cométographie ou Traité théorique des Comètes », il donna également un art de vérifier les dates et le calcul des éclipses visibles en Europe durant les dix siècles précédant l'ère chrétienne et les dix-huit suivants.

On lui doit aussi une traduction des Astronomiques de Manilius (contemporain de Virgile), des Pronostics du poète grec Aratus et des Commentaires d'Horace.

Il publia également une Histoire de l'Astronomie au XVIIe siècle, des Annales Célestes, une Histoire méditée de l'Astronomie.

En 1753 il avait observé le passage de Mercure.

En 1760, l'Académie le chargea d'aller observer à l'île Rodrigue le passage de Vénus sur le soleil. Il embarqua le 9 janvier 1761 sur le « Comte d'Argenson ». Durant ce voyage il appliqua pour déterminer la longitude la méthode des distances lunaires, proposée par La Caille. Arrivé à l'île Rodrigue, il dressa le plan de l'île, fit des observations météorologiques, magnétiques, d'histoire naturelle. Mais le 6 juin il plut et Vénus avait déjà pénétré sur le disque solaire quand il put l'observer. A la fin de juin, un navire anglais attaqua les deux navires de la mission, en brûla un, ravagea l'île ; en juillet deux autres arrivèrent et firent Pingré prisonnier. En septembre enfin un navire français reprit l'île [les autres paroissent infiniment plus anciennes [elles paroissent formées] elles forment Sans doute la carcasse meme du globe et c'est Sur elles [que Se Sont depose] quont ete deposes les bancs horizontaux de formation plus recente.]] (5)

des observations plus multipliees et plus Suivies [ont fait] font ensuitte Connoitre que toutes les montagnes composees de Couches horizontales [[celles dans lesquelles on reconnait des vestiges de Corps marins ont eté formées Sous les eaux Comme ces montagnes forment dans certains pays et Surtout dans la zone temperée des elevations asses Considerable on a droit dans conclure quil Sest fait des deplacemens deau extremement Considerables c'est a dire que leau dans nos contrées Selevoit [a une beaucoup plus grande hauteur quelle ne Seleve aujourdhy] dans des tems tres reculé a un niveau beaucoup plus haut quelle ne Seleve aujourd'huy. les observations que j'ay faitte me porte a croire que Cette diminution de niveau est au moins de 3000 pieds]]. ne sont pour la plus grande partie Composées que de debris de Coquillages et danimaux marins de Sorte quon ne peut douter quelles nayent ete formees sous les eaux [de la mer. Ces montagnes forment aujourdhy] il est quelques unes de ces montagnes qui sont elevées [aujourduy] a 2 ou 4

et ramena Pingré et ses compagnons. Au cours du voyage de retour, il appliqua à la détermination de la longitude, sa méthode des angles horaires de la lune.

Le Marquis de Courtanvaux, ayant fait construire et armer à ses frais la frégate « L'Aurore » dans le but d'étudier à la mer deux montres marines construites par Leroy, Pingré désigné par l'Académie l'accompagne ainsi que Messier (voir note page 272).

Pingré fit partie ensuite de l'expédition de l'Isis (1769), armée dans le but d'expérimenter les montres de Berthoud. L'itinéraire était Cadix, les Canaries, la côte d'Afrique, La Martinique, Terre-Neuve, les Canaries, Cadix, ce qui permettait d'éliminer les erreurs en passant deux fois aux mêmes points.

Il suivit comme on l'a vu en 1771 le voyage de « La Flore » avec Borda.

En 1755, sa Congrégation, fière de lui, lui avait installé un observatoire à Ste-Geneviève.

En 1769, il devint Chancelier de l'Université de Paris.

« Il traversa la Révolution sans accrocs graves pour sa personne et sans quitter sa chère bibliothèque. Cependant ses revenus minimes disparurent presque entièrement et il mourut dans un état voisin de la misère, mais résigné et récitant des vers d'Horace, appropriés à sa situation » (A. Lacroix, *Lecture faite à la Séance annuelle de l'Académie des Sciences*, décembre 1934).

« Pingré a laissé un monceau de manuscrits inédits sur une foule de questions. « Dignitaire de la Franc-Maçonnerie, à côté de travaux d'astronomie et de chronologie « chinoise, il prépara un nouveau bréviaire, légiféra sur de nouveaux offices de sa congré- « gation, composa des hymnes liturgiques, rédigea des traités maçonniques, des sermons, « un traité d'harmonie en 4 livres, des mémoires et un cours de théologie » (A. Lacroix, « *loc. cit.*).

(5) Pour faciliter la lecture, nous avons cru devoir placer entre [[ ]] les paragraphes, lignes 83 à 114 et 117 à 126 correspondant à des passages entièrement barrés

mil pieds au dessus du niveau de la mer. on ne peut donc admettre quelles ont eté formees par la mer meme quen Supposant quil Soit fait par Succession de tems un deplacement deau tres considerable on trouve [que la mer] que la Surface de la mer a baissé Considerablement de niveau.

[on ignore entierement] on n'a rien de certain encore Sur la Cause dun [deplacement d'eau aussy enorme mais on ne peut] aussy Singuliere revolution, on ne voit pas cependant quil Soit possible de lexpliquer autrement [quen Supposant que lequateur change de place] que par un deplacement de lequateur cest a dire en Supposant quil ait eté [beaucoup plus pres des] autrefois beaucoup plus pres quil ne lest des [Contrees que nous] des climats que nous habitons.

on nentrera pas dans de plus grands details Sur Cet objet mais on Se contentera dobserver que Si les phenomenes que nous presente la Surface du globbe viennent en effet dun deplacement de lequateur il Sen Suit [que l'eau etant a Sa plus grande hauteur Sous lequateur] que la hauteur des montagnes Composees de Couches horizontales et qui ont eté formees Sous les eaux doit aller en diminuant a mesure quon S'approche de lequateur et que leur hauteur doit etre alors absolument nulle cest a dire quelles ne doivent plus exister qu'au dessous de la Surface des eaux [Ces observations Si elles se trouvent confirmees] ces conjectures [sont deja] nont encore ete detruittes par aucunes des observations quon a rassemble jusquicy mais il Seroit tres interessant quelles fussent encore confirmees [de nouveau] par de nouvelles et cest a quoi lon espere que M. de Borda voudra bien concourir

il Sera necessaire de Se munir de quelques mains de papier gris pour envelopper les echantillons avec leurs etiquet et de mettre le tout dans quelque Caisse ou [dans quelque] mauvaise futaille pour etre transportee en france.

⁂

N° 178

LE VEILLARD (1) A LAVOISIER
14 octobre 1771
(*Archives de l'Académie des Sciences*, N° 39-A, O.)

A Monsieur
Monsieur De la Voisier
fermier general et de l'Academie Royale des Sciences
rue des bons enfans
a Paris

j'aurois bien desiré, Monsieur, que le rapport dont vous avéz bien voulu vous charger eut eté fait avant les vacances, je compte présenter mon memoire à monsieur Le prince de Condé a qui

(1) Le Veillard.

On connaît de Le Veillard trois mémoires de chimie, présentés à l'Académie Royale des Sciences, et dont Lavoisier fut chaque fois l'un des rapporteurs.

Au premier, « Analyse d'une source sulfureuse » (7 août 1771), correspondent la lettre ci-dessus et la suivante. Lavoisier et Macquer en furent les rapporteurs (*Œuvres de Lavoisier*, tome IV, page 89). Leur jugement est élogieux pour Le Veillard. « Ce mémoire est fait avec tant de précision, disent-ils, que nous ne pourrions en quelque façon que le transcrire dans les mêmes termes. M. Le Veillard a mis en usage toutes les ressources connues à ce jour pour parvenir à une analyse exacte... » et de conclure qu'il est très digne d'être imprimé dans les Mémoires des Savants étrangers à l'Académie. A noter un pli non cacheté de Le Veillard, déposé à l'Académie Royale des Sciences, le 21 septembre 1770 relatif à une communication sur « le résultat de l'analyse de l'eau puante de Montmorency », pour l'examen de laquelle Bourdelin et Macquer furent nommés commissaires.

Le second (18 novembre 1772) a pour titre « Sur la décomposition du nitre ». Les rapporteurs sont Lavoisier et Cadet (*Œuvres de Lavoisier*, tome IV, page 126). Le Veillard y reprend des expériences de Viganus, de Basile Valentin, qui avaient signalé qu'en chauffant du nitre (nitrate de potassium) avec de l'argile on obtenait son acide. Boyle avait fait une observation analogue et Zweiler était arrivé au même résultat en employant le verre pilé. Stahl, par contre, avait émis des doutes, et on avait suggéré que l'argile renfermait une certaine quantité d'acide vitriolique, auquel était due la réaction.

Monnet avait présenté en 1768 à l'Académie de Turin un travail où il expliquait le résultat obtenu par la combinaison de la base alcaline du nitre (potasse) avec la glaise, indiquant qu'il en était de même avec le sel marin.

Les observations de Le Veillard sont en accord avec celles de Monnet, dont il affirme n'avoir pas eu connaissance et que les rapporteurs eux-mêmes n'ont apprises que par une note assez succincte. Le Veillard a observé de plus que le verre ou l'argile ayant servi aux expériences ont montré après lavage une augmentation de poids.

« M. Le Veillard a montré que l'alkali fixe existe encore dans le résidu de la distillation du nitre par l'argile, et que quoique dans une espèce d'état de vitrification, on peut appartient la fontaine de montmorency, mais je n'ai point voulu faire cette demarche sans avoir pour la justifier le temoignage de l'academie, je vous prie, Monsieur, de vouloir bien me marquer Si vous pouvois terminer cette affaire aussitost après la rentrée ; et permettez moy de vous demander encore de vouloir bien m'écrire un mot sitost quelle sera finie afin que je parte [aussitost a cet] d'ici pour remplir mon projet, je vous prie de vouloir bien me garder le Secret a cet égard et de me croire avec le plus sincère attachement

Monsieur

Vostre tres humble et tres obeissant Serviteur

Le Veillard

gentilhomme Servant ord^{n} du roy

ches Mr Son père

a dreux

Ce 14 8bre 1771

le séparer par les trois acides minéraux et qu'il en résulte du tartre vitriolé (Sulfate de potassium), du nitre (nitrate de potassium) ou du Sel de Sylvius (chlorure de potassium) ».

Nous citons cette dernière phrase pour montrer que Lavoisier et Macquer ont tenu compte de l'observation faite par Le Veillard dans sa lettre du 15 décembre 1772 (voir page 392) et dans laquelle il signale l'omission de ces trois réactions dans le projet de rapport.

Les rapporteurs concluent que « ce que nous pouvons assurer, c'est que les Expériences de M. Le Veillard forment un corps de preuves bien lié, auquel il est difficile de se refuser », mais ils lui demandent en même temps de s'informer du travail de Monnet.

Le 3e mémoire « Sur la décomposition du sel marin et la distillation de son acide », a pour rapporteurs Lavoisier et Macquer.

Il est en liaison avec le précédent comme ils le font remarquer (*Œuvres de Lavoisier*, tome IV, page 246).

L'auteur y montre que « lors de la distillation du sel marin en présence d'argile, ce n'est pas l'acide vitriolique qui est en jeu, mais que c'est la base du sel marin (soude) qui se combine à l'argile, permettant à l'acide marin (acide chlorhydrique) de se dégager ».

Lavoisier et Macquer concluent en estimant que ce mémoire et le précédent sont dignes d'être imprimés dans le « Recueil des Mémoires présentés par les Correspondants et Savants étrangers ».

Nous retrouverons Le Veillard cité dans une lettre que l'on verra plus loin de Lavoisier à Benjamin Franklin (datée du 8 juin 1777). Il y invite ce dernier à venir voir répéter dans son laboratoire de l'Arsenal, quelques-unes des principales expériences de M. Priestley sur les différentes espèces d'air ; « nous n'aurons, y dit-il, que M. Le Veillard, M. Brisson et M. Bezout, le trop grand nombre de personnes n'étant point en général favorable au succès des expériences ».

Le Veillard a également accompagné Benjamin Franklin, pour lequel il avait une très grande amitié, lors de son voyage de retour en Amérique.

***

N° 179

LE VEILLARD A LAVOISIER

4 novembre 1771

(*Archives de l'Académie des Sciences*, N° 39-B, O.)

Ni indication de destinataire, ni adresse

Je ne puis qu'estre Sensiblement touché de votre procédé, Monsieur, Soyez persuadé que j'en sens toute la valeur, mon mémoire ne merite pas le rapport avantageux que vous en faites, et je crains que l'amitié, dont vous et monsieur Macquer voulez bien m'honorer, ne vous ayent donné pour ce foible travail des yeux indulgents que peut estre d'autres n'auront pas ; je vous renvoye votre rapport, Monsieur, j'ay pris Seulement la liberté de corriger l'orthographe de mon nom que vostre Secrétaire avoit mal mise.

Je serai lundy ou mardy prochain a paris et mon premier Soin Sera Sans doute de vous aller témoigner ma reconnoissance et vous assurer des Sentiments d'estime et d'attachement avec lesquels je suis

Monsieur

Vostre tres humble et tres obeissant Serviteur

Le Veillard

a dreux le 4 9bre 1771

Je vous prie Monsieur de vouloir bien faire mes compliments et remerciments a M. Macquer.

ANNÉE 1772

N° 180

HATTON LA GAINIERE A [LAVOISIER]

16 janvier 1772

(*Archives de l'Académie des Sciences*, N° 98-D, O.)

Ni indication de destinataire, ni adresse (1)

Monsieur

Je Suis charmé que l'Etat de la pluye qui a tombé l'année dernière en cette ville puisse vous estre de quelque utilité, je continue de faire les mêmes observations pour estre en etat de vous en faire part a la fin de chaque année.

malgré la bonne intention que vous avez Monsieur, de me rendre Service ainsy que Monsieur votre pere je crains bien que le Succez ne reponde pas a votre bonne volonté. M. Ranson receveur actuel des gabelles de cette ville frere du beau pere de Madame Dubarril demeurant icy avec luy Se flatte par la faveur de cette dame d'obtenir au premier jour une Commission beaucoup plus considérable et de faire avoir celle dont il est pourvu icy a Son fils jeune homme de dix huit a vingt ans. cette province faisant partie de l'apanage de M. le Comte de Provence, et les Employs de toutes les especes etant a la nomination de ce Prince je pense que vous pourriez peut-estre mieux que tout autre, par le credit de M. le Controlleur Général et de M. Cromot, me faire avoir la Survivance, je crois que ce Seroit le Seul moyen de m'assurer cette commission qui est la Seule dans les circonstances ou je me trouve qui puisse me convenir. S'il etoit necessaire pour faire reussir ce projet d'acheter le Suffrage de quelqu'un de la maison du Prince je ne regreterois pas pour cela une certaine Somme, pourvu cependant qu'elle ne fut pas trop considerable car M. Ranson restant icy pourroit faire attendre

(1) Bien que cette lettre ne porte aucune indication de destinataire, elle a été sans aucun doute adressée à Lavoisier ; il suffit de rapprocher les questions qui y sont traitées de celles exposées dans les n° 206-225.

pendant bien des années celuy qui auroit Sa Survivance. que cette affaire ait lieu ou non Soyez assuré, Monsieur, que ma reconnoissance egalera le Respect avec lequel j'ay l'honneur d'estre

Monsieur
Votre tres humble et tres obeissant Serviteur

hatton la gainiere

a Fresnay le 16 Janvier 1772.

***

N° 181

LAVOISIER A RIBEL

18 mars 1772

(Manuscrit Division of the Historical Society of Pennsylvania
Edgard Fahs Smith Memorial Collection
University of Pennsylvania) (1)

Entièrement de la main de Lavoisier

M. Guettard Monsieur a envoyé il y a quelques mois a l'academie des sciences de Paris un memoire et un dessein d'une tete exostosée. le memoire a ete lu et lobservation a paru tres bien faitte et tres interessante. elle a meme paru Si Singuliere quelle desire voir la tete meme que vous aves entre les mains. je vous serai donc bien obligé de [me] la faire mettre dans une boete et de me la faire passer le plutost possible par la messagerie. je la ferai voir a l'academie et je vous la renverrai aussitost, vous pouves Compter Sur mon exactitude. je Crois que l'intention de lacademie est de faire imprimer votre observation dans Ses memoires. je Suis bien flatte davoir trouvé Cette occasion de vous assurer de la parfaitte estime avec laquelle j'ay lhonneur detre...

Monsieur
Votre tres humble et tres obeissant Serviteur

Paris le 18 mars 1772

Lavoisier membre de l'academie R. des Sciences rue neuve des bons enfans a Paris

Ribelt (2) chirurgien a Perpignan

(1) Le photostat de cette lettre nous a été aimablement adressé par l'Historical Society of Pennsylvania à la demande de M. Pierre S. du Pont de Nemours et de M. le Professeur Douglas McKie. Je suis heureux de pouvoir les en remercier ici.

(2) Lavoisier a écrit d'abord Ribert puis Ribelt en surchargeant la lettre r. Il s'agit de Ribel. Voir lettre 226, page 427, ligne 35.

***

N° 182

St ANDRE DE CHENE A LAVOISIER

21 mars 1772

(*Archives de Chabrol*, O.)

atlas mineralogique (1)

A Varennes le 21 mars 1772

J'ay reçu Monsieur, les Soixante Livres de Bougie Et les quatre carottes de tabac d'Etrenne de vôtre compagnie, Je vous prie de vouloir bien être mon Interprette auprès d'Elle pour lui En faire mes remerciemens. J'ay aussy reçu les 12 carottes de tabac pezant 34 livres a payer à l'Entreposeur de Varennes, tous les Copartageants vous en font leurs remerciements particuliers.

Vous etes bien bon, Monsieur, de vous Excuser sur les motifs de retard de ces Envois, nous n'en murmurions pas vous Sachant occupé aux devoirs du nouvel engagement que vous avés pris ; nous Etions satisfaits de vous scavoir dans les bras de l'amour ayant peine a suffire aux voluptés et au bonheur quil ne cesse de vous offrir. faites Je vous prie, Monsieur agréer nos respects Et compliments a Madame de l'avoisier. Nous lui voüons de tout nôtre cœur tous les Sentimens qu'Elle merite.

Je ne scay, Monsieur, Si jauray bien remply vôtre objet par la forme que J'ay pris pour répondre aux questions des Imprimés que vous mavés addressé. les Circonstances ne mont pas permis d'envoyer ces Imprimés aux maires des Lieux comme vous parroissés le desirer. Si J'Etois au Coin de votre feu Je vous en dirois les raisons Et vous les approuveriés Surement.

D'ailleurs les Colonnes n'auroient été remplies que par des néant ainsi que je le dis dans mon observation generalle. J'ay crû mieux faire en répondant comme je les fais ; Si je me suis trompé dites le moy de bonne foy Sans craindre de me mortifier, Et marqués moy de même ce que vous croiéés que je pourrois faire de mieux pour

(1) Indication de la main de Lavoisier.

remplir vos vües ; vous me trouverés Empressé dans tous les tems, et dans toutes les occasions de faire ce qui peut vous être agréable, et vous donner des preuves de L'attachement Inviolable Et bien Sincere, avec lequel J'ay l'honneur d'etre, Monsieur, votre très humble Et trés obeissant Serviteur

St andré De chéne

M. Delavoisier

***

N° 183

St ANDRE DE CHENE A LAVOISIER

21 mars 1772

(*Archives de l'Académie des Sciences,* N° 634-5, O.)
Ni indication de destinataire, ni adresse. (1)
De la main d'un Secrétaire.

REPONSES aux questions de L'Imprimé cy joint

Le Clermontois est composé de 80 villes Et villages Il est divisé en six Prevôtés dont les chefs lieux Sont Clermont, varennes, les montignons, Stennay, D'un Et Jametz.

Prevôté de Clermont

A Clermont il y à une Carriere ouverte au midy distante d'un quart de Lieu Sur une Côte au bord des bois dans une Montagne ; cette pierre est propre a bâtir quoique nature de guaise appellée dans le pays pierre morte. plusieurs villages dépendant de cette Prevôté ont la meme pierre, comme les Islettes, futeau, le neufour, Waly, vienne le chateau, Servon et St thomas ; Blercourt Brabant, Parrois Et Brocourt Il se trouve dans l'etendüe de ces finages des bancs Superficiels de pierre Dure qu'on appelle Communement pierre chalinne non gelise suivant le terme du pays, c'est à dire qui ne géle pas et resiste aux impressions de lair, Elle est Bleuatre En dedans Et Si dure qu'Elle ne peut etre Taillée comme la pierre de taille Et dans le reste des villages de la dite Prevôté, une autre espèce de pierre Blocaille Blanche aussi non gelise Et propre a faire des chemins il n'y a point de carriere ouverte pour cette espèce de pierre on n'en ouvre dans les champs que quand on en a besoin.

(1) Rapprocher de la lettre précédente.

A observer que la pierre guaise ou morte n'est bonne à Employer que dans L'interieur de la maçonnerie, autrement Elle fond et fait une mauvaise Bâtisse.

Il y à une thuillerie et Briqueterie au village des Islettes distant de Clermont d'une lieu, dont les thuilles, et Briques Sont d'assés mauvaises qualités Eû egard à la nature de la terre. Il y a aussi deux fayanceries, l'une située à Clermont, et l'autre au village de Waly distant de la dite Ville de trois lieües, la fayance provenantes de ces deux manufactures est d'un gros grain, et n'est autre chose que de la potterie sur laquelle on met un verny blanc au lieu d'un verny Couleur de terre.

Au même Village de Waly on y trouve de la marne qui Se tire dans un bois distant d'un quart de lieu, Et au midy, cette marne n'est pas riche ; cependant Elle rechauffe le terrain.

Il y a pareillement de la marne au Village de Servon qui Se tire Sur le territoire.

Prevôté de Varennes.

Les mêmes Espèces de pierre Se trouvent dans la Prevôté de varennes, comme celles rapportées dans la Prevôté de Clermont ;

a varennes il y a une Carriere de pierre morte au midy qui est ouverte dans le bois distant d'un quart de lieu Et Sur une Côte.

a Monblainville meme pierre meme aspect Et même distance.

Il y à une thuillerie et Briqueterie Située sur le territoire de varennes au Couchant meme nature que celle des Islettes.

Plus une forge et fourneau au village de Monblainville dont la mine Se tire pour partie au village de Neuvilly Prevôté de Clermont. au levent distant de deux lieux du dit Monblainville ; aux aillieux de Romagne Prevôté dé Varennes même distance au Septentrion ; et l'autre partie à Sommerance Et marcq villages de champagne contigu du Clermontois.

Deux autres forges à chepy et charpentrie sans fourneau qui S'approvisionnent ordinairement de gueuses Et Bouages a la forge de Monblainville ou dans celles Voisines.

Prevôté des Montignons

Il n'y a point de carriere ouverte dans cette Prevôté la pierre qui Si trouve est Blanche non gelise Et bonne a bâtir par conséquent propre a faire des Chemins.

Prevôté de D'un

Il Se trouve dans cette Prevôté trois Especes de pierres, la premiere est ce qu'on appelle pierre de taille, La seconde est d'un grain Jaune Et Se met En Blocaille ; Et la troisieme est aussi de la Blocaille d'un grain Blanc ces trois especes non gelisses propre a bâtir Et a faire des chemins.

Il y à deux Carrieres ouvertes de la pierre de taille, La premiere est Sur une Côte près le village de Sasiey distante d'une demie lieu de D'un au septentrion, Et la seconde est pareillement ouverte Sur une côte pareille distance au midy.

Il y a de la minne de fer dans les bois de Mont, Village dependant de cette Prevôté mais Elle est Cuivreuse Et on ne S'en Sert pas.

Il y à aussi une thuillerie Sur le territoire de Lion à une Lieu de D'un au levent dont la thuille courbe est assés bonne.

Prevôté de Stenay

Il Se trouve quatre Carrieres ouvertes dans cette Prevôté on entire de la pierre de taille d'un grain dur toutes les quatre Situées dans des côtes.

La première est à Luzy a un quart de lieu de distance de ce village au septentrion, et à une demie lieue de Stenay.

La seconde a Baulon à une demie Lieue de distance Et au midy, Et de Stenay à une lieue.

La troisieme à Brouenne a la distance de trois quarts de lieu au midy Et de Stenay à cinq quarts de Lieues environ.

Et la quatrieme au village de han à 200 pas de distance au Septentrion ; Et de Frenay aprés de trois lieues

Dans les territoires du reste de la Prevôté il Sy trouve de la pierre Jaune propre a bâtir et faire des chemins Sans Carriere ouverte.

Il y a une thuillerie a la Jardinette dependante de La parroisse de Baslon à un quart de lieue de distance au couchant dont la thuille courbe est bonne.

Prevôté de Jametz

Il Se trouve dans cette Prevôté de la pierre jaune Et Blanche meme Espece qu'En la prevôté de Stenay sans carriere ouverte.

On observe quavec de la pierre Blanche on fait de La chaux.
a Aubreville Prevôté de Clermont il y a deux fours a chaux.
A varennes un four a chaux.
Baulon Prevôté de Stenay un four a chaux.
Et à Jametz un four à chaux.

Observation generale

Le Clermontois n'est compris dans aucune generalité. on n'a pas Jugé a propos d'envoyer des imprimés aux maires, par des raisons politiques à causes des Circonstances. D'ailleurs En Exceptant Stenay, D'un Et Clermont, aucun maire nauroit été en Etat de répondre aux questions et ils n'auroient trouvés aucun Secours de la part des entrepreneurs de batimens, parce qu'il ny en a pas dans ce pays. les maçons et charpentiers qui batissent les maisons qui existent ne savent qu'Employer les materiaux qu'on leur fournit, Et de la facon qu'on le leur fait faire quand on veut Sortir de L'usage ordinaire. En ce cas il faut être soy même à L'ouvrage ou faire venir de dehors un apareilleur et assés entendu pour réformer les habitudes de ces ouvriers Sans art. qui ne savent poser qu'une pierre Sur l'autre. toutes ces raisons ont déterminé à répondre aux questions par un Etat général qu'on pourra mettre dans L'ordre qu'on jugera a propos. L'Envoye des Imprimés aux maires n'auroit pu fournir d'autres Eclaircissemens, parceque le pays dans toute son Etendue ne fournit rien de plus, et les colonnes de questions n'auroient été remplies que de néants sans observations. on ne dit rien des puids parce qu'il n'y a point de Villages ou il ny en aye plus ou moins Suivant leur situation plus ou moins Eloignée de quelque fontaine ou Ruisseau. On ne Connoit dans le Clermontois aucun autre objet de matieres qui puissent etre utiles aux arts.

St André de Chene (1)

A Varennes le 21 mars 1772.

(1) Dans le même dossier, existent les pièces suivantes que nous n'avons pas cru intéressant de donner ici.
634-6. Note. D'Amiens à Pecquigni, terres sabloneuses...
634-7. Note. Sçavoir où se tire le grès, la pierre, le sable...
634-8. Observations données par M. Bucher.
L'epinay est un pays...
(Cette dernière note est de la main de Lavoisier).

***

N° 184

LES FERMIERS GENERAUX A Mr LE PRESIDENT DE SIVRY

15 mai 1772

(Collection Gabriel Bertrand)

De la main d'un Secrétaire

Monsieur

L'Instance que l'adjudicataire Soutient à la Chambre des Comptes Contre les Religieux de l'abbaye de Mettoch devient par Son indécision le Sujet de nouvelles tracasseries de la part de ces Religieux, et nous avons dès lors le plus grand intérêt à faire Statuer définitivement Sur leur affaire.

M. Lallemant nous a marqué, Monsieur, que vous l'aviez engagé à Suspendre touttes poursuittes. Si les motifs qui vous ont fait désirer que nous ne Sollicitassions pas l'arrêt, ne Subsistoient plus, ou Si vous présumiez que par quelques démarches nous puissions tendre à notre but, Nous vous prions, Monsieur, de vouloir bien nous en faire part.

Nous Sommes avec respect

Vos très humbles et très obeissants Serviteurs.

Le 15 may 1772.

Parceval [?]

Lavoisier Delahante

Puissant fils

Drugines Rougeot

Paulze

Dollé Senneville

M. le President de Sivry

***

N° 185

LAVOISIER A L'ABBÉ ROZIER (1)

(*Archives de Chabrol*, O.)

Non datée.
Pas d'indication de destinataire
De la main d'un Secrétaire. Corrections de Lavoisier

Lettre écrite à l'auteur du journal par M. L. de l'Académie Royale des Sciences sur le jeune homme du vivarais dont il a ete question dans la Gazette de France des 5, 12 et 15 juin 1772 (2)

La philosophie, Monsieur, ne peut S'empecher de gemir, de voir que dans un Siecle éclairé, des personnes, que leur Etat, leurs Connoissances Et leur Reputation elevent au dessus du Vulgaire renouvellent dans le public de Vieilles erreurs dont l'absurdité est reconnue depuis longtemps, Et contre lesquelles les Vrais Savants n'ont jamais cessé de Reclamer.

je n'ai point Vu le jeune homme pretendu hidroscope dont les papiers publics annoncent tant de Merveilles, je n'ai meme rien de nouveau a apprendre au public a cet egard ; mais une Sorte d'indignation me met la plume a la main, Et je crois devoir Vanger autant qu'il est en moi l'honneur de la nation qu'on attaque, en lui faisant adopter en quelque façon une erreur de l'espece la plus Ridicule.

Si les faits rapportés dans les papiers publics ne tomboient pas d'eux memes Si leur impossibilité phisique n'etoit pas palpable, je vous observerois que la qualité essentielle d'un Corps opaque est de ne pouvoir transmettre la lumière d'en intercepter les Rayons : or les objets n'etant Vu que par la transmission des Rayons Reflechis de l'objet a l'œuil, il Sensuit que personne ne peut Voir a travers un Corps opaque, Et qu'il n'est ni lunette ni machine ni Conformation qui puisse operer ce prodige. En un mot Voir a travers un Corps opaque ce Seroit Voir Sans lumiere ce qui implique en phisique (*sic*). (3)

(1) Voir note biographique page 369.

(2) La minute de cette lettre existe aux Archives de l'Académie des Sciences sous la cote 378-B. Nous avons cru devoir donner ici le texte définitif. Celui-ci à part les légères modifications indiquées plus loin est identique à celui de la minute.

(3) Cette fin de phrase est la même sur la minute.

je pourrois ajouter que les faits qu'on raconte de l'hidroscope ne Cadrent pas *meme* (1) avec ce que les phisiciens connoissent de la marche des Eaux Souteraines, mais comme je l'ai deja dit ces faits tombent d'eux memes Et toute dissertation Seroit Superflue.

il n'est point de forme que l'imposture n'ait prise pour abuser de la credulité des hommes Surtout dans les Siecles d'ignorance Et de Barbarie, celle des hidroscopes n'est pas nouvelle, elle a existé au contraire tres anciennement en espagne, Martin del Rio assure qu'on y trouvoit des hommes dont la Vue etoit assés penetrante pour distinguer Sous la terre les Veines d'eau, les Metaux, les tresors Et les Cadavres. ils avoient Suivant cet auteur les yeux fort Rouges, Et il assure avoir Vu à madrid en 1575 un jeune homme de cette espèce.

del Rio après avoir entassé beaucoup de Raisonnement phisiques ou pretendus tels pour prouver la possibilité de quelques uns des prodiges qu'on leur attribuoit est obligé de recourir pour expliquer les autres a la puissance du demon. ces pretendus hidroscopes etoient connus en Espagne Sous le nom de *Zahuris* ou *Zahories*, ils etoient nés Suivant l'opinion populaire Le Vendredi Saint, Et c'etoit au jour de leur naissance que tenoit leur merveilleux privilège.

Gutierius medecin espagnol qui a ecrit depuis del rio parle des zahuris Sous le nom de zahories, il Se moque avec juste raison Et de la credulité du peuple Et de la Sotise de del Rio.

Le temps Et les lumieres ont insensiblement dissipé ces phantomes qui ne Subsistoient qu'a la faveur des tenebres de l'ignorance, Et l'on peut voir dans Bayle qu'au commencement du Siecle dernier, on ne Croyoit pas plus aux zahuris qu'a la baguette divinatoire Et aux Vampires, nous raprocherions nous aujourd'huy des Siecles de Barbarie !

Et la philosophie auroit elle reperdue parmi nous une partie du terrein qu'elle avoit gagné ? je ne Scaurois le Croire (2), Et je m'efforce

(1) Les mots en italique sont des corrections de la main de Lavoisier.

(2) Dans la minute on trouve ici la phrase suivante qui a été barrée : « le ton dassurance avec lequel on debite une erreur absolument populaire excitera la réclamation generale de tout monde Scavant et quelle mettra pour jamais en garde contre ces sortes de fables et surtout ceux dont les écrits sont destinés à l'instruire seront a l'avenir plus en garde contre ces sortes de fables ».

meme d'ecarter cette idée. Sans doute le public Reviendra bientot de ce premier moment d'illusion *et Cette Circomstance apprendra a Ceux* (1) qui Reflechissent Et surtout a ceux qui ecrivent a etre plus en garde a l'avenir contre les fables de cette espece.

jai l'honneur d'etre...

P.S. depuis cette lettre ecrite, j'ai appris que M. paulard Curé de la paroisse ou est né le pretendu hidroscope, homme vrai Et eclairé qui a eté a portée de *le* Suivre depuis Son Enfance, loin de partager lenthousiasme dans lequel on a donné Sur Son compte, assure au contraire n'avoir jamais rien reconnu en lui de particulier ; des Vases pleins d'eau ont eté Cachés Sous terre en presence de M. Paulart Et bien Recouverts, le jeune homme n'a pu les Reconnoitre Et il a été obligé de convenir qu'il ne pouvoit decouvrir que les Eaux inconnues ; que les Eaux connues au contraire etoient invisibles pour lui ; cette Reponse indique assés l'imposture Et la Supercherie. (2)

(1) Mots ajoutés de la main de Lavoisier.

(2) Sur la minute, après la Supercherie, on lit « et lon peut Se dispenser den dire davantage ».

La minute de cette lettre porte comme titre « Lettre écrite a l'Auteur du Journal par M. L..... de l'Academie Royale des Sciences ».
Elle est reproduite dans le Journal de l'Abbé Rozier « Observations sur la Physique, sur l'Histoire Naturelle et sur les Arts » t. II, p. 372.
Le destinataire est donc bien l'Abbé Rozier.

*
**

N° 186

MAGALHAENS (1) A X... (2)
5 juillet 1772
(*Archives de l'Académie des Sciences*, 1642, Copie).
Pas d'indication précise de destinataire (3)

Copie d'une Lettre de J.H. de M. Resident à Londres, pour un de ses amis de Paris, datée le 5 Juillet 1772 : Contenant un detail de la methode pour faire aisement des Eaux artificielles, comme

(1) MAGALHAENS ou MAGELLAN (Jean, Hyacinthe de), de la famille du célèbre navigateur.

Né à Lisbonne en 1723.

Mort à Islington, près Londres, le 7 février 1790.

Il fut nommé à l'Académie des Sciences le 4 septembre 1771 comme correspondant de de Bory.

Il avait pris l'habit de l'ordre de St-Augustin en 1753.

Passionné de voyages et d'études scientifiques, polyglotte, il voyagea beaucoup visitant les savants les plus remarquables, avant de se fixer à Londres.

Membre de la Société Royale de Londres, en 1774, correspondant de l'Académie Royale des Sciences de Paris, des Académies de Madrid, de St-Pétersbourg.

Il entretint une correspondance régulière avec de nombreux savants de l'Europe, leur servant d'intermédiaire pour les mettre au courant des travaux les uns des autres, pour leur procurer les appareils intéressants, dont ils pouvaient avoir besoin, (voir lettre du 10 Septembre 1776, adressée à Lavoisier au sujet de l'envoi de 2 sextants et d'une machine pneumatique). C'est lui qui envoya en France un des nouveaux compas de route, qui fut utilisé durant la campagne de « La Boussole », commandée par Borda.

On a de lui : Description des octants et sextants anglais ou quarts de cercle à réflexion, avec la manière de s'en servir et de les construire » (1775). Cet ouvrage fut dédié à Turgot. On a pu dire que ce fut le traité le plus complet qui ait existé sur ces questions dans tout le XVIIIe siècle.

Description et usage des nouveaux baromètres pour mesurer la hauteur des montagnes et la profondeur des mines (1779).

Collection de différents traités sur les instruments d'astronomie.

Description d'un appareil en verre pour composer des eaux minérales artificielles (1777).

Description de deux nouveaux endomètres.

Le journal de physique de l'abbé Rozier accueillit de nombreux articles de lui, notamment :

« Description d'une pendule indiquant le jour du mois, la marche de la lune ».

Essai sur la nouvelle théorie du feu élémentaire.

Il édita également la minéralogie de Cronstedt.

Magalhaens fut activement mêlé aux études que fit Lavoisier sur la distillation de l'eau de mer. Il avait proposé à Trudaine (Lettre de Trudaine à Lavoisier du 21 janvier 1773, ce volume page 395) l'idée d'un alambic qu'il avait vu à bord d'un navire anglais. Voir aussi : *Œuvres de Lavoisier*, tome IV, pages 717 à 767 : « Sur une nouvelle méthode distillatoire ».

Magalhaens a également contribué à généraliser l'emploi de la « gomme élastique » (caoutchouc), proposée par Priestley pour effacer les traces de crayon (India Rubber).

(2) Probablement adressée a Trudaine de Montigny (voir la lettre suivante du 7 juillet).

(3) Bien que cette lettre et la suivante ne soient pas adressées directement à Lavoisier, nous avons cru devoir les insérer ainsi que quelques autres envoyées par Magalhaens à divers amis de Paris. Elles se trouvaient dans les papiers de Lavoisier, donc elles lui avaient été communiquées.

Celles de Pyrmont, Spa etc. par le moien de l'Air-fixe ; dont Les qualités antiseptiques les rendent egalement propres Contre l'Escorbut en Long voyages sur mer, et pour d'autres maladies : avec un precis de la brochure du Dr Priestley (1) Sur Ce Sujet.

(1) PRIESTLEY (Joseph).
Né le 13 mars 1733 à Fieldhead (Yorkshire, Angleterre).
Mort à Northumberland (Pennsylvanie, Etats-Unis). le 6 février 1804.
Fut élu à l'Académie Royale des Sciences de Paris, comme associé étranger, le 26 février 1784.
Associé étranger de la 1re classe de l'Institut National, le 26 mai 1802.
Il consacra sa jeunesse à l'étude des classiques et des dogmes religieux, connaissant le latin, le grec, l'hébreu, l'allemand, l'italien, le chaldéen, le syriaque et même un peu l'arabe.
Il fut tout d'abord prédicateur dans un petit village et chargé de l'école primaire. Il est avant tout théologien, utilisant ses loisirs à des expériences sur l'électricité statique.
Il abandonna la communion presbytérienne, passa à l'arianisme, devint unitaire et fut considéré comme un des plus dangereux adversaires de l'Eglise officielle.
Il publia plus de 50 volumes d'histoire et de théologie.
B. Franklin lui ayant conseillé de réunir toutes les connaissances sur l'électricité, il publie « Histoire et état présent de l'électricité », et est élu à la Société Royale de Londres.
On doit à Priestley, la découverte de l'oxygène (air déphlogistiqué), des oxydes de l'azote, de l'azote, de l'anhydride sulfureux, de l'acide chlorhydrique, du gaz ammoniac, du fluorure de silicium.
Il détermina la solubilité de l'air fixe (acide carbonique), dans l'eau, la glace, en imprégnit du vin, du cidre, de la bière et reproduisit les eaux gazeuses et ferrugineuses de Pyrmont. Il détermina son action sur les animaux et les végétaux et signala que les plantes peuvent régénérer l'air dans lequel une flamme s'est éteinte, attribuant cette action à leurs feuilles.
Il montra que l'air nitreux réagit avec l'air commun, propriété curieuse de ce gaz « qui dévore pour ainsi dire une espèce d'air », et en proposa l'emploi pour déterminer la pureté de l'air. Il prépara aussi le protoxyde d'azote, dans lequel une flamme brûle, et dans lequel cependant les animaux périssent.
On doit aussi à Priestley l'invention de la cuve à eau, ou « cuve pneumatique et l'emploi des tubes de verre rodés supprimant les luts », qui ont causé tant de soucis.
Ses premiers travaux scientifiques ont paru dans les « Philosophical Transactions » de la Société Royale de Londres, sous le titre « Observations sur différentes espèces d'airs ».
Il publia également une Histoire et Etat actuel des découvertes relatives à la vision, à la lumière, aux couleurs.
Lord Landsdown lui offrit le poste de bibliothécaire et un crédit de 40 livres pour ses expériences. Priestley réunit en 1774 au volume qu'il avait déjà publié une description des travaux effectués depuis cette époque ; il y signala la découverte du gaz ammoniac, de l'azote ; un 2e et un 3e volume parurent en 1775. Le succès fut très grand. Traduit en français on rencontre parmi les souscripteurs, les filles de Louis XV, des personnages de la Cour, Buffon, Berthollet. Lavoisier souscrivit pour 8 exemplaires, Trudaine pour 40.
Priestley signala le dégagement d'air déphlogistiqué (oxygène) à partir du précipité per se (oxyde de mercure) chauffé avec une lentille. Il y constata la combustion vive d'une chandelle, en proposa l'utilisation pour augmenter la force du feu et comme remède dans les maladies de poitrine, avec cette restriction cependant qu'en cas de bonne santé il peut faire vivre trop vite.
Pour Priestley, cependant, la théorie du phlogistique doit toujours servir de guide et il lui demande toujours l'explication des faits.
En 1780, quittant Lord Landsdown, il vient prendre à Birmingham la direction d'une petite congrégation de dissidents, il y retrouve Watt, Wedgwood, qui participent

Monsieur

Vous savez que L'Air-fixe a eté depuis quelques années L'Objet des Recherches de nos Philosophes, et que leurs resultats sont devenus interessants. Le Chev^{r} Pringle (1) aiant observé avant aucun

aux dépenses de son laboratoire, et il constitue avec eux le « Club lunaire », ainsi désigné parce que, pour éviter les aggressions nocturnes ses réunions se tenaient les jours de pleine lune.

Priestley convaincu de ce que la science contribuerait à l'amélioration sociale accueillit avec joie la Révolution française et la prise de la Bastille. Tandis qu'il s'était réuni avec quelques amis, le 14 juillet 1791, pour en célébrer l'anniversaire, ses adversaires religieux incendièrent en son absence sa maison et son laboratoire.

Condorcet au nom de l'Académie Royale des Sciences lui envoya une adresse de sympathie, et l'Assemblée législative lui accorda ainsi qu'à son fils la citoyenneté française. Plusieurs départements l'élirent comme député à la Convention ; il répondit en conseillant la modération, acceptant l'éligibilité, mais refusant le siège offert.

Le 8 août 1794, il quitta l'Angleterre, exilé volontaire aux Etats-Unis et vint résider à Northumberland.

Priestley, enfin, ayant constaté la propriété que possède la « gomme élastique » (caoutchouc) d'enlever les traces de crayon, la proposa dans ce but sous le nom de « india rubber » qui la désigne encore de nos jours dans les pays de langue anglaise.

C'était, dit Matignon, un homme que rien ne pouvait faire dévier de la ligne tracée par sa conscience.

Bien que resté toujours fidèle à la théorie du phlogistique, on doit considérer comme de la plus haute importance ce que Priestley a apporté à la chimie durant le XVIIIe siècle.

(1) PRINGLE (Sir John).

Né le 10 avril 1707 à Stritchel-House, Comté de Roxburgh (Ecosse).

Mort à Londres le 18 janvier 1782.

Elevé par son oncle Francis Pringle, professeur de Grec, il étudia tout d'abord à l'Université St-Andrews.

En octobre 1727, il entrait à l'Université d'Edimbourg, puis alla à Amsterdam pour y faire des études commerciales. Mais ayant suivi à Leyde, où il se lia d'amitié avec Van Swieten, les cours de Boerhaave et d'Albinus, il se décida pour la carrière médicale.

Reçu docteur avec une thèse ayant pour sujet « De Marcore Senili » il vint à Paris compléter ses études de médecine.

Revenu en Ecosse, il s'y installa comme médecin et professait en même temps à l'Université d'Edimbourg, la métaphysique et la morale.

Affecté aux Forces britanniques commandées en Flandre par le Comte de Stairs, il fait la campagne d'Allemagne et assiste, le 27 juin 1743, à la bataille de Dettingen. C'est à son instigation que le Comte de Stairs et le Maréchal de Noailles convinrent que les hôpitaux seraient considérés comme neutres.

En 1745, il accompagne, comme Médecin en Chef des Armées britanniques, le Duc de Cumberland, commandant les forces envoyées contre les Jacobites, et est présent à la bataille de Culloden.

En 1758, il est admis comme licencié au Collège Royal de Médecine et en 1763, comme membre « Speciali gratia » n'étant gradué ni d'Oxford, ni de Cambridge.

La même année, il est élu à la Société Royale de Londres.

Les observations que, du fait de ses fonctions il avait pu faire servirent de base à « Observations on the Diseases of the Army » (1752), il y signalait notamment les défauts d'hygiène, qui souvent sont à l'origine de ces maladies. Parmi celles qu'il décrit et apprend à guérir, on peu citer la « fièvre des prisons ». Ce travail lui valut une réputation européenne.

Elu à la Société Royale de Londres en 1745, il en fut nommé Président en 1772 et ses rapports lors de la présentation des travaux des lauréats de la Médaille Copley lui autre qu'on sache, que le progrès de la putrefaction etoit arreté par La fermentation ; le Dr Macbride (1) de Dublin, decouvrit, que Cet effet venoit de l'air-fixe qui se degage dans Cette operation : et ce

fournirent l'occasion de montrer une universalité de connaissances très rare, et de commenter notamment les recherches de Priestley sur les gaz, les observations de Maskeline sur la gravité dans les régions montagneuses et la façon dont le capitaine Cook avait préservé ses équipages du scorbut.

Les paratonnerres du type proposé par Franklin avaient été adoptés alors qu'il était sujet anglais. Devenu un des chefs des « Insurgents » d'Amérique il devenait dès lors un ennemi, et la question de leur forme devint une question de parti. Pringle soutint la théorie de Franklin, et à la suite des dissentiments qui en résultèrent avec ses collègues, à la suite également d'une alerte de santé, il démissiona et regagna l'Ecosse puis revint à Londres.

Il mourut le 18 janvier 1782 et fut inhumé à Westminster.

L'Académie Royale des Sciences de Paris l'avait élu le 26 février 1778, comme associé étranger en remplacement de Linné. Il appartint également aux Académies de Gottingen, de Harlem, de Naples, de Philadelphie, aux Sociétés de Médecine de Paris et de Hanau, à la Société des Antiquaires de Londres.

Pringle fut également Premier médecin de la Reine d'Angleterre (1761) puis du Roi (1774), qui le créa baronnet, médecin ordinaire du Duc de Cumberland.

Il fut en outre un théologien pieux et rigide et faisait partie comme Newton de la Secte des Unitairiens.

Sa grande expérience lui inspira la réforme de la médecine militaire, dont on le considère comme un des fondateurs. Il fut le premier à appliquer des principes scientifiques à la prévention de la dysenterie, qu'il considérait comme contagieuse et de la « fièvre des hôpitaux ». Il fut aussi le premier à se rendre compte de l'importance des phénomènes de putréfaction.

Il paraissait considérer l'empirisme comme la meilleure méthode à suivre, ajoutant « que c'est en raisonnant que nous avons tout gaté ».

On peut citer de lui, en dehors de sa thèse (1730) :

Observations on the Nature and Cure of Hospital and Jail Fevers, 1750.

Observations on the Diseases of the Army (déjà cité) 1752.

Six Discours à la Royal Society à l'occasion de la remise annuelle de la Médaille Copley.

Plusieurs mémoires insérés dans les « Philosophical Transactions », parmi lesquels les plus importants sont :

Experiments upon Septic and antiseptic Substances with Remarks relating to their Use in the Theory of Medicine — (1750). qui lui valut la Médaille Copley.

Au cours de ses travaux sur la putréfaction des matières animales, Pringle étudia les circonstances qui accélèrent ou retardent la fermentation putride des substances animales. Il montra que tous les sels, les alcalis même la retardent, à haute dose, tandis qu'ils la favorisent lorsqu'elle est faible ; il pensait que leur effet quoique modifié par les forces organiques est analogue sur les humeurs d'un corps vivant et que si la propriété antiseptique n'est pas entièrement conservée, elle n'est pas non plus complètement détruite.

Account of Several Persons seized with the Gaol Fever working at Newgate (1753).

Pringle a publié également :

A Rational Enquiry into the Nature of the Plague (1722) et Lettres sur les prophéties de Daniel, de Michaelis, professeur à Gottingen (1773).

(1) Macbride (David). Né le 26 avril 1726 à Ballymoney (Irlande). Mort le 18 décembre 1778 à Dublin.

Docteur de l'Université de Glascow. Secrétaire de la Medicophilosophical Society de Dublin.

Chirurgien de la Marine royale, ses fonctions lui donnèrent l'occasion d'étudier les maladies propres aux navigateurs, en particulier le scorbut. Contre celui-ci il préconifut d'après ce principe, qu'il recommenda le *mout de bière* (1) (je crois que C'est la propre signification du mot Anglois *wort*) comm' un antiseptique, pour preserver et Curer L'escorbut des equipages en Long Voyages Sur mer ; car ce fluide est capable de produire une grande quantité d'Air-fixe dans L'estomac par la fermentation, comme il arrive en mangeant des vegetaux, qui, comme tout le monde Le sçait, sont d'un grand [soulagement] secours dans Cette maladie. En effet les expériences, qu'on a faites à bord des vaisseaux Anglois avec Le *Wort* Confirmerent abondament Cette verité.

Dans La Suite Le Dr Black (2) trouva, que les pierres à Chaux, Comm' le craion blanc et toutes Les Substances Calcaires, contiennent une grande quantité de Cet Air-fixe, dont la privation les rende Caustiques, au lieu que la presence de cet air les adoucit et les rend innocentes. Le Dr Brownrigg decouvrit, que les eaux minérales de Pyrmont et autres de Ce genre, qui ont un gout *acidulеux*, Contiennent une grande quantité de Cet air fixe ; et que C'est de lui, que leurs vertus principalement dependent.

sait l'emploi de l'air fixe ou des liquides en renfermant, comme le mout de bière ou l'infusion de malt (Historical account of the new method of treating the scurvy at Sea, 1768).

Il proposa de remplacer pour le tannage des cuirs l'eau ordinaire par l'eau de chaux : Account of a new method of tanning leather (1769).

Pour Macbride la digestion était une fermentation. Tous les corps devaient leur cohésion à l'air fixe qu'ils renferment ; il prétendait avoir évité la putréfaction de la viande en la plaçant dans une atmosphère d'air fixe, et estimait qu'en restituant ce dernier aux matières putrides, on pouvait les ramener à leur état premier.

(Experimental Essays on the fermentation of alimentary mixtures, on the nature and properties of fixed air... 1764).

Il étudia aussi les gaz résultant de la putréfaction et les matières susceptibles de la retarder.

On a également de Macbride : On the nature and properties of fixed air.

Theory and practice of Physic (1772).

The principles of virtue and morality.

Voir au début de la lettre de Magalhaens, le passage où celui-ci signale l'observation du Chevalier Pringle dont Macbride aurait fourni l'explication.

(1) Les mots soulignés dans la lettre sont ici mis en italique.

(2) Black (Joseph).

Né à Bordeaux en 1728, d'un père commerçant irlandais et d'une mère écossaise.

Mort à Edimbourg, le 6 décembre 1799.

Il fut élu à l'Académie Royale des Sciences de Paris, comme associé étranger le 15 mai 1789, en remplacement de l'anatomiste Camper.

Membre des Sociétés philosophiques de Londres et d'Edimbourg.

Envoyé à 14 ans étudier la médecine à l'Université de Glascow, il y devint l'élève de Cullen, qui en fit son aide de laboratoire.

En 1752, il commença ses travaux sur la magnésie, dans le but de tenter de dissoudre les calculs rénaux par un moyen plus doux que l'emploi des alcalis caustiques dont les effets étaient désastreux.

La même année, il va continuer ses études à Edimbourg.

Monsr Lane de Londres trouva que Le même Air fixe etoit Le vrai dissolvant de la substance ferrugineuse, qui Compose les eaux minérales Connus sous le nom de *Calybeates*, dont on fait usage avec Sucès en plusieurs infirmités. Enfin Le D^{r}. Priestley Communiqua dernierement à la Societé R^{le}. de Londres un gran nombre d'experiences fort interessantes Sur *L'air fixe* qui se degage des fermentations ; *L'air-mephitique* Surchargé des vapeurs et exhalaisons des matieres Corruptes ; *l'air brulé* par le feu ; et l'air *inflamable*, qui resulte des solutions dans lesquelles il y a quelques dissipations Considerable du Phlogistique. Dans Le Cours de Ces experiences il trouva le moien d'impregner l'eau Commune avec l'air-fixe, d'une maniere fort aisée : et en suivant Les principes du Dr Macbride et du Dr Brownrigg, il a appliqué Cette eau ainsi preparée aux memes usages du *Wort* ci dessus et des eaux minerales. Ce fut dans Ces vues qu'il proposa à l'Amirauté d'Angleterre La methode qu'il avoit trouvée, laquelle fut examinée et approuvée par Le College des Medecins de Londres et publiée à Leeds par L'Auteur, avec une

En 1754, il y est reçu docteur avec une thèse « De humore acido, a cibis orto et magnesia alba ». Il y montre la différence entre la magnésie et la chaux, mais donne des suggestions sans généraliser. Il en publia l'année suivante un texte revu, qui est devenu un des classiques de la chimie et où il s'exprime alors avec force et netteté.

Ayant calciné un poids donné de magnésie blanche (carbonate de magnésium), puis l'ayant dissous dans un acide dilué, l'addition d'alcali (carbonate de sodium) donna un précipité d'un poids égal à celui de la magnésie blanche utilisée.

Il conclut de cette expérience fondamentale, que la perte de poids par calcination provient de la perte d'un air normalement « fixe » dans la magnésie blanche et « fixe » également dans l'alcali. On l'obtient à l'état libre en traitant la magnésie blanche par un acide et on peut le recueillir avec l'appareil de Hales. Il ajoute que c'est un dégagement d'air fixe qui transforme la craie en chaux vive. Black fut le premier à distinguer l'air fixe des autres « airs ». Il constata que les alcalis l'absorbent et sont en quelque sorte neutralisés par lui. Que c'est lui qui se dégage des fermentations, et de la combustion du charbon, qu'on peut enfin le déceler par l'eau de chaux, qu'il est mortel pour les animaux qui le respirent. En 1756 il a une chaire à Glascow, succédant à Cullen.

En 1762, il remarque que si on fait fondre de la glace dans une quantité égale d'eau à 80° C^{o}, le mélange prend sensiblement la température de la glace fondante. Il y a donc une certaine quantité de chaleur qui a disparu, sans affecter le thermomètre, il note aussi qu'il en est de même lors de la vaporisation. Il est ainsi conduit à la découverte importante de la chaleur latente et à l'invention de méthodes intéressantes de calorimétrie.

Black fut surtout un professeur de très grande renommée. Ses leçons ont été publiées après sa mort, d'après les notes de ses cours : Lectures on the elements of chemistry delivered in the University of Edinburgh, by the late J. Black, by John Robinson.

On a de lui également :

Sur l'effet de l'ébullition en disposant l'eau à se congeler plus rapidement.

Analyse des eaux de quelques sources chaudes d'Islande.

Intéressé par les essais de James Watt, Black lui prêta 1.500 livres sterling pour lui permettre de réaliser sa machine à vapeur.

Black fut longtemps un adversaire de la « Chimie pneumatique » et un chaud partisan du phlogistique, il finit cependant par enseigner la doctrine de Lavoisier.

Lettre adressée au Comte de Sandwich, premier Lord de l'Amirauté, en date du 4 de Juin dernier. Mais ce ne fut que 20 jours àprés, que J'ai pu voir une de Ces brochures, envoiée par l'Auteur à M. Forster, mon particulier ami dans La veille de Son depart pour Le voyage aux Terres australes et Isles de la Mer Pacifique, oû il est chargé d'aller par Le Roy, pour y faire des recherches de Histoire Naturelle et de Physique, entre Lesquelles on Lui a recommandé de faire des experiences Sur cette eau-artificielle.

En parcourant Cette brochure avec attention, J'ai crû qu'on pouvoit rendre encore Cette methode un peu plus aisée et Commode dans La practique, tant à bord des vaisseaux, que sur terre. en effet je l'ai repetée plusieurs fois à differents amis, qui La trouvent simple et aussi practiquable que l'autre, quoi qu'elle n'en difere aucunement pour l'essentiel.

Je vais vous en faire ici le detail, ensemble avec Le precis du Contenû dans La brochure du D[r]. Priestley, qui vient de me faire gratieusement le present d'une, par son Libraire d'ici.

Prennez du craion blanc, que vous casserez en petits morceaux, sans le cuire au feu ni aucune autre preparation; avec les quels vous remplirez une bouteille ordinaire de verre, jusqu'à une pouce au dessous du Col : et jettez y de l'eau commune, autant qu'il faut pour Couvrir à peine le Craion. Prennez un siphon de Verre ; ou, si vous n'en avez point, prennez deux petits batons, de la grosseur du petit doigt, l'un de 3 pouces et l'autre de 6 pouces de longueur, que vous percerez tout au Long avec un foret, ou avec une verge de fer rougi au feu ; et Coupant en biais ou Chanfrant deux de leurs bouts, liez les ensemble de façon qu'ils forment un angle aigû, en les entourant, dans la jointe Commune, avec un morceau ou petite bandelette de Vessie, et du fil Ciré, en Sorte que l'air ne puisse point echaper par Cet endroit ; et Celà vous rendra un si bon service Comme Le meilleur Siphon de verre. Attachez, à la branche plus longue, une vessie aussi grande que vous pouvez trouver ; et une autre plus petite, que vous couperez à la distance de deux pouces ou Seulem[t] un morceau circulaire de vessie, avec un trou dans le milieu. dans la branche la plus Courte du Siphon, en l'introduisant par le trou, et l'y Liant avec du fil ciré. Jettez un peu d'acide Vitriolique, Sur Le craion dans La bouteille : et ayant Chassé tout l'air de la Vessie, mettez l'autre bout du siphon dans la bouche de la bouteille, en arrangeant autour de son Col, Le morceau de vessie, qui est en forme de manchon, et que Vous y Lierez, aussi avec du fil ciré. Aussitôt La vessie commencera à se gonfler, avec l'air fixe, qui se degage du Craion, par l'action de l'acide.

En attendant, vous remplirez, d'eau Commune de fontaine ou rivierre, mais qui Soit pure une petite Cuve, ou un Seau, dans Lequel vous plongerez une autre bouteille ordinaire, que Vous renverserez toute pleine d'eau dans le Sceau, avec la bouche en bas. Lorsque La vessie sera presque pleine d'air-fixe, prennez la par Le col, que vous serrerez entre Les doigts pour que l'air ne S'echape point : et en detachant l'autre bout qui etoit mis dans La bouteille de craion, Vous y laisserez Sa manchette de vessie, et vous metterez Ce meme bout du Siphon, par dessous l'eau du Seau, dans la bouche de l'autre bouteille, qui est renversée toute pleine d'eau aiant soin de ne pas hausser la bouche de cette bouteille au dessus de l'eau du Seau ; Car alors l'air exterieur y entreroit et elle se vuideroit Aussitôt que Le bout du siphon est dans l'embouchure de cette bouteille, pressez la vessie, qui est pleine d'air-fixe, entre vos mains, et l'air Sortira par le bout du Siphon, qui est dans la bouteille renversée : il y montera en haut jusqu'à son fond ; et en fera descendre l'eau à mesure qu'il y entre. Lorsque La bouteille Sera moitié vuide, otez en Le bout du Siphon. Liez le Col de la vessie pour y garder le reste d'air-fixe : et prennant le fond de la bouteille renversée avec la main, Secouez vivement l'eau qui y est, tenant toujours l'embouchure de la bouteille Submergée dans l'eau du seau : et au bout de 3 ou 4 minutes, vous trouverez que l'eau, au dedans de la bouteille, a monté jusqu'en haut, et a absorbé presque tout L'air fixe, que vous y aviez jetté : Car moienant le mouvement et Secousses de l'eau, Ses differentes particules Se Sont touchées avec Celles de l'air fixe, et se sont atirées mutuellement. Remetez droite la bouteille dans le Seau pour que L'air immiscible, qui y est puisse sortir (car il y a toujours dans La vessie quelqu' air commun, melé avec l'air fixe). Aussitot remplissez Cet espace avec de l'eau : Renversez encore La bouteille une autre fois dans le Seau : jettez y autant de l'air fixe que vous avez gardé dans La vessie : Secouez la bien dans La meme position et avec les memes precautions qu'auparavant : et vous verrez que Cette eau absorbe encore une grande quantité d'air fixe : de façon que le total absorbé par L'eau Sera autant et meme plus que Son volume. Celà fait, voiant que l'eau n'absorbe plus d'air Ce qui arrivera au bout de 4 a 5 minutes de Secouement, vous oterez la bouteille, en y mettant le doigt Sur La bouche par dessous l'eau du Seau, pour La remettre droite sans verser ce qu'elle a dedans, et vous en ferez usage tout de Suite. Car si vous la Laissez exposée à l'air Commun, l'air fixe qui y est melé, s'envolera en peu de tems. Mais si vous voudrez garder Cette eau pour quelque tems, ou pour l'envoyer aileurs, pour lors il faut preparer par la meme methode une autre, ou plusieurs autres bouteilles, en tenant la premiere, ou les premieres avec leurs bouches tournées en bas, dans l'eau (C'est à dire Couvertes ou submergées dans l'eau) tandis que vous preparez et impregnez d'air-fixe les Suivantes, par La meme methode ci dessus. Quand l'operation est finie, vous prennez une bouteille à la fois, la redressant avec le doigt dans La bouche, Comm'on l'a deja dit : vous la remplissez tout à fait avec une autre de la meme eau, et vous La bouchez avec un bon bouchon de Liege, Sans y laisser dedans aucun espace vuide avec de l'air : et Vous les gardez tournées avec la bouche en bas : meme il est à propos de Couvrir de resine ou avec du poix leurs bouchons. Cette eau acquiert par l'impregnation de Cet air-fixe, un gout *aciduleux*, et une espece d'esprit petillant, Comme les eaux minerales de Pyrmont. Mais si vous voudrez Lui donner Les qualités des eaux *Calybées*, vous n'avez qu'a y meler en chaque bouteille, une petite pincée de Limaille de fer ou d'acier, avant de la boucher : et pour lors vous trouverez que Cette eau Se charge très fort de la Sustance metalique en peu de tems (en 8 ou 12 heures et meme bien moins de Celà) de façon qu'en La melant avec de l'infusion de noix de gales, ou meme du thé ordinaire, elle devient noire Comme de l'encre, ce qui est la preuve demonstrative de la Solution du fer. On aura donc fort aisement et à très peu de frais, de Ces eaux artificielles, meme à bord des vaisseaux en voyages longs de mer, dont on pourra tirer les mêmes avantages, qu'on peut attendre des vraies eaux *acidules* et *Calybées* : et meme preserver et Curer l'escorbut, Selon Les principes etablis ci dessus.

N. B. 1. il est avantageux de secouer la bouteille, qui Contient le craion, pour augmenter l'effervescence avec l'acide et aider à degager l'air fixe. 2. après chaqu' operation, il est nécessaire, pour exciter une autre effervescence, renouveller l'eau qui est avec le craion, en jettant Celle qui a déja Servi, en y mettant une autre nouvelle eau, avec une autre pareille quantité d'acide Vitriolique : et meme il faudra après un certain tems, Changer et renouveller le craion. 3. Les eaux qui sont imprégnées avec de l'acier, en vertu de leur union avec l'air fixe et non pas par un acide etranger, Sont beaucoup plus Salutaires et agreables à l'estomac, que les autres.

4. par la methode ci dessus on peut aisement imprégner avec l'air-fixe tout autre Liqueur, Comme Le vin, La biere, etc... Ce Sera avec Le tems et à force d'en repeter les experiences, qu'on viendra à Connoitre tous Les avantages qu'on en peut tirer : du moins il est presque demontré, que toutes Les maladies provenantes d'un principe de putrefaction, Comme l'escorbut, etc reçoivent un grand secours par L'application de l'air fixe. 5. Le Chevalier Pringle dit, qu'en ajoutant 8 ou 10 goutes de *tinctura Martis Cum Spiritu Salis,* à Chaque pinte de cette eau artificielle, elle devient fort Semblable a Celle de Pyrmont. Mais il paroit Certain, que les vertus de Ces eaux ne dependent principalement que de l'air fixe, qui y est melé avec elles. Cependant on les fera aussi *Calybées* lorsqu'on voudra, Selon ce qu'on a deja dit ci dessus. 6. Mons. Hay cirurgien de reputation à Leeds, appliqua avec Sucès, l'air fixe en forme de clystère, à un malade d'une grande fievre putride dont Les evacuations etoient deja noires et très fetides. Si un Seul example n'est pas Suffisant pour decider, on peut du moins Conclure que Cette application de l'air fixe n'est point du tout nuisible. 7. on a essaié de faire respirer Cet air fixe à des personnes, qui ont des ulcères dans Les poumons, en les mettant avec la tête penchée Sur des vaisseaux avec des Liqueurs en fermentation. Le Dr Percival a temoigné le bon Sucès de Ce remede en trois cas, un des malades guerit parfaitement : et les autres deux eurent du Soulagement Considerable. on faisoit Couvrir, avec un grand entonnoir renversé, un Vaisseau ou terrine où il y avoit du Craion en effervescence avec de l'huile de vitriole, delaié avec de l'eau : et le malade respiroit Les fumes qui Sortoient par Le trou de l'entonnoir. 8. Le meme Dr Percival dit aussi, que la Sanie d'un cancer a eté fort adoucie par l'application de l'air-fixe, que les douleurs en etaient mitigués, et la digestion produite de façon qu'on attendoit une cure parfaite. 9. on a appliqué l'air fixe, qui Sortoit d'une mixture de jus de Limons ou citrons aigres avec le sel *d'absinthium* (*worm wood* en anglois) dans Les ulceres de la gorge, avec un avantage decidé

10. Le Dr Macbride observa qu'en exposant à l'air fixe un morceau de viande demi-pourrie, elle devenoit ferme, et la pourriture disparoissoit. ne pourroit-on pas attendre quelque bon Sucès, en exposant à Cette espece d'air, Les plaies, ou membres attaqués de la pourriture, meme lorsque tout Le sistème y tendroit ? Car il n'est gueres dificile d'exposer à Cet air fixe un membre, ou meme tout le corps entier, en Conservant la tête dehors etc... Peut etre Le prin-

cipe vital, ou *Vis vitae*, aidé par Cette assistance externe de l'air fixe, sera pour lors en etat de Surmonter les attaques de la disolution putride. On dit de quelques Indiens, qu'ils enterrent jusqu'au Cou, Ceux qui sont atteints de maladies putrides, dans une fosse faite en terre fraiche, laquelle, nous savons d'ailleurs, a la qualité doter La puanteur de la viande qui Commence a etre gatée. Ne Seroit ce pas l'air-fixe, absorbé par Les pores de la peau, La vraie Cause du Sucès de Cette operation Indienne. On Scait pas tradition,que nos Vieux gens Conseilloient Ceux qui etoient attaqués dans La poitrine, ou de Phtisie, d'aller dans les Champs qu'on Labouroit et Suivre La Charrue, et d'aller demeurer dans Les endroits oû il y avoit des fourneaux qui bruloient de la Chaux. Bien souvent on s'appercoit de l'avantage de pareilles practiques dont on ne scait point donner aucune raison : et Ce n'est pas qu'après une Longue Suite de tems, qu'on vient à en decouvrir La Cause.

***

N° 187

MAGALHAENS A TRUDAINE DE MONTIGNY (1)

(*Communiquée par ce dernier à Lavoisier*) (2)

7 juillet 1772

(*Archives de l'Académie des Sciences*, 1642, O.)

A Monsieur

Monsr Trudaine de Montigny

Conseiller d'Etat et Intendant des Finances

à Paris

Monsieur

Le papier Ci-joint renferme La Methode pour faire des *eaux acidules et Calybées*, que J'ai abregé en françois et generalisée à la portée de tout Le monde, d'après Celle du D^{r}. Priestley, dont

(1) TRUDAINE DE MONTIGNY (Jean, Charles, Philibert).
Né le 1er juillet 1732 à Clermont-Ferrand, où résidait alors son père, Intendant d'Auvergne.
Mort à Paris, le 5 août 1778.
Elu à l'Académie Royale des Sciences de Paris, le 1er septembre 1764 comme

(2) Voir lettre précédente n° 186.

je eus l'honneur de vous envoyer des Copies imprimées par La poste derniere. Je pense avoir detaillée assez nettement ma particuliere methode, un peu diferente de Celle de l'Inventeur, pour ne pas avoir besoin d'aucune planche pour que tout le monde La Comprende. Si Vous pensez Si avantageusement de Cette decouverte, Comme plusieurs le pensent icy (et je suis du nombre aussi) Je Souhaiterois qu'on La fasse imprimer tout de Suite chez Vous, Car Ce ne fera pas au delà d'une feuille d'impression, et qu'on la repandit gratis par toute La france, pour que tous Soient à meme

académicien honoraire, en remplacement de son père démissionnaire.

Vice-président en 1772 et 1776.

Président en 1773 et 1777.

Membre de la Société d'Agriculture.

Son père le dirigea à la fois vers le droit et vers les sciences. (Il eut pour maître Clairault); il lui fit suivre également les cours de l'école des Ponts et Chaussées, qu'il venait de créer.

Il fut tout d'abord adjoint de son père (Contrôleur des Finances) avec promesse de survivance aux 4 Départements, des Fermes générales, du Commerce, des Manufactures et des Ponts et Chaussées.

Intendant général en 1769, à la mort de son père, il refusa le contrôle général des Finances et demanda à Louis XV la permission de remplir gratuitement ses fonctions. Cette charge ayant été supprimée en 1777, Trudaine se retira de la vie publique.

Il était partisan de la liberté du commerce et en 1763 obtenait celle du commerce des grains. Il estimait comme les disciples de Quesnay que l'ordre naturel est « matérialisé sous la forme d'un circuit dont la terre est l'origine », que la richesse réelle est la terre et que seul était équitable un impôt sur les terres, car seul il permettait une distribution facile, égale et n'entraînant que le minimum des frais de perception ; tandis que les impôts indirects créent un climat de fraude.

Intéressé par les questions de physique et de chimie, il fit construire le verre ardent avec lequel travaillèrent en particulier Macquer et Lavoisier, « sans craindre les dépenses et les difficultés à vaincre ». Voir: Premier essai du grand verre ardent de M. Trudaine, établi au Jardin de l'Infante au commencement du mois d'octobre 1774, par MM. Trudaine de Montigny, Macquer, Lavoisier, Cadet et Brisson (*Œuvres de Lavoisier*, tome III, pages 261 à 342).

Il était constitué par 2 portions de sphère de 8 pieds de rayon, 8 lignes d'épaisseur, jointes par leurs biseaux, embrassés par des cercles de cuivre, et rempli d'esprit de vin. Il était de dimensions supérieures à celui de Tschirnausen, dit aussi « verre ardent du Palais Royal », qui avait été utilisé par Homberg et de Geoffroy, et qui avait servi aux premières expériences de Lavoisier, sur la combustion du diamant.

Tchirnausen avait également établi un autre verre ardent appartenant au comte de La Tour d'Auvergne.

Il était né près de Gœrlitz, Allemagne en 1651, associé étranger de l'Académie Royale des Sciences, premier titulaire nommé par Louis XIV en 1699. Mort à Dresde le 11 septembre 1708.

Trudaine avait installé un laboratoire dans sa propriété de Montigny. Il proposa un prix « Sur la meilleure manière de faire le verre métallique, dit flint-glass».

Il chargea les ingénieurs des Ponts et Chaussées de recueillir dans les provinces les éléments permettant de faire connaître l'histoire naturelle de la France.

Il avait composé une comédie « Le Jaloux puni », mais publia seulement l'éloge de son père.

« Il voyait les choses, dit Condorcet dans l'Eloge qu'il prononça de Trudaine de Montigny, plus en homme d'Etat qu'en physicien, et semblait préférer la chimie parce qu'il la croyait plus utile ».

de S'en utiliser. mais il faudra pour Lors en faire Corriger le francois, Sans en alterer le Sens : car je Sais bien que mon mauvais Language ne peut pas manquer d'etre degoutant à la delicatesse Francoise. Je vous demande mil excuses pour vous troubler en deux postes Consecutives avec Le même objêt. Mais Lorsque j'ai quelque Chose que je Crois pouvoir etre utile au public, je ne puis pas me tranquiliser sans faire tous mes eforts Là dessus. C'est par Cette meme raison que J'ai envoiée une autre Copie de Ce papier à un autre de mes amis de Paris, et que je ne manquerois de multiplier, S'il métoit possible dans Si peu de tems de Le repandre par toute L'europe.

J'ai l'honneur d'etre avec tous Les Sentimens de Respect et de gratitude pour les bontés dont vous vous daignez m'honnorer

Monsieur

Votre très humble et tres obeiss^{t} Serviteur

Magalhaens

Londres 7 Juillet 1772

***

N° 188

TRUDAINE A LAVOISIER

14 juillet 1772

(*Archives de Chabrol*, O.)

M. De Lavoisier fermier general

A Montigny ce 14 Juillet 1772

J'ay l'honneur de vous envoyer, Monsieur, une lettre que je recois de M. Magallhaens Anglois catholique correspondant de l'academie. au sujet d'une decouverte tres importante Sur l'air fixe. j'y joins la petite brochure de M. Priestley qui est parfaitement bien faite a ce qu'il m'a paru. j'imagine que vous entendez bien l'anglois. vous feriez une très bonne œuvre très utile de faire publier cet ouvrage traduit avec les notes de M. Magallhaens. je vous prie aussi de vouloir bien repeter ces experiences, et d'ajouter vos propres observations. je vais repetter moi même ces experiences. en consequence je vous prie de me renvoyer ma petite brochure aussitôt que vous l'aurez traduite ou fait traduire ce qui ne peut être long. le merite de ces nouvelles decouvertes etant la promptitude j'espere que vous ne tarderez pas a faire paroistre ce petit ouvrage. il n'y aura pas de mal a en prendre un nombre d'exemplaires pour faire distribuer gratis. principalement aux medecins. dans le desir de donner Satisfaction à M. Magallhaens j'ay cru ne pouvoir mieux m'adresser qu'a vous je Scais votre exactitude Sur les details de Phisique et de Chimie et je Scais que c'est vous obliger que de vous mettre a portée de faire une chose utile. je travaille actuellement a devenir votre confrere chimiste. j'ay un laboratoire dont je ne Sors pas depuis trois jours qu'il est fini. Si je Suivois mon gout je m'y livrerois davantage. mais vous qui êtes jeune et qui avez du tems a vous, je vous exhorte a l'employer aussi utilement. vous connoissez depuis longtems, Monsieur, mon estime pour vos talens, et pour votre personne, et les Sentimens avec lesquels j'ay l'honneur d'être bien Sincerement, je vous assure, Monsieur, Votre très humble et très obeïssant Serviteur

Trudaine

***

N° 189

LAVOISIER A L'ABBE ROZIER (1)

10 août 1772

(*Archives de Chabrol,* M.)

Entièrement de la main de Lavoisier

Envoyé a M. Labbé Rozier
le 10 aoust 1772 (2)

Lettre a l'auteur du journal Sur
L'atlas mineralogique de la france

vous aves eu la bonte Monsieur d'annoncer au public dans votre journal du mois de .... l'année dernierre les Soins que

(1) Abbé Rozier. — Né à Lyon en 1734. Après ses études au Séminaire Ste-Irénée à Lyon, il fut ordonné prêtre.
Il s'adonna à l'agriculture, estimant que pour augmenter le rendement du sol il fallait faire appel à l'histoire naturelle, à la physique et à la chimie.
Il suivit les cours de l'Ecole Vétérinaire de Lyon et en devint directeur en 1763.
Il fut lié d'amitié avec J.-J. Rousseau.
En 1771, il achetait le Journal de Physique fondé par Gauthier d'Agoty, qui tenait

(2) Cette mention est d'une main différente.

M. Guettard de l'academie R. des Sciences ne cessoit de se donner pour Completter autant quil etoit possible l'atlas mineralogique de la france [et le peu de part que j'avois moi meme a cet ouvrage] et vous m'aves meme attribué plus de part que je nen merite [dans] a Cette ouvrage. quelques nombreuses que Soient les observations que nous avons rassemblees et dont la masse [ne cesse de saugmenter] S'augmente tous les jours par les voyages de M. Guettard et par les memoires qui nous parviennent nous Sentons [tous les jours] de plus en plus [Combien nous avons besoin de Secours et nous ne pourrions trop estimer en consequence] cependant que nous ne pouvons esperer de mettre fin a Cet ouvrage qu'autant que nous Serons aides par des Secours plus multiplies encore nous ne pouvons en consequence trop exhorter Ceux qui ont quelques teinture dhistoire naturelle a nous Communiquer (*ici papier déchiré*) observations Sur les environs des Pays quils habitent. il ne faut pas croire que ce genre dobservations exige des Connoissances très etendues. le memoire cy joint a pour objet de faire voir qu'avec de la bonne volonte il nest pas difficile dy Suppleer. Comme votre journal Monsieur Se repand de plus en plus dans les provinces [aucun ne m'a paru plus propre] et que par Son titre et par la maniere dont il est rempli il est destiné a passer entre les mains des amateurs les plus distingues en histoire naturelle aucun ne m'a paru plus propre a devenir le depost des connoissances mineralogiques jespere en consequence que vous voudres bien [le

au courant des travaux et des découvertes tous ceux qui s'intéressaient aux Sciences et aux Arts et qu'il dirigea.

Il fit de nombreux voyages en France, en Hollande et devint prieur de Nanteuil-le-Haudoin.

Les publications de l'abbé Rozier sont nombreuses. On peut citer :

En 1766. Démonstrations élémentaires de Botanique. En 1770. De la fermentation des vins et de la meilleure manière de faire l'eau de vie.

Sur la meilleure manière de gouverner les vins de Provence.

Traité sur la manière de cultiver la navette et le colza et d'en extraire une huile dépouillée de son mauvais goût et de son odeur désagréable (1774).

Nouvelle table des matières de l'Académie des Sciences depuis sa fondation jusqu'à 1776.

Vue économique sur les moulins et les pressions d'huile d'olives connues en France et en Italie, (1776).

L'abbé Rozier, après avoir passé à son neveu la rédaction du Journal de Physique s'occupa de la publication d'un important cours complet d'agriculture théorique et pratique, auquel collabora La Tourette (voir biographie page 452).

En 1786, il devint directeur de l'Ecole pratique d'Agriculture de Lyon, et publia Recueil de mémoires sur la culture et le rouissage du chanvre (1787).

Ayant prêté serment à la Constitution Civile du Clergé, il devint curé constitutionnel de la paroisse de St-Polycarpe à Lyon, et périt tué par une bombe lors du siège de cette ville par les troupes de la Convention.

faire imprimer] y publier ce memoire dans [votre prochain journal] un de vos prochains volumes Ceux qui desireront entrer en correspondance Sur Cet objet Sont priés den ecrire Soit a M. Guettard au palais royal Soit a moi rue neuve des bons enfans a Paris S'ils ont des [paquets] memoires ou des paquets [plus] Considerables a nous [faire passer] adresser nous leur indiqueront la voye par laquelle ils pourront nous les [adresser] faire passer

⁂

N° 190

NOTE DE DE FOUCHY

14 août 1772

(*Bibliothèque Nationale. Correspondance de Macquer*, n° 301, O.)

Par Deliberation du 14 Aout 1772 il a eté decidé que M. fatori remettroit à Mrs Macquer, Cadet, Lavoisier et brisson sur le recu de L'un deux Les instruments dont ils jugeront avoir besoin pour les experiences qu'ils font actuellement avec Le verre ardent de L'acad^e^ en foy de quoy J'ay signé Le present a Paris

Le 14 aoust 1772.

De fouchy

⁂

N° 191

RICHARD, ABBÉ DE VILLERS-COTTERETS
A LAVOISIER

19 août 1772

(*Archives de l'Académie des Sciences*, n° 634-I, O.)

Monsieur

vous trouverez çy inclûs le memoire (1) que vous m'avez adressé et les reponses aux questions qu'il renferme. elles sont de M^r^ tiratelle. c'est un homme intelligent qui connoit bien le paÿs dont il parle,

(1) Inclus mémoire non reproduit. — « Réponse à des questions relatives à la minéralogie du pays ». (Archives de l'Académie des Sciences, même cote, 4 pages, 7 lignes).

et l'on peut compter Sur la verité de ce qu'il avance. il est Subdélegué d'hirson bourg situé a deux lieues de clairefontaine je Souhaite que Sa besogne puisse vous plaire parce qu'elle plairoit alors a tout le monde. Si vous avez besoin de quelques nouveaux eclaircissemens je me chargeray volontiers de vous les faire passer. rien ne me flattera jamais plus que des occasions de vous donner des preuves de l'attachement respectueux avec lequel j'ay l'honneur d'etre

Monsieur

Vostre tres humble et tres obeissant S^{teur}

Richard abbé de
villercoterets

a villercoterets ce
19 aoust 1772

m^{r} vostre pere et mlle vostre
tante trouveront ici les assurances
de mes civilités respectueuses

⁂

N° 192

PARENT (Fils aîné) A LAVOISIER
21 août 1772
Pas d'adresse.
(*Archives de Chabrol*, O.)

a compiegne le 21 aout 1772

j'ai l'honneur, Monsieur, de vous envoyer cy joint une lettre de M. guettard adressée a vous et venüe sous le couvert de mon Pere. j'espere etre dans quelques jours à Paris et pouvoir Profiter des offres obligeantes que vous avés bien voulu me faire pour L'arrangement du cabinet de mine du ministre (1) ; ce qui me flatte le plus, est de pouvoir passer quelques heures avec vous par cet

(1) Il s'agit de Bertin. Voir note biographique fascicule 1, page 26.

arrangement et vous renouveller les assurances du très parfait attachement avec lequel jai l'honneur detre votre très humble et très obeissant serviteur

Parent fils ainé

M. de L'avoisier fermier general

***

N° 193

LE DUC DE LA VRILLIERE (1) A DE FOUCHY

30 août 1772

(*Archives de l'Académie des Sciences*, O. Sans cote)
(*Dossier des nominations de Lavoisier, Cartonnier n*° 1)

5 Septembre 1772

à V^{lle} le 30 aoust 1772

Je vous donne avis, Monsieur, que le Roy a nommé M. Lavoisier pour remplir a l'académie des Sciences la place d'associé Chymiste vacante par la promotion de M. Macquer a celle de pensionnaire.

Et que Sa M^{té} a jugé a propos de créer pour cette fois seulement et sans tirer a conséquence une place d'associé chymiste Surnumeraire en faveur de M. Dangevillers (2) qui a eu les secondes voix dans cette élection

Vous voudrés bien informer l'Academie des intentions de Sa M^{té}.

On ne peut vous être, Monsieur, plus parfaitement dévoué que je le suis

La Duc de La vrilliere

M. de fouchy Sec. perp. de l'Acad^{ie} des Sciences.

(1) Voir notice biographique, fascicule 1, page 114.
(2) Voir notice biographique, ce volume page 374.

⁂

N° 194

LAVOISIER A X***

31 août 1772 (1)

(*Archives de l'Académie des Sciences*, 1600-B, M.)

Pas d'indication de destinataire

[L'acad] Lelection dun associé chimiste a eté faitte hier a lacademie des Sciences et j'ay reuni lunanimite des Suffrages pour les premieres voix et M. dangevillé (2) pour les Secondes. nous avions travaille Le matin M. Macquer M. Cadet et moi au jardin de linfante avec la lentille de l'academie et M. [Macquer] Cadet nous avoit Communiqué la lettre que vous lui avies fait lhonneur de lui ecrire [javois resolu de vous entretenir de Cet objet a votre retour a Paris] javais deja discute cet objet avec M. de Bernieres (3) et je me proposois dattendre votre retour a Paris pour vous en entretenir mais puisque M. Cadet a pris les avances je vais tacher de rassembler icy par ecrit mes refflections

(1) Cette lettre n'est pas datée, mais la phrase « Lelection d'un associé chimiste a eté faitte hier » permet, Lavoisier ayant été élu le 30 août 1772 en remplacement de Macquer, promu pensionnaire, de lui assigner comme date le 31 août 1772.

(2) Angiviller (Charles-Claude de Flahault de La Billarderie, comte d').

Né au château de Saint-Rémy-en-l'Eau (Oise), le 24 janvier 1730. Mort au Couvent d'Altona (Holstein), le 11 décembre 1809.

Il entra à l'Académie Royale des Sciences, le 20 août 1772, comme associé chimiste surnuméraire.

On voit d'après la lettre précédente que la place d'associé surnuméraire, fut lors de cette élection, créée pour lui par Louis XV.

Pensionnaire vétéran, le 10 décembre 1777.

Pensionnaire vétéran, lors de la réorganisation du 23 avril 1785.

En 1792, il prit le nom de « Flahault-Angiviller ».

Il fut directeur général des Bâtiments du Roi, jardins, manufactures et académies.

Maréchal de camp.

Il fut attaché à l'éducation des Enfants de France et jouissait de l'entière confiance de Louis XVI.

Ami de Turgot, dont il favorisa la carrière, d'Angiviller était en économie politique un disciple de Quesnay, chef de l'école physiocratique, à laquelle appartenaient entre autres le marquis de Mirabeau, Du Pont de Nemours, Turgot, et qui influença fortement Lavoisier.

Il fut aussi successivement Maître des requêtes et Conseiller d'Etat.

Ami également de de Vergennes et de Calonne, opposé à la Révolution, il vit en 1791 la confiscation de ses biens, quitta la France, vécut en Russie et en Allemagne.

Protecteur des sciences, il avait cédé en 1780 au Muséum d'Histoire naturelle des collections de minéralogie.

Il fit partie également de la Société d'Agriculture.

(3) De Bernières, Contrôleur des Ponts et Chaussées. Il avait déjà fait, d'après Lavoisier, plusieurs tentatives heureuses de construction de lentilles ; « son mérite et ses talents connus de l'Académie, inspiraient la plus grande confiance, et la nouvelle lentille a été exécutée par lui sans accident, avec toute la perfection dont elle est susceptible ».

il paroit prouve que Si lon veut obtenir de grands effets du feu cest en rassemblant les rayons du Soleil quon peut principalement y parvenir la facilite de faire les experiences en quelques minutes de les repeter autant quon veut de voir le resultat sous les yeux et de Suivre les effets Sont un avantage infiniment pretieux et Cet avantage doit faire [desirer quon puisse] prefferer la chaleur du verre ardent a Celle de nos fornaux (*sic*) chimiques.

[a ce premier avantage S'en joint un autre cest davoir un feu plus vif [quon ne peut] et lon a lieu de Croire quen multipliant le diametre des verres ou miroirs on pourroit produire des effets Surprenans et decouvrir un ordre de choses entierement inconnu.

[Les miroirs jusqu'a present ont eu lavantage Sur les lentilles et il est aisé den sentir la raison]

1° les lentilles nagissent que par refraction et les rayons de differentes Couleurs etant de refrangibilite differente il en resulte que les rayons ne sont pas rassemble dans un meme point [en Sorte que ce qui est [le point qui est]] le foyer des rayons rouges nest pas [celui] le foyer des rayons bleus etc et il en resulte necessairement une diminution deffet de sorte que dans aucun point le corps exposé au foyer ne recoit la totalité [des effets] de leffet. [il n'en n'est pas de meme des miroirs pour la raison que tous les rayons Se reflechissent Sous le meme angle]

2° [la lumiere en passant a travers du verre] une partie de la lumiere dans les lentilles est refflechie par chacune des deux Surfaces du verre de Sorte qu'il ny en a quune portion plus ou moins grande qui Soit transmise.

3° independamment des deux Surfaces [les deffauts] la plus part des verres etant composes de lames ou feuillets appliques les uns Sur les autres il Se fait encore une perte Considerable de rayons en raison de la multiplicité des Surfaces.

4° [il est impossible dobtenir des masses de verre qui soient Sans] enfin le verre en grande masse a necessairement beaucoup de Soufflures de fils et de deffauts qui interceptent encore une partie des rayons. Ces inconveniens nexistent pas dans lesmiroirs, les rayons Sy rassemblent dans un espace beaucoup moindre la totalité des rayons diversement colorés coincident dans le foyer mais cet avantage des miroirs Sur les lentilles [Sont] est balance par de grands inconveniens. Si lon veut avoir limage ronde au foyer Cest a dire Si lon veut avoir les rayons rassembles dans lespace le plus petit qu'il est possible il est necessaire [deplacer la Surface du mi] que la Surface du miroir Soit placée perpendiculairement a la direction des rayons

Solaires alors le foyer Se trouve placé a une tres grande elevation. au moyen de ce que les rayons reflechis (*deux mots illisibles*) La direction [est de bas] des rayons est de bas en haut et il est des lors impossible de Soumettre a Son action tous les corps en poudre, tous ceux qui coulent aisement, enfin tous ceux qui doivent etre places Sur un support.

M. de Cassini a donné il est vrai en 1767 un memoire Sur les moyens de remedier ces inconveniens, mais il est tombé dans dautres difficultés presquaussy grandes et qu'il Seroit trop long de discuter.

lincommodité des Miroirs et limpossibilité d'y remedier [mettent les Scavans] feroient desirer quil fut possible [de multiplier asses le diametre des lentilles pour quon put] de Se Servir de lentilles et lon se propose icy pour objet dexaminer Sil ne Seroit pas possible de remedier aux inconveniens qui les accompagne [le plus grand inconvenient des lentilles de verre]. le premier et le plus grand Sont les Soufflures [de verre] qui Sy trouvent les taches la difficulte de les travailler et le prix considerable qu'il faudroit y mettre on peut lever toutes ces difficultés en Substituant des Coupes a leau aux lentilles de verre une Seconde difficulte Contre les lentilles de verre est la difference de refringence. des differentes especes de rayons et il est encore possible de lever cette difficulté en faisant une loupe acromatique on n'a pas encore didée bien precise Sur les proportions quil faudroit donner a la lentille mais il est certain [Sil ne resultoit pas trop de d] Si la construction d'une pareille lentille noffre pas de difficultes insurmontables elle fera un effet incomparablement plus grand. [de quelque maniere que Soit Construitte la loupe a l'eau]

Comme l'eau est moins refrangible que le verre le foyer Sera necessairement fort [eloigné] long et Son diametre [aura une] d'une asses grande etendue. on Sera donc obligé de Se Servir dune seconde lentille [egalement a l'eau pour rassembler une seconde fois] pour retrecir le foyer et resserer [rapprocher de plus en plus] les rayons. Si lon donne 4 pieds et demie a la premiere de ces deux lentilles on ne pourra Se dispenser de donner 2 pieds et demie a la Seconde Si elle etoit plus petite il faudroit trop la rapprocher du foyer, l'eau [echauffée] Contenue dans la loupe Se dilateroit [et disjoindroit les deux Surfaces] et prendroit peut etre un degré de chaleur Superieur a leau bouillante qui la feroit entrer en expansion [on pourroit Commencer lessay par Cette Seconde louppe mais avant de rien entreprendre il convient de consulter les geometres pour Scavoir quelle est la courbure qu'il convient de donner a chacune des lentilles et Sil ne seroit pas plus sur] . . . .

***

N° 195

PROJET DE RAPPORT (1)

(*Non daté*)

(*Archives de l'Académie des Sciences.* 1393, O.)

Entièrement de la main de Lavoisier

De nombreux et longs passages ont été barrés, nous les disposons entre [[ ]].

La grande loupe a esprit de vin Construite par M. de Bernieres ayant eté rempli le .... on essaya les jours Suivans Son effet Sur differens Corps on fut dabord effraye et Surpris du peu deffet quelle produisoit mais [[Comme le Soleil etoit equivoque on attribuoit a Cette Circomstance la foiblesse des resultats il est bien constant aujourdhuy que Cette louppe Seule fait moins deffet que Celle de tchirnausen quoique la difference cependant ne Soit pas [Si Considerable. Seule elle fait gonfler et decrepiter lardoisse et feuilleter lardoise mais elle ne la fond pas]]] Cette Circomstance tenoit a letat de latmosphère et a la foiblesse du Soleil il Seroit en consequence Superflu de rendre compte de [leffet quelle a produit] des premieres operations qui furent faittes

[[quand son foyer a eté raccourci par une [lentille] Seconde lentille a esprit de vin leffet a ete plus fort mais il n'a pas ete augmente dans le rapport quon le desiroit.

[au lieu de raccourcir Son foyer par le moyen dune lentille a esprit de vin on la raccourci avec une lentille de verre alors elle a fondu].

le foyer de Cette lentille ainsy raccourci a fondu de lor [le foyer] le Soleil etoit mediocrement bon et lor se fixoit Souvent quoiquau foyer. on a essayer dajouter une troisieme lentille de verre mais lor na plus fondu.

il paroit que leffet de la machine est Considerablement plus fort quand on Se Sert dune lentille de verre Solide pour raccourcir le foyer. alors on a fondu un petit copeau de fer. qui apres Sa fusion S'est trouve Cassant Comme de la fonte.

(1) Nous avons cru devoir insérer ce projet de rapport non daté, à la suite de la lettre précédente étant donnée la question traitée, faisant suite aux observations figurant dans celle-ci.

ces premiers essays annoncoient deja que la lentille a l'eau faisoit a peine leffet de la lentille de tchirnausse (1) quoique Suivant la theorie elle dut en faire un beaucoup plus grand mais il etoit question 1° detablir une comparaison exacte des effets. 2° de voir a quoi tenoit le deffaut Si cetoit a la Construction ou a la chose meme.

pour Cela on a [exposé le 4 8bre] Compare le 4 8bre leffet des deux louppes Sur de lardoise dabord Seule a Seule le Soleil etoit foible et lardoise na ete fondu ni par lune ni par lautre en ajoutant [une lentille de verre a celle a esprit de vin] a Celle a esprit de vin une lentille de verre de 10 a 12 pieds de foyer elle ne fondoit point encore lardoise. une petite lentille au contrair ajoutée a Celle de tchirnausen lui faisoit fondre lardoise avec une tres grande facilite

la louppe a esprit de vin garnie de 2 lentilles fondoit lardoise Comme la louppe de tchirnausen et on n'a pu appercevoir de difference quence que le foyer de la louppe a esprit de vin quoique raccourci par deux lentilles de verre etoit encore plus grand.

un [morceau de fer] copeau de fer mince ayant ete presente a la lentille de tchirnausen raccourci il a fondu sur le champ et a Coule. la lentille a esprit de vin garnie de deux lentilles na pu produire le meme effet mais on a eu la Certitude que le Soleil avoit diminué de force pendant lintervalle des deux experiences Car etant revenu a la lentille de tchirnausen elle na pas pu fondre un semblable Copeau de fer]]

(1) Tchirnausen (Ehrenfried Walter de). Seigneur de Kieslingswald et de Stolzenberg. Né le 10 avril 1651 à Kieslingswald.
Mort le 11 septembre 1708.
L'ancienne Académie Royale des Sciences l'admit en 1682 et en 1699 le nomma premier titulaire de la 4e place d'associé étranger.
Il vint plusieurs fois à Paris, notamment en 1682 et y apporta la découverte des fameuses caustiques qui portent son nom.
Il établit en Allemagne trois verreries, d'où sortirent beaucoup de nouveautés en dioptrique et physique, et notamment la fameuse lentille présentée au Régent. La Saxe lui doit sa porcelaine.
On a de lui :
De Medicina mentis et corporis. (1687)
Et plusieurs communications à l'Académie Royale des Sciences :
Observations sur les verres brûlants de 3 ou 4 pieds de diamètre (1699).
Observations sur un verre de lunette convexe des deux côtés et de 32 pieds de foyer (1700).
Essai d'une méthode pour trouver les rayons des développées, les tangentes, les quadratures et les rectifications de plusieurs courbes sans y supposer aucune grandeur infiniment petite (1701).
Essai d'une méthode pour trouver les touchantes des courbes mécaniques sans supposer aucune grandeur infiniement petite (1702).
Annonce d'une méthode sur la quadrature (1702).

Pour Scavoir Si la louppe etoit deformee par le Poids de la liqueur on a trace un arc de cercle de 8 pieds de rayon [quon a coupe] Sur une planche quon a ensuitte Coupe juste a la trace marquée Sur la planche [on la promenée Sur les et on lui a donné une longu..] et on a coupe un Segment de 3 pieds 11 pouces enfin on a [promené le Segment Sur la Surf] applique le Segment dans toutes les dimensions des glaces et on S'est assure [que cet] quil Sappliquoit tres exactement et rigoureusement partout Cette experience a ete faitte avec asses de Soin pour qu'on puisse repondre [quil ny a que les Sur] que les glaces qui Composent la louppe a esprit de vin ne Secartent pas dun quart de ligne de la figure Spherique on a meme lieu de croire quelles ne Secartent pas Sensiblement.

On ne Sest pas Contente de Cette premiere epreuve on en a fait une Seconde on a [place perpendiculairement a laxe de la lentille] appuyé une planche de Sapin bien ajustée au rabot des deux Cotes de la monture de la lentille et on la fixé dans Cette Situation ensuitte on [fixé un cray] a pris un [petit] tasseau de bois qui avoit par un de Ses Cotes une courbure egale a Celle de la louppe on a fait a lautre extremite une entaille angulaire dans laquelle on a fixé un Crayon enfin on a decrit en promenant le tasseau Sur la Surface de la louppe et en appuyant de lautre cote la pointe du Crayon Sur la planche une Courbe concentrique a la louppe. le crayon etoit a 3 pouces 2 lignes de la Surface de la louppe on a fait Cette meme operation dans le Sens vertical et horizontal

(*la fin de la page est blanche*)

apres avoir bien reconnu [que le deff. le manque deffet ne venoit daucune] quil nexistoit aucune imperfection dans [le travail] le travail on a voulu [Sassurer quil ne] reconnoitre [S'il tenoit] quelle etoit laberration de Sphericite [comme on etoit deja porté a le Croire]

on a a cet effet essaye dabord la louppe Seule et on a observé que le point [ou le foyer avoit le plus detendue] ou se reunissoit la plus grande quantite de rayons netoit pas Celui du plus grand effet brulant que Ce dernier foyer etoit plus reculé plus etroit et quil etoit environne dune grande quantité de rayons dispersés on a donné a Ces rayons le nom de Surface daberration. on a observe encore que le foyer de reunion de la lentille a esprit de vin cest a dire le plus petit espace occupe sans dispersion par les rayons etoit de 2 pouces 2 lignes 3/4 que le foyer brulant etoit de 15 lignes et que la Surface daberration avoit alors en tout 5 pouces de diametre [on a trouvé pour la lentille de tchirnausen Seule] la distance [de ce foyer] du foyer de la plus grande reunion Sest trouvé a 118 pouces 1/2 celui du plus grand effet brulant 121 pouces 9 Lignes difference 3 pouces 3 lignes.

on a trouve avec la lentille de tchirnausen Seule

[*peut-être manque-t-il une feuille ici ?*]

on a Couvert la loupe dune toille Cirée a laquelle on avoit fait au milieu une ouverture Circulaire de 6 pouces de diametre alors il ne S'est plus trouve quun foyer tres bien terminé de 14 3/4 ou 14 8/10 lequel étoit a la distance de 126 pouces et demie

on a donne une ouverture de 12 pouces et on a eu meme resultat cest a dire un foyer de 14 Lignes 3/4 et une distance focale de 126 pouces 1/2 Ce foyer etoit bien terminé et il ne pouvoit rester un demi pouce dincertitude Sur les determinations.

lesprit de vin Contenu dans la louppe Setoit echauffé pendant les experiences Suivantes il y a eu un allongement [qui S'est porte Successiv] dans le foyer qui a ete porte jusqu'a 2 pouces environs

on a mis au Centre un Cercle de toille Ciree de 6 pouces de diametre alors on a eu

foyer de reunion 2 pouces 3 lignes
foyer le plus brulant 14 lignes 3/4

[distance du premier de ces deux foyers]

on a mis a la place un Cercle dun pied alors

foyer de reunion 2 pouces 3 lignes 1/2
foyer brulant 15 lignes

la distance des foyers [etoit allong] brulant etoit allongée [et etoit environ mais] mais on a oublie de lecrire elle ne pouvoit pas etre beaucoup changée.

on a Couvert dune toille cirée percée dun trou de 15 pouces de diametre alors le diametre du foyer [de reunion S'est trouvé de] Sest trouvé de 14 Lignes 3/4 et Sa distance de 128 pouces il ny avoit qu'un Seul foyer

louverture ayant ete portée a 18 pouces le foyer S'est trouvé de 15 lignes et Sa distance de 127 pouces 1/2.

on a Couvert la louppe au milieu dun Cercle plain de 15 pouces alors on a eu

foyer de Reunion 2 pouces 2 lignes 1/2 de diametre

distance 118 pieds (1)

foyer de la plus grande Combustion 14 lignes 3/4 de foyer

distance 125 pouces et demie

Pour Connoitre leffet des rayons moyens on a placé au milieu de la louppe un cercle plain de 15 pouces on a laisse autour une zone qui avoit 4 pouces et demie de distance enfin on a Couvert le reste. on a eu [un foyer] un Seul foyer de 15 Lignes 1/4 distant de 124 pouces 10 lignes.

on a ote le cercle plain de 15 pouces et alors on a eu un trou circulaire de 21 pouces de diametre leffet brulant a augmente le foyer est reste de meme diametre et S'est Seulement alongé dun pouce.

(1) Erreur de plume. Il faut lire évidemment pouces.

***

N° 196

TEXTE DEFINITIF DU RAPPORT PRECEDENT (1)

(*Archives de l'Académie des Sciences.* 1393, M.)
De la main d'un Secrétaire
Corrections paraissant de la main de Lavoisier

La grande loupe a Esprit de Vin construite par M. de Bernieres ayant été remplie le .... on essaya les jours Suivants Son effet Sur differents Corps. on fut d'abord effrayé et Surpris du peu d'effet qu'elle produisoit, mais cette circonstance tenoit a l'etat de l'atmosphère, et a la foiblesse du Soleil, il Seroit en consequence Superflu de rendre Compte des premieres operations qui furent faittes.

Pour Savoir Si la loupe etoit deformée par le poids de la liqueur, on a tracé un arc de cercle de 8 pieds de rayon Sur une planche qu'on a ensuite coupé juste a la trace marquée Sur la planche, Et on a coupé un Segment de 3 pieds onze pouces, Enfin on a appliqué ce Segment dans toutes les dimensions des glaces Et on S'est assuré qu'il S'appliquoit tres exactement Et rigoureusement partout. cette experience a été faite avec assés de Soin pour qu'on puisse repondre que les glaces qui composent la loupe a esprit de vin ne S'ecartent pas d'un quart de ligne de la figure Spherique, Et on a meme lieu de croire qu'elles ne Secartent pas Sensiblement.

on ne S'est pas contenté de cette premiere epreuve, on en a fait une Seconde, on a appuyé une planche de Sapin bien ajustée au rabot des deux cotés de la monture de la lentille, Et on l'a fixé dans cette Scituation, ensuite on a pris un tarreau de Bois qui avoit par un de ses cotés une Courbure egale a celle de la loupe, on a fait a l'autre extremité une entaille angulaire dans laquelle on a fixé un Crayon Enfin on a decrit en promenant ce tarreau Sur la Surface de la louppe Et en appuyant de l'autre coté la pointe du Crayon Sur la planche une Courbe concentrique a la loupe. le

(1) Etant donnée la lecture difficile du document précédent, résultant des nombreuses corrections qui y figurent, nous avons cru devoir reproduire ici le texte définitif.

crayon étoit à 3 pouces 2 lignes de la Surface de la loupe, on a fait cette meme operation dans le Sens Vertical et horizontal.

Après avoir bien reconnu qu'il n'existoit aucune imperfection dans le travail on a Voulu reconnoitre qu'elle etoit l'aberration de Sphericité.

on a a cet effet essayé d'abord la loupe Seule, Et on a observé que le point ou [Se reunissoit la plus grande quantité de Rayons] tous les Rayons réunis occupoient le moins d'espace n'etoit pas celui du plus grand effet brulant que le dernier foyer etoit plus reculé plus etroit ; [Et] Mais qu'il etoit environné d'une grande quantité de Rayons dispersés et *(mot illisible)*. on a donné a ces Rayons le nom de Surface d'aberration on a observé encore que le foyer de reunion de la lentille a esprit de Vin c'est a dire le plus petit espace occupé [Sans dispersion] par tous les Rayons etoit de 2 pouces [2 lignes 3/4] de diametre que le foyer Brulant etoit de 15 lignes Et que la Surface d'aberration avoit alors en tout 6 pouces de diametre en y comprenant les rayons violets qu'on appercevoit très-distinctement.

La distance du foyer de la plus grande reunion, en partant du centre de la Lentille, S'est trouvée a [118] 122 pouces celui du plus grand effet Brulant 130 pouces [9 lignes] 1 Ligne difference 8 pouces [3 lignes] 1 Ligne.

on a trouvé avec la lentille de Tchirnausen Seule

(partie blanche)

on a Couvert la loupe d'une toile cirée a laquelle on avoit fait au milieu une ouverture circulaire de Six pouces de diametre, alors il ne S'est plus trouvé qu'un foyer tres bien terminé de 14 Lignes 3/4 ou 14 Lignes 8/10 lequel etoit a la distance de 131 pouces 5 Lignes partant toujours du centre de la lentille

on a donné une ouverture de 12 pouces Et on a Eu un meme resultat c'est a dire un foyer de 14 lignes 3/4 Et une distance focale de [126] 131 pouces 5 Lignes. ce foyer etoit bien terminé, Et il ne pouvoit rester un demi pouce d'incertitude Sur les determinations.

L'esprit de Vin contenu dans la loupe S'etant echauffé pendant les experiences Suivantes il y a eu un allongement dans le foyer qui a été porté jusqu'a 2 pouces environ.

on a mis au Centre un Cercle de toile cirée de 6 pouces de diamètre alors on a eu .... foyer de reunion 2 pouces 3 lignes. foyer le plus brulant 14 lignes 3/4

On a mis a la place un Cercle d'un pied alors

foyer de reunion 2 pouces 3 lig: 1/2

foyer Brulant 15 lignes.

La distance des foyers brulants etoit [allongée] diminuée, mais on a oublié de l'ecrire, elle ne pouvoit pas etre beaucoup changée.

on a Couvert d'une toile cirée percée d'un trou de 15 pouces de diametre alors le diametre du foyer S'est trouvée de 14 lignes 3/4 Et Sa distance de [128] 129 pouces 4 Lig, il n'y avoit qu'un Seul foyer.

L'ouverture ayant été portée a 18 pouces le foyer S'est trouvé de 15 lignes Et Sa distance de [127 pouces 1/4] 128 po. 10 Lig.

on a Couvert la loupe au milieu d'un cercle plain de 15 pouces alors on a eu

foyer de reunion 2 pouces 2 lig: 1/2 de diametre.

distance [129 p. 5 Lig. 118 pieds [?] 119 pouces 4 Lig.

foyer de la plus grande combustion 14 lignes 3/4 de foyer distance [125 pouces Et demi] 126 pouces 10 Lig.

pour Connoitre l'effet des rayons moyens, on a placé au milieu de la loupe un Cercle plain de 15 pouces, on a laissé autour une zone qui avoit quatre pouces Et demi de Largeur, enfin on a couvert le reste, on a eu un Seul foyer de 15 lignes 1/4 distant de [124] 126 pouces [10] 2 lignes.

on a oté le cercle plain de 15 pouces Et alors on a eu un trou circulaire de 24 pouces de diametre, l'effet brulant a augmenté, le foyer est resté du meme diametre et S'est Seulement allongé d'un pouce.

***

N° 197

BARAILON (1) A [LAVOISIER] (2)

12 octobre 1772

Bibliothèque Municipale de Clermont-Ferrand
(Collection de Chazelles. Page 44, O.)

Monsieur

Vos offres obligeantes excitent ma Sensibilité et méritent ma reconnoissance ; je les accepte pour lavenir. M. mongela m'ayant instruit, et de votre absence, et de votre éloignement, je pris le

(1) BARAILON (Jean-François).
Né à Vierzat-en-Combrailles (Creuse), le 12 janvier 1743.
Mort à Chambon-en-Combrailles (Creuse), le 14 mars 1816.
Il fut nommé le 14 Ventôse, an IV (5 mars 1796), Associé non résidant de la Section de Médecine et de Chirurgie de la 1re Classe de l'Institut National.
Médecin au Chambon et archéologue, il fut élu député à la Convention en septembre 1792.
Lors du procès de Louis XVI, il vote pour la détention, tant que durerait la guerre, puis pour l'exil lorsqu'elle serait terminée.
Animé d'intentions droites et ami de la liberté; il proposa l'amnistie pour la Vendée et en l'an III fit appel à l'humanité de la Convention en faveur des prêtres réfractaires.
Membre du Conseil de l'Instruction publique, il fit, en février 1796, rattacher aux Ecoles de Médecine les Jardins Botaniques de Montpellier et de Strasbourg. Il s'occupa également de l'organisation des Ecoles Centrales.
Membre tout d'abord du Conseil des Cinq-Cents, il passa en l'an VIII au Conseil des Anciens.
Après le 18 brumaire, il siègea au Corps Législatif, dont il devint président en 1801.
Il se retira finalement à Chambon, et y exerça à nouveau la médecine.
On a de lui divers mémoires médicaux :
Observations sur une espèce d'épilepsie qui reconnaît pour cause le virus miliaire.
Trois mémoires sur les fièvres miliaires, Sur la nature et les causes des différentes espèces d'hydropisies, Sur les avantages et les dangers du quinquina et sur des questions d'archéologie.
Recherches sur les peuples Cambiovicences de la Carte Théodosienne dite de Peutinger.
Sur l'ancienne ville romaine de Néris, sur les ruines de plusieurs autres villes romaines de l'ancien Berry.
Sur les ruines et monuments de la ville celtique de Toull.
Sur les premiers ouvrages de tuilerie et de briqueterie.

(2) Cette lettre ne porte pas de nom de destinataire, les questions traitées peuvent intéresser aussi bien Guettard que Lavoisier. Sa présence dans les papiers de celui-ci nous a engagé à la donner ici sous réserve.

parti d'adresser mes deux mémoires à M. macquer qui a bien voulu S'en charger. Ces opuscules contiennent l'*analyse des eaux de néris* avec quelques *recherches* Sur la *mineralogie du pays où elles Sourdent.* j'y ai fait mention d'un *spath coloré en verd, phosphorique* à la moindre chaleur et de certains *cristaux de quartz,* qu'on pourroit nommer *spathiques,* qui jouissent de la même proprieté, ces derniers diffèrent entre eux par la varieté des couleurs. je vous ferai passer des echantillons des uns et des autres, s'ils excitent votre curiosité.

la province d'*auvergne,* haute et basse, offre, aux yeux éclairés, une infinité de choses intéressantes, nôtre petit pays de *combrailles* ne renferme rien, ou presque rien, de curieux. je me propose cependant, de travailler, quelque jour, à un memoire ou je détaillerai et decrirai les matiéres minérales qui S'y rencontrent; mais il faut, auparavant, terminer certaine entreprise qui m'occupe depuis long-tems.

Si vous avies envie de certains *faux amethistes,* ou *cristaux de quartz colorés en violet* et qui se trouvent dans un village de la p[sse] du vernet à deux lieues d'*issoire,* je vous en ferois parvenir. vous recevries aussi, par la meme voie, des *pyrites cuivreuses* et *martiales,* rondes et de la grosseur d'un boulet de six livres que l'on rencontre à *menat* dans la basse auvergne.

j'ose vous prier, par avance, de vous ressouvenir que vous m'exposes, dans la Suite, à abuser des bontés dont vous voules bien m'honorer. c'est avec des Sentimens d'admiration pour vos talens et avec reconnoissance que j'ai l'honneur de me dire,

Monsieur,

Votre tres humble et tres obeissant Serviteur

Barailon

chambon en combrailles ce 12 8bre 1772

⁂

N° 198

LE DUC D'AYEN (1) A MACQUER (2)

12 octobre 1772

Timbre de la Poste. Fontainebleau

(*Bibliothèque Nationale. Correspondance de Macquer.* 12305-pp. 29-30, O.)

De la main d'un Secrétaire

a Monsieur

Monsieur Macquer docteur en medecine

Rue St Sauveur

a Paris

J'accepte avec plaisir, Monsieur, la proposition que vous voulez bien me Faire d'envoyer mon homme a la bagette a Monsieur Lavoisier et aussitot que vous voudrez bien me mander Le tems et le lieu ou il se trouvera a sa Campagne je lui envoyerai cet homme avec une lettre de ma part. rien ne sera plus Facile que de S'assurer de la vertu de cette Bagette en lui bandant les yeux.

Aussitot que je serai de retour à St-Germain je tentrai La combinaison de L'acide marin avec les differentes huilles et pour cet éffet, je mèlerai du Sel marin martial distillé a Siccité au bain

(1) Noailles (Jean-Paul-François, duc d'Ayen, puis duc de Noailles).
Né à Paris, le 26 octobre 1739. Mort à Fontenay-Trésigny (Seine-et-Marne), le 29 octobre 1824.
A pris le nom de Noailles-Ayen en 1792.
Elu le 31 août 1777 à l'Académie Royale des Sciences comme académicien honoraire

de Sable avec ces huilles dans une proportion ou ce melange n'aura la consitence que d'une bouillie Fort épaisse et je distillerai ensuite a Feu nud ce mélange. je présume que cette préparation sera la plus Favorable pour S'assurer Si cette combinaison est possible a Faire et S'il y a quelques observations a Esperer par cette experience Je Suis bien véritablement, Monsieur votre tres humble et tres obeissant serviteur

Le duc d'Ayen.

a Fontainebleau le 12 8bre 1772

en remplacement de Trudaine de Montigny décédé.

Vice-président en 1779, 1784, 1791. Président en 1780 et 1792.

Honoraire en 1785.

Inscrit parmi les académiciens libres conformément à l'ordonnance royale du 21 mars 1816.

Membre de la Société d'agriculture.

Les aînés de la Maison de Noailles portaient le nom de duc d'Ayen jusqu'au décès de leur père.

Il débuta fort jeune dans la carrière des armes, il était à 16 ans colonel du régiment de NoaillesCavalerie, que durant la guerre de la Succession d'Espagne son aïeul avait levé à ses frais, et participa à la guerre de Sept ans.

En 1762 il devait passer Brigadier des armées du Roi, le 3 janvier 1770 Maréchal de camp, Lieutenant général le 1er janvier 1784, puis Inspecteur du commandement de la Flandre.

Gouverneur du Roussillon.

Capitaine de la 1re Compagnie des Gardes de Corps (Compagnie écossaise).

La paix étant revenue, il consacra ses loisirs aux sciences.

D'Ayen fit partie du Conseil de guerre créé par le Maréchal de Ségur en 1781.

Il émigra tout d'abord en Suisse, puis revint en France par dévouement au Roi qu'il ne quitta pas durant la journée du 10 août. Il retourna ensuite en Suisse. Sa mère, la Maréchale de Noailles, sa femme et sa fille furent exécutées à Paris, toutes les trois le 22 juillet 1794.

Il revint en France en 1814 seulement, fut nommé Pair de France, mais retourna en Suisse.

On lui doit une carte d'Allemagne, et des mémoires académiques qui n'ont pas été publiés.

Le duc d'Ayen entretint avec Macquer une correspondance qui existe à la Bibliothèque Nationale, il lui demande des conseils et lui propose de lui faire parvenir des produits qu'il a fait préparer.

(2) Nous donnons ici cette lettre comme en relation avec la lettre n° 200.

Le présent écrit a été ~~[illegible]~~ remis entre mes mains cacheté par M. Lavoisier le 1er Novembre 1772 pour être déposé au secretariat, ce qui a été fait et ouvert en presence de l'acad. dans l'assemblée du 5 May 1773 sur la requisition de l'auteur qui a demandé la presente ouverture pour luy conserver sa date.

G. de Fouchy

Il y a environ huit jours que j'ay decouvert que le soufre en brulant loin de perdre de son poids ~~[illegible]~~ en acqueroit au contraire, c'est a dire que d'une livre de soufre on pouvoit ~~[illegible]~~ retirer beaucoup plus d'une livre d'acide vitriolique abstraction faite de l'humidité de l'air, il en est de meme du phosphore. cette augmentation de poids vient d'une quantité prodigieuse d'air qui se fixe pendant la combustion et qui se combine avec les vapeurs.

Cette decouverte que j'ay constaté par des experiences que je regarde comme decisives m'a fait penser que ce qui s'observoit dans la combustion du soufre et du phosphore pouvoit bien avoir lieu a l'egard de tous les corps qui acquierent du poids par la combustion et la calcination, et je me suis persuadé que l'augmentation de poids des chaux metalliques tenoit a la meme cause. L'experience a completement confirmé mes conjectures j'ay fait la reduction de la litharge dans des vaisseaux fermés avec l'appareil de M. hales et j'ay observé qu'il se dégageoit au moment du passage de la chaux en metal une quantité considerable d'air & que cet air formoit un volume mille fois plus grand que la quantité de litharge employée. Cette decouverte me paroit une des plus interessantes qui ait eté faitte depuis Stahl et comme il est difficile de ne pas laisser entrevoir a ses amis dans la conversation quelque chose qui puisse les mettre sur la voye de la verité j'ay cru devoir faire le present depot entre les mains de M. le Secretaire de l'academie en attendant que je rende mes experiences publiques.

Fait a Paris le 1er novembre mil sept cent soixante douze

Lavoisier

N° 199

PLI CACHETE DEPOSE A L'ACADEMIE ROYALE DES SCIENCES

1er novembre 1772

(*Archives de l'Académie des Sciences.* 1661, O.)

Le présent écrit a été [déposé] remis entre mes mains cacheté par M. Lavoisier Le 1er *Novembre* 1772 *pour estre déposé au Sécrétariat, ce qui a été fait et ouvert en presence de Lacad*^{e} *dans L'assemblée du* 5 *May* 1773 *à la requisition de L'auteur qui a demandé La présente mention pour luy Conserver sa date*

De fouchy

il y a environs huit jours que j'ay decouvert que le souphre en brulant loin de perdre de Son poids [en brulant] en acquieroit au contraire; cest a dire que d'une livre de Souphre on pouvoit retirer beaucoup plus dune livre dacide vitriolique, abstraction faitte de lhumidité de l'air. il en est de meme du phosphore. Cette augmentation de Poids vient dune quantite prodigieuse d'air qui Se fixe pendant la combustion et qui Se Combine avec les vapeurs.

Cette decouverte que j'ay Constaté par des experiences que je regarde Comme decisives m'a fait penser que Ce qui Sobservoit dans la Combustion du Souphre et du phospore pouvoit bien avoir lieu a l'egard de tous les Corps qui acquierrent du poids par la Combustion et la Calcination et je me Suis persuadé que laugmentation de poids des chaux metalliques tenoit a la meme Cause. lexperience a Complettement Confirme mes Conjectures. j'ay fait la reduction de la litharge dans les vaisseaux fermés avec lappareil de M. hales (1) et j'ay observé qu'il Se [produisoit] degageoit au moment du passage de la chaux en metal une quantite Considerable dair et quelle formoit au moins un volume mille fois plus grand que la quantite de litharge employé. Cette decouverte me paroit une des plus interessantes qui ait ete faitte depuis Sthal (2) et Comme il est difficile de ne pas laisser entrevoir a Ses amis dans la Conversation quelque

(1) Voir notice biographique, page 400.
(2) Voir notice biographique, page 511.

chose qui puisse les mettre Sur la voye de la verité j'ay Cru devoir faire le present depost entre les mains de M. le Secretaire de lacademie en attendant que je rende mes experiences publiques

fait a Paris le 1er novembre mil Sept Cent Soixante douze

Lavoisier (1).

⁂

N° 200

LAVOISIER AU DUC D'AYEN
20 novembre 1772
Archives de Chabrol, M.
(*Entièrement de la main de Lavoisier*)

M. le duc dayen

Paris 20 9bre 1772

Monsieur le duc

Nous Sommes arrivés trop tard hier au soir M. Macquer et moi pour pouvoir vous rendre Compte Sur le champ du resultat de loperation dont vous nous avies fait lhonneur de nous charger. je n'avois dailleurs parle à M. Macquer quen presence de jean verneuil et je desirois avant davoir lhonneur de vous ecrire pouvoir en Conferer avec lui. ne l'ayant pas pu joindre Ce matin je m'empresse de vous marquer Ce que je pense de verneuil en attendant que [je puisse] nous puissions vous adresser un rapport detaillé [Signé de M. Macquer et de moi] qui contiendra nos interrogations les reponses de verneuil et toutes les circomstances de lepreuve a laquelle nous lavons Soumis (2)

en general les effets attribues a la baguette divinatoire Sont aujourdhuy regardés [Comme des chimeres dont on S'est Servi dans des Siecles peu instruits pour tromper] aujourdhuy regardés par les phisiciens Comme des faits purement chimeriques dont on a abusé les personnes Credules dans des Siecles peu instruits Comme Cette baguette tourne quelquefois par des mouvemens involontaires de la part de

(1) Le pli ci-dessus est entièrement de la main de Lavoisier.
(2) Voir ce rapport « *Œuvres de Lavoisier.* Tome 6, page 90. »

Celui qui la tient il est possible que quelques personnes de bonne foi y ayent ete trompé et ayent attribué a une Cause exterieure un effet qui ne dependoit que deux memes. nous etions [donc] bien persuade dapres ces refflexions que la baguette divinatoire netoit quun moyen ou de S'abuser Soi meme ou dabuser les autres et quentre les mains dun homme adroit elle ne disoit que ce quil avoit intention de lui faire dire. lepreuve faitte en notre presence par jean verneuil et Ses reponses a nos questions loin d'ebranler notre Croyance a Cet egard n'a fait que laffermir davantage [et nous ne pouvons le regarder que comme un] et nous croyons pouvoir assurer Sans Crainte quil nest autre chose qu'un charlatan asses adroit qui par lexperience et lobservation a acquis quelques connoissances de la marche Souterraine des eaux et qui fait parler la Baguette divinatoire enconsequence, au Surplus le talent de deviner les eaux nest pas a beaucoup pres aussy merveilleux [quon le pense] quon le Croit Communement

il y a de l'eau [partout aussy il ny a pas un grand merite a en trouver il ny a pas de village de maison un peu considerable qui nait Son puit] presque partout et il est tres rare quon creuse un puit Sans en rencontrer [il ny a quun tres petit nombre] il ny a guerres que les pays composés de Sable de craye ou autres matierres permeables a l'eau qui fassent exception a Cette regle ; encore en Creusant plus proffondement parvient on presquinfailliblement a quelque banc de marne ou de glaise qui retient l'eau.

il ny a point de village de maison meme un peu Considerable qui nait Son puit et on ne choisit [pas pour louvrir lendroit ou] presques jamais pour louvrir lendroit ou lon espere trouver leau mais Celui qui Convient le mieux a la distribution des lieux il ny a donc [rien de très merveilleux] dans la [pas grand merite a trouver de leau] rien que de très naturel dans la plus part des faits quon rapporte [quoiquil en Soit] et auxquels on seroit tente dabord dattacher une grande importance [tel est a peu pres]

j'aurai lhonneur de vous rendre un Compte plus particulier de nos epreuves lorsque j'aurai vu M. Macquer mais je crois avoir entrevu asses Son opinion pour Croire quelle ne Secartera pas beaucoup de ces memes principes. au Surplus si vous pensies que nos epreuves ne fussent pas encore Suffisantes nous Seront prets a les multiplier Sitost que vous lordonneres.

je Suis avec un proffond respect

***

N° 201

LE VEILLARD A LAVOISIER

25 novembre 1772
(*Archives de l'Académie des Sciences*, 39-C, O.)
Timbre de la Poste. Dreux

A Monsieur
Monsieur de Lavoisier fermier géneral
et de l'academie royale des Sciences
rue neuve des bons enfants
a Paris

je desirerois, Monsieur, afin deviter toute tracasserie, changer quelque chose a une de mes conclusions ; je dis qu'on n'a point prouvé que la glaise contient de l'acide vitriolique, qu'il est même vraisemblable qu'il n'en entre point dans sa composition l'assertion est peut etre un peu trop exclusive, je scais qu'on pretend avoír fait du foye de Souffre avéc de la glaise, de l'alkali fixe et de la poudre de charbon, et mon intention est Seulement de Soutenir que la distillation de leau forte ne prouve pas que la glaise contienne de l'acide vitriolique, c'est pourquoi je pense qu'il seroit mieux de substituer a cet alinea celuy cy joint

...que la distillation du nitre par la glaise ne prouve point qu'elle contienne de l'acide vitriolique ; que ce n'est point par son moien qu'elle Sert a la Separation de l'acide dans cette opération, mais qu'elle parvient a le dégager en s'unissant a la base du nitre et formant avés elle une substance vitreuse insoluble dans l'eau (1)

Si cette Substitution n'est point contre la regle, je vous prie de vouloir bien l'admettre, et s'il netoit pas possible de le faire commodement, comme mon memoire est composé de feuilles accolées, je vous prie de m'envoyer la derniere, je la copierai et vous la renverai sur le champ

(1) Ce paragraphe en italique manque sur la lettre, ayant été découpé aux ciseaux, mais on le retrouve sur le mémoire de Le Veillard (*Archives de l'A. des Sciences*, 37-O.) épinglé par Lavoisier et recouvrant l'alinéa dont l'auteur souhaitait la modification.

Mes ésperances Se Sont encore fortifiées depuis que j'ay eu l'honneur de vous voir, je trouvé nombre d'ennemis du Sr Beaumé, j'ay tout lieu d'augurer que plusieurs honoraires se determineront en ma faveur et plusieurs amis de M[r] d'angevillé fachés du parti qu'il a pris, doivent d'office faire tous leurs efforts pour l'en détacher, je compte beaucoup sur vostre amitié, et je ne sçaurois m'empêcher d'avoir la présomption de croire en considérant tous mes compétiteurs que, (*nom illisible*) a part, vous aimeriez mieux m'avoir pour confrere qu'aucun deux.

je vous prie d'assurer de mon réspect monsieur votre pere et madame de la Voisier, je suis avéc le plus sincere attachement,

Monsieur

Vostre tres humble et tres obeissant Serviteur

Le Veillard

a Dreux le 25 9bre 1772

***

N° 202

LE VEILLARD A LAVOISIER

15 décembre 1772

(*Archives de l'Académie des Sciences.* 39-D, O.)

Ni indication de destinataire, ni adresse

rien n'est plus honeste et plus obligeant pour moy, Monsieur, que le rapport que vous avez bien voulu me communiquer, j'ay pris seulement la liberte d'y corriger l'orthographe de mon nom ; parmy les éxpériences que vous résumez, il me semble qu'il y en a une asses importante dont vous n'avez pas fait mention, c'est la régéneration des trois Sels, le tartre vitriolé, le nitre, et le Sel de Sylvius par l'addition des trois acides mineraux d'ou [?] le residu de la distillation du nitre par la glaise.

je vous fais mes remerciements de votre complaisance et vous prie de me croire aves le plus sincere attachement

Monsieur

Vostre très humble et tres obeissant Serviteur

a Passy le 15 Xbre 1772

Le Veillard.

***

N° 203

MARCORELLE (1) A LAVOISIER

31 décembre 1772

(*Bibliothèque Municipale de Clermont*)
(*Collection de Chazelles.* 272, O.)
Timbre de la Poste. Narbonne

a Monsieur
Monsieur de La Voisier
fermier general du Roy a Lhotel
des fermes
a Paris

Permettes moy de proffiter de la Circonstance du Renouvellement dannée Pour vous Exprimer Les Vœux que je forme pour vous ils Ne sont Point certainement des Vains Compliments ils partent D'un Cœur qui Vous Est Entierement aquit, Vivés Monsieur, Vives Sil Sepeut des Siecles, daignes M'honnorer Toujours de vos Bontes je Serai Le Plus heureux et le plus Reconnoissant des hommes. je ne Puis Vous Rien dire de Plus propre a Peindre mes sentiments et a satisfaire une ame Comme La Votre

Je suis avec Respect
Monsieur
Votre tres humble et tres obeissant Serviteur
marcorelle

Narbonne le 31 Xbre 1772 M. DelaVoiziere

(1) Marcorelle (Jean, François de). Baron d'Escale.
Date et lieu de naissance inconnus.
Mort à Escales (Aude), le 7 février 1787.
Il fut nommé à l'Académie Royale des Sciences, le 16 juillet 1746, Correspondant de Grandjean de Fouchy.
Mathématicien, météorologiste à Toulouse, puis à Narbonne.
On a de lui un « Mémoire sur le Salicor », qui fut jugé digne d'être imprimé dans le Recueil des Savants Etrangers à l'Académie et diverses communications faites à l'Académie des Sciences (1764).
Observation météorologiques faites à Toulouse de 1747 à 1756.
Détermination anatomique de l'hydrocéphale de Begle (1759).
Observation d'un corps rendu par expectoration (en collaboration avec Barthes). (1762).
Observation de 3 rivières du Roussillon qui par temps sec s'enflent et débordent subitement. (1764).
Détail d'un tremblement de terre qui s'est fait sentir à Toulouse, le 19 mai 1765.
Pesanteur et chaleur des différentes sources de Bagnières. (1768).

ANNÉE 1773

N° 204

DE LÉPINAIS A LAVOISIER (1)
16 janvier (?) 1773
(*Archives de l'Académie des Sciences.* 433, O.)

M. de lépinais a l'honneur de faire mille sincères à Monsieur de Lavoisier et de lui envoyer le memoire qu'il lui a promis. Monsieur delavoisier voudra bien le lui faire repasser lorsqu'il en aura tiré copie

M. de lépinais assure de ses respects Madame de Lavoisier Mademoiselle Punctis et Monsieur de Lavoisier

le 16 J^{er} 1773

***

N° 205

TRUDAINE A LAVOISIER
21 janvier 1773
(*Archives de Chabrol,* O.)

A Monsieur
Monsieur De Lavoisier fermier general
de l'academie des Sciences
Rue neuve des bon enfans (2)
A Paris Trudaine

A Paris ce 21 janv. 1773

Mr Magallahens (3), Monsieur, nous offre le service anglois de dessaller l'eau de mer. Mr de Boynes (4) a qui j'en ay parlé desire fort de l'avoir. j'ay decidé M. Magallahens a S'en ouvrir a quelqu'un. je desire que cela passe par vous. en consequence il passera chez vous cette après diner Sur les cinq ou Six heures.

(1) A ce billet était jointe une copie non reproduite d'un mémoire sur les avantages des Lotions et des Bains dans le traitement des morsures faites par les animaux enragés.
(2) Cette phrase n'est pas de l'écriture de Trudaine comme le reste de l'adresse.
(3) Voir notice biographique, page 356.
(4) De Boyne (Pierre, Etienne, Bourgeois de).
Né le 20 novembre 1718.
Mort le 19 octobre 1783.
Il fut appelé au Département de la Marine comme Secrétaire d'Etat, succédant à

je voudrois que vous tâchassiez de l'entendre assez pour pouvoir repeter les experiences. je feray valoir cela auprès du ministre de la marine qui vous en Scaura Surement beaucoup de gré. je vous prie aussi de tenir la chose fort Secrette jusqu'a ce que la machine puisse être executée. vous connoissez, Monsieur, tous les Sentimens avec les quels je Suis bien parfaitement Votre très humble et très obeïssant Serviteur. Trudaine.

***

N° 206

HATTON LAGAINIERE A LAVOISIER

13 février 1773

Timbre de la Poste. Fresnay

(*Archives de l'Académie des Sciences,* N° 98 E)

a Monsieur
Monsieur Lavoisier fils
fermier général a l'hotel des fermes
a Paris.

Monsieur.

J'ay l'honneur de vous adresser cy joint l'Etat de la pluye qui a tombé en cette ville pendant l'année derniere montant a vingt Sept pouces un quart de ligne. en rassemblant les quatre années d'observation que j'ay faites il en résulte une commune de vingt

l'abbé Terray, qui avait occupé ces fonctions par intérim.

Ce fut lui qui décida l'Expédition de la Flore (voir, ce volume, p. 336) ayant pour but l'étude des méthodes de détermination de la longitude en mer.

Durant son ministère, il s'occupa activement à faire disparaître la rivalité régnant entre les officiers rouges, appartenant à la noblesse, et qui pouvaient prétendre aux grades les plus élevés, et les officiers bleus, venant de la marine marchande. Ceux-ci ne pouvaient dépasser les grades de Capitaine de Brûlot, de flûte (1), ou de lieutenant de frégate et on leur reprochait de manquer de l'esprit militaire indispensable sur des bâtiments de guerre.

C'est dans ce but que de Boyne créa au Havre une Ecole Royale de Marine, où on n'exigeait à l'entrée aucun titre de noblesse, mais De Sartines en 1775 rétablit l'organisation ancienne des gardes-marine.

De Boyne s'efforça en même temps de remédier au manque de connaissances de beaucoup d'officiers de marine, sur des points importants.

C'est ainsi que Lacour-Gayet (*La Marine Militaire de la France sous le règne de Louis XVI, p.* 275) cite le cas d'un lieutenant de vaisseau parlant en 1779 de la Manche comme « d'une mer peu fréquentée et presque point connue des officiers ».

(1) Flûte. « Bâtiment de guerre réservé au transport du matériel. On était cependant « quelquefois dans la nécessité d'utiliser pour ce transport des bâtiments (vaisseaux, « frégates) armés pour le combat ; on procédait alors à la réduction de leur artillerie « et de leur équipage. Un bâtiment ainsi transformé et qui portait encore des bouches « à feu était dit armé en flûtes. Les flûtes furent plus tard appelées corvettes de charge ». Je tiens à remercier ici M. le capitaine de frégate Careff du Service Historique de la Marine, qui a bien voulu me fournir ces renseignements.

quatre pouces deux lignes, ce qui, je crois excéde de deux a trois pouces la quantité qui en tombe à Paris dans les années ordinaires.

J'ay l'honneur d'estre avec respect

Monsieur

Votre tres humble et tres obeissant Serviteur

a Fresnay le vicomte le 13 f^{er} 1773

Hatton lagainiere.

***

N° 207

PLI CACHETE DEPOSE
A L'ACADEMIE ROYALE DES SCIENCES
ouvert le 5 mai 1773
(*Archives de l'Académie des Sciences*, O. Pli cacheté N° 152)

Sur l'enveloppe qui fut cachetée à la cire rouge (1), *et de la main Lavoisier.*

Sur la Cause de l'augmentation de poids qu'acquierent les metaux et quelques autres Substances par la calcination
par M. Lavoisier (2)

puis la mention

Ouvert le 5 Mai 1773 en pres de Lacad^{e} a la requisition de L'auteur (3)

N° 152

je vous prie Monsieur et tres cher Confrere de vouloir bien recevoir le depost du paquet Cy joint. j'ay des motifs pour desirer den assurer la datte. il Contient une decouverte que je Crois importante et que le hazard m'a procuré. je pars pour la campagne pour quelques jours, Sans Cette Circomstance j'aurois eu lhonneur de vous le porter moi meme et de vous renouveller l'assurance du Sincere et respectueux attachement avec lequel j'ay lhonneur detre

Monsieur et tres Cher Confrere

Votre tres humble et très obeissant Serviteur

Lavoisier (4)

(1) Sur le cachet : armoiries figurant sur l'ex-libris de Lavoisier. Un tel ex-libris se trouve au début du Registre de laboratoire n° 1.

(2) Ecriture de Lavoisier.

(3) Ecriture de de Fouchy.

(4) Ce billet non daté est entièrement de la main de Lavoisier, le paquet annoncé comme joint ne se trouve pas dans l'enveloppe.

ANNÉE 1774

N° 208

LAVOISIER A LA SOCIETE ROYALE DE LONDRES

15 janvier 1774

(*Archives de Chabrol*, M.)

Entièrement de la main de Lavoisier

la Societe R. de londres

15 janvier 1774 (1)

Messieurs

Cest dans le Sein de langleterre que la doctrine de la fixation de lair dans les Corps a pris naissance cest a Messieurs Boyle (2) et

(1) Cette date est d'une écriture différente.

(2) Boyle (Robert). Né à Lismore (Irlande), le 25 janvier 1626.

Mort à Londres, le 30 décembre 1691, était fils de Richard, Comte de Cork et d'Orrerey. Il se destina tout d'abord à l'état ecclésiastique. A la mort de son père, à la tête d'une grosse fortune, il partagea son activité entre les études scientifiques et les œuvres charitables ou religieuses (propagation de la religion chrétienne aux Indes).

« The Invisible College » qu'il forma en réunissant un groupe d'amis, amateurs de science, obtint la protection du roi Charles II et fut le noyau initial de la Société Royale de Londres.

Il disait considérer la chimie non en médecin, ou en alchimiste, mais en philosophe. « Je voudrais bien savoir, écrit-il, comment on parviendrait à décomposer l'or en soufre, mercure et sel ; je m'engagerais à payer tous les frais de cette opération. J'avoue que pour mon compte je n'y ai jamais réussi ». Il admettait cependant la possibilité de la transmutation des métaux, croyant même avoir obtenu de l'argent à partir d'un alliage d'or et de cuivre traité par l'huile rectifiée de beurre d'antimoine et l'esprit de nitre. (Delacre, *Histoire de la Chimie*).

Il pensait à une matière unique primordiale. Son but fut de généraliser les méthodes expérimentales, critiquant l'obscurité de l'alchimie.

Le premier, il distingua les mélanges des combinaisons. On peut signaler de lui des expériences sur le vide, la construction d'une nouvelle machine pneumatique, l'élasticité de l'air ; (il partage avec Mariotte la découverte de la loi de compressibilité, qu'il avait formulée avant lui), sur l'évaporation des liquides dans le vide, les densités.

Boyle a utilisé divers réactifs pour caractériser les corps chimiques, la noix de galle pour le fer, le sublimé corrosif pour l'arsenic blanc, l'ammoniaque pour le cuivre, la lune cornée (chlorure d'argent) pour le sel marin, le sirop de violettes pour l'acidité et l'alcalinité, on lui doit également le sulfhydrate d'ammonium (liqueur fumante de Boyle), et un procédé pour recueillir les corps aériformes, des études sur la distillation du bois ; il y signale la production de vinaigre et d'alcool (esprit anonyme ou diaphorétique) qu'il sépare par une nouvelle distillation. Il publia le premier la préparation du phosphore à partir de l'extrait d'urine, ayant acheté des indications vagues sur la méthode de Brand, hales (3) et Black (4) noms a jamais Celebres dans les fastes de la phisique et de la Chimie quelle doit [presque] Son origine et vous [possedes] comptes encore parmi vous des Scavans illustres dont les experiences nous ont [ouvert] fait Connoitre a Cet egard un nouvel ordre de Connoissances et d'idées. Cest a Ces titres Messieurs que je vous prie de recevoir un traitte dont le fond vous appartient en partie et dans lequel [je n'ay etabli qu'un très petit nombre de verites neuves] [je n'ay dautre merite que davoir Confirmé des faits Sur lesquels il restoit] il sembloit rester encore quelque incertitude d'y avoir ajouté un petit nombre de verites [neuves a des verités] que je Crois

qui était considérée comme secrète. Il étudia aussi les « phosphores naturels et artificiels, l'histoire du sang humain en dehors des vaisseaux, les eaux minérales ». Il montra que l'air est nécessaire à la combustion du charbon. Il pressentit que la respiration a pour but de purifier le sang en lui enlevant dans les poumons une matière excrémentielle.

Dans un de ses ouvrages « Usefulness of philosophy », on trouve l'intéressante phrase : « la connaissance de la nature des ferments conduira probablement un jour à la solution de phénomènes pathologiques inexplicables par d'autres voies ».

L'augmentation de poids subie par les métaux durant leur calcination est due, pour lui, à la fixation des molécules du feu passant à travers les pores du verre.

Boyle proposa aussi le point de congélation de l'eau comme point fixe du thermomètre.

Boerhaave écrivait de lui : « nous lui devons les secrets du feu, de l'air, de l'eau, des animaux, des végétaux » et le considérait comme « l'ornement de son siècle ».

Parmi ses publications on peut citer :

New Experiments Physico Mechanical touching the spring of air and its effects. (1660).

The Sceptical Chemist. (1661).

Considerations touching the Usefulness of Experimental Natural Philosophy. (1663).

Experiments and Considerations upon Colours with Observations on a Diamond that shines in the Dark. (1663).

Excellence of Theology compared with Natural Philosophy. (1664).

Occasional Reflection upon Several Subjects. (1665).

New Experiments and Observations upon Cold. (1665).

Hydrostatical Paradoxes. (1666).

Origin of Forms and Qualities according to the Corpuscular Philosophy. (1666).

Introduction to the History of Particular Qualities. (1670).

Origin and Virtues of Gems. (1672).

Essays of the Strange Subtility, Great Efficacy determinate Nature of Effluvismus. (1673).

The Saltness of the Sea, the Hidden Quatities of Air Cold. (1674).

Celestal Magnets. Animadversiones of Hobbes Problemata de Vacuo. (1674).

Some Considerations about the reconcileableness of Reason and Religion. (1675).

Experiments and Notes about mechanical Origin or the Production of Particular Qualities including Notes upon Electricity and Magnetism. (1676).

Observationes upon an artificial Substance that Shins without Preceding Illustration. (1678).

The Aerial noctiluca. (1680).

Discourse of Things above Reason. (1681).

New Experiments and Observations upon the Icy Noctiluca. (1682).

Memoires for the Natural History of the extravased Human Blood. (1684).

Short Memoirs for the Natural Experimental History of Mineral Waters. (1685).

High Veneration Man owe to God. (1685).

A Free Inquiry into the vulgarly received Notion of the Nature. (1686).

neuves et auquel je n'ay fait qu'ajouter un petit nombre de verites [neuves] que je crois neuves. j'apprends que M. Pristley (*sic*) membre tres distingué de votre illustre Societé Continue la Suitte importantes dexperiences quil vous a Communiquée [et dont une partie sont deja publique] et dont il a deja publié une partie jattens avec la plus grande impatience que [le traité quon a] louvrage quon annonce de lui paroisse. je prends la liberte de vous adresser pour lui un exemplaire de mon ouvrage jespere quil voudra bien me faire la meme grace lorsque le Sien paroitra.

je suis avec respect M...

Medicina Hydrostatica. (1690).
Experimenta et Observationes Physicæ. (1691).
Christian Virtuoso. (1691).
Medicinal Experiments. (1692).

(3) HALES (Stephen). Né le 7 septembre 1677 a Bekesbourne (Kent). Mort à Teddington (Middlesex), le 4 février 1761.

Etudia d'abord à Cambridge la théologie et reçut les ordres.

Elu à l'Académie Royale des Sciences de Paris, comme associé étranger, le 14 février 1753. Il fut Aumonier de la Princesse de Galles.

On doit à Hales des expériences sur la végétation, la montée de la sève, rapportées dans un important ouvrage « Vegetable staticks, or an account of some statical experiments on the sap, being an essay towards a natural history of vegetation », 1727 — suivi de Hœmastaticko. On peut considérer ce livre comme le premier grand traité de physiologie végétale. Il y montre la différence existant entre la circulation de la sève et celle du sang, la sève montante et la sève descendante, ce qui prouve que chez les végétaux on ne peut parler d'une circulation. Il s'y propose également d'étudier les réactions absorbant ou dégageant des « airs » et de déterminer les volumes de ceux-ci absorbés ou dégagés.

Il a eu le très grand mérite de donner aux chimistes un appareil destiné à recueillir les gaz, beaucoup plus pratique que ceux antérieurs à lui et utilisé encore aujourd'hui. (Lavoisier le cite souvent dans ses notes de laboratoire). Il facilita de ce fait grandement les recherches sur les airs.

Pour Hales, tous étaient de l'air commun, plus ou moins modifié suivant les cas.

Il connaissait l'augmentation de poids que subit le plomb par calcination, et savait que le minium chauffé par une lentille dégage beaucoup d'air.

Il avait observé la diminution de volume subie par l'air lorsque du phosphore y a brulé. Il assimilait la respiration à une combustion, et pensait que les cloisons pulmonaires étaient assez minces pour que le sang et l'air puissent se trouver dans la sphère d'attraction l'un de l'autre.

On doit encore à Hales la réalisation d'un ventilateur destiné au renouvellement de l'air dans les hôpitaux, les prisons, les navires : Description of ventilators (1743), une méthode de distillation de l'eau de mer, et deux ouvrages « Philosophical Experiments » (1739) et « Friendly admonitio to the drinkers of brandy and other distilled spirituous liquors (1734) ».

On Sea Water, corn, flesh and other Substances.

Hales admettait, contrairement à la théorie du phlogistique, que si « le minium augmente de poids par la calcination, ce n'est pas seulement parce que les particules aériennes et sulphureuses du feu le pénètrent et s'y logent, mais aussi parce qu'il s'approprie une bonne quantité d'air, qui s'incorpore à lui ». Il conseillait aux chimistes de donner à cet air, tantôt fixe, tantôt volatil le rang de principe actif qu'ils lui avaient jusqu'à présent refusé et leur faisait remarquer qu'ils auraient fait, en travaillant sur lui des découvertes plus brillantes et plus utiles qu'en passant leur temps à chercher à tout transformer en or.

(4) Voir notice biographique, page 360.

⁂

N° 209

LAVOISIER A LA SOCIETE D'EDIMBOURG
15 janvier 1774

(*Archives de Chabrol,* M.)
Entièrement de la main de Lavoisier

la Societe d'Edimbourg

15 Janvier 1774. (1)

Messieurs.

vous aves le bonheur de posseder parmi vous le Scavant illustre [dont les ouvrages ont] [qui a jette les premiers fondemens de la theorie de la fixation de lair dans les corps qui a repandu une lumiere toute nouvelle Sur les phenomenes de] qui le premier a reuni en un corps de doctrine les phenomenes de la fixation de lair dans les Corps (2) ; Cest dans votre ville et dans le Sein meme de votre illustre Societé que S'est [en partie] presquentierement formée une [nouvelle theorie phisique et chimique qui devient la clef dune infinite de [phenomenes quil vous etoit reserve d'expliquer] verites neuves qu'il vous etoit reservé de nous faire Connoitre] theorie nouvelle qui Semble preparer une revolution dans la phisique et dans la chimie quil me Soit permis a Ces titres de vous presenter un ouvrage dont le fond vous appartient presqu'en entier et [dans lequel] au quel ne n'ay fait [quetablir] qu'ajouter un très petit nombre de verites neuves. je prens la liberté de joindre icy un exemplaire de Mon ouvrage pour M. Black votre illustre Confrere en vous priant de lassurer quil nexiste pas dadmirateur plus zele que moi de Ses talens

je Suis avec respect

(1) Ces mots sont d'une main différente.
(2) Il s'agit de Black.

***

Nº 210

PRAULT A LAVOISIER

18 janvier 1774

(*Archives de l'Académie des Sciences.* 1118, O.)

Mémoire de la Dépense faite par Prault père Imprimeur du Roi pour l'Impression de l'ouvrage de Monsieur Lavoisier 1774 (1).

	l.	s.
Contient 30 feuilles in 8º Caracteres de Cicero avec des Notes, des Tables a colonnes de Chiffres et la valeur de quatre feuilles de Table de Matieres le tout de Petit Romain tiré à 1.250 a 27 l. la feuille....................	810	
a employé 75 Rames de Tres beau carré fin à 10 l. 10 s. la R....................................	787	10
Assemblage mis en corps et en Paquets menus frais de port etc.......................................	48	
Brochure de 300 Exemplaires à 3 s...............	45	
Reliure de 2 Exemplaires en maroquin...........	8	
Reliure de 10 Exemplaires en veau fauve et Ecaille a filets...	15	
Gratification aux ouvriers........................	15	
L'impression de 300 affices.....................	12	
A l'Afficheur	4	10
	1.745	

J'ay Recu de Monsieur Lavoisier a compte du Memoire cy dessus la somme de neuf cent Livres à Paris ce 18 Janvier 1774

Prault.

(1) Il s'agit des Opuscules Physiques et Chimiques, que Lavoisier a présentés à l'Académie Royale des Sciences, le 8 janvier 1774.

***

N° 211

PRAULT A LAVOISIER

18 janvier 1774

(*Archives de l'Académie des Sciences.* 1118, O.)

Compte des exemplaires du Livre de Monsieur Lavoisier tiré a 1.250 (1).

L'edition a produit 1.237 exemplaires complets et un paquet de Deffets. 1.237

Monsieur Lavoisier en a recu

200	Exemplaires	Broches.	200	
12	—	Reliés..	12	
6	—	en feuilles.	6	223
5	—	pour les Commissaires..	5	
7	—	a la Chambre syndicale en feuilles. ...	7	
150	—	aux Libraires indiqués en feuilles....	150	164
7	—	donnes par ordre brochés..........	7	

Il en reste

94	—	Broches.	94	
124	—	en feuilles avec figures.	124	850
632	—	— sans figures.	632	
				1.237

(1) Ce compte se trouve au verso du mémoire précédent.

***

N° 212

LAVOISIER A GUYTON DE MORVEAU

19 janvier 1774

(*Archives de Chabrol*, M.)

Entièrement de la main de Lavoisier

M. de Morvaux (1)

19 janvier 1774.

Monsieur

Permettes moi de vous offrir le premier volume dun ouvrage dans lequel j'ay eu pour objet de Confirmer des verités deja Connues et dans lequel je me Suis efforcé den etablir quelques nouvelles. occupe vous meme depuis long tems de la recherche de la verité accoutume a la poursuivre lexperience et lobservation a la main

(1) GUYTON DE MORVEAU (Louis, Bernard).

Né à Dijon, le 4 janvier 1737.

Mort à Paris, le 2 janvier 1816.

Nommé a l'Académie Royale des Sciences, le 7 mars 1772 comme correspondant de Macquer.

Membre résidant de la Section de Chimie de la 1re Classe de l'Institut National. (1795). Vice-président de la Classe (1806), Président (1807).

Fils d'un professeur de droit de l'Université de Dijon, admis au barreau en 1756. Avocat général 1762. Il fut formé à la chimie par les ouvrages de Macquer. Le 8 janvier 1768, il lit à l'Académie de Dijon « Dissertation sur l'action de l'air dans la combustion des corps ». Ses premières recherches portent sur les houilles et les fers notamment sur le charbon de Montcenis (au voisinage du Creusot) et l'amélioration de l'analyse des minerais. Il s'occupa de l'étude des chaux, mortiers, bétons, ciments pour bâtir sous l'eau. Il continuait également à publier de nombreux mémoires sur des questions de droit, de sciences et de belles lettres.

A l'Académie de Dijon, Guyton, dont la réputation était devenue européenne, joua pendant de très longues années un rôle prépondérant.

En 1773 il appliqua le gaz muriatique (acide chlorhydrique) à la désinfection des caveaux de la cathédrale de Dijon, où l'on avait accumulé les cadavres que le gel n'avait pas permis d'inhumer, ce qui avait provoquée une épidémie. Ultérieurement il utilisa l'acide marin oxygéné (chlore). Cette méthode, à laquelle on donna le nom de « fumigations guytonniennes » lui valut en Ventose an VIII la croix de la Légion d'honneur.

Puis ce furent des études sur les couleurs, leur changement de teinte avec le temps. Il les soumettait à l'action de vapeurs de sulfures alcalins pour en provoquer le vieillissement accéléré. Pour remplacer la céruse, il proposait la sélénite (sulfate de calcium), le spath pesant (sulfate de Baryum), les chaux d'étain, d'antimoine, etc... mais particulièrement celle de zinc (oxyde de zinc) et il construisit avec Courtois, préparateur au laboratoire de l'Académie de Dijon des fourneaux pour sa préparation.

En 1774, il donna un travail sur le platine et lut à l'Académie de Dijon un mémoire sur l'utilité d'un cours de chimie. Il en créa en effet un à Dijon en 1776 dont il fut le professeur principal et publia ses leçons (Eléments de chimie théorique et pratique rédigés dans un ordre nouveau pour servir aux cours publics de l'Académie de Dijon). Elles renferment la première ébauche de la nomenclature qu'il devait proposer en 1782.

En 1775, il signala la réaction acide de l'air fixe, observée déjà par Bergmann.

vous ne Seres point etonné du grand nombre dexperiences que j'ay ete oblige de faire pour prouver un petit nombre de faits et vous penseres peut etre au contraire quil est encore quelques parties qui ne Sont pas Suffisamment fortes en preuves [Cest dans vos ouvrages Monsieur que je ne cesse dadmirer] quoique je ne sois pas de votre Sentiment Sur laugmentation de poids des chaux metalliques je n'en admire pas moins dans vos ouvrages la bonne maniere de philosopher et [le genie d'observation] le tact qui Caracterise le vrai phisicien. [vous verres Cependant Monsieur que quoi quadmirateur zelé de vos ouvrages vous verres Monsieur que je ne Suis pas de votre Sentiment Sur laugmentation des chaux metalliques]. Si je [n'ay point parle de votre ouvrage] ne vous ay point Cité dans ce premier volume Cest que je ne me Crois pas encore Suffisamment [environné] [armé] muni dappareils et dexperiences pour oser me

Divers travaux effectués à partir de 1784 sur le dosage de l'acide méphitique dans les eaux peuvent être considérés comme représentant les débuts de l'analyse volumétrique.

Guyton de Morveau montra également la différence entre fer, zinc, manganèse, que l'on confondait généralement.

Citons encore des études sur le bleu de Prusse, l'action de l'acide nitrique sur l'étain, sur le cuivre. Il établit également la différence entre la terre du spath pesant (à laquelle il donna le nom de « barote » (plus tard baryte), et celle de la sélénite (chaux).

En 1771, répétant les expériences sur l'évaporabilité du diamant, il avance que celui-ci est de l'eau pure opinion qu'il modifia, en pensant que c'était de la terre vitrifiable la plus pure (silice). A noter que plus tard il annonça avoir cementé le fer avec lui.

Il s'intéressa aux nitrières artificielles et en établit une. A partir de 1781, il travailla à l'Encyclopédie méthodique pour laquelle il fut un rédacteur précieux (Il connaît en effet l'allemand, l'italien, l'espagnol, le suédois) et a su s'entourer de collaborateurs dont Mme Picardet, très polyglotte aussi, qu'il devait épouser en 1798.

Ils publièrent en collaboration en 1781 une traduction des Opuscules physiques et chimiques de Bergmann (la plus grande partie est due à Mme Picardet). En 1785 une traduction des Mémoires de Schelle.

En 1782, il proposa un plan de nomenclature méthodique pour la chimie, appliquée à la théorie de Stahl : « Mémoire sur les dénominations chimiques, la nécessité d'en perfectionner le système, et les règles pour y parvenir ».

En 1784, il proposa l'utilisation des montgolfières pour la commande des pompes d'épuisement des mines, et la même année réalisa à Dijon un aérostat gonflé au gaz inflammable obtenu par la distillation pyrogénée des pommes de terre additionné de 1/4 de gaz inflammable tiré du zinc, et qui tout en étant 4 fois plus léger que l'air s'obtenait à un prix moins élevé. Le 25 avril, l'appareil muni de rames pour en assurer la direction s'éleva avec succès avec Guyton et l'abbé Bertrand comme passagers.

Une seconde expérience réussie également eut lieu quelque temps après le 12 juin de la même année.

En 1782, il publie un Mémoire sur les dénominations chimiques, la nécessité d'en perfectionner le système et les règles pour y parvenir.

Guyton, avec Lavoisier, Monge, Berthollet, Fourcroy, Dietrich, Hassenfratz et Adet fut un des premiers rédacteurs des « Annales de chimie et de physique ».

En 1787, Lavoisier, de Morveau, Bertholet et de Fourcroy publièrent la « Nomenclature chimique », qui devient « la langue de la chimie moderne » (Bouchard. Guyton de Morveau).

Le 15 juillet 1789, il est choisi comme chef de la Garde citoyenne de Dijon et procureur syndic du département de la Côte-d'Or.

Député à l'Assemblée législative pour le département, il en devient président le 21 janvier, président le 4 mars.

presenter au Combat [je mefforcerai de reffuter votre oppinion mais cest toujours en prevenant les lecteurs que votre ouvrage presente] [joserai attaquer votre oppinion dans mon second volume] je serai [peut etre] plus hardi peut etre plus temeraire dans un second volume ; mais en osant attaquer votre oppinion je declarerai toujours que vos digressions accademiques portent partout lempreinte du genie dobservation et quon y trouve la Suitte dexperiences la plus Complette la plus interessante et la plus exacte [Sur la calcination des metaux] qui existe Sur la Calcination des metaux. permettes moi de joindre icy un exemplaire de mon ouvrage pour lacademie de dijon je vous prie de le lui presenter [en lassureant du respect dont je Suis penetré] et detre persuade quon ne peut etre avec plus destime et de respect

M...

Le 4 septembre 1792 il est élu toujours par la Côte-d'Or, député à la Convention. Il vote la mort du Roi, et toujours avec la Montagne. Il fait établir une commission de 4 citoyens instruits en chimie et mécanique, chargée de rechercher les moyens de défense. Il est à noter que Lavoisier n'y figure pas.

En 1793, il fait partie du Comité de Salut Public.

Guyton, chargé du contrôle des fabrications de guerre s'y consacra de toutes ses forces. Il faut signaler l'idée qu'il eut, pour diminuer « le vent » (espace entre le projectile et le tube d'un canon) d'utiliser une bague de plomb, méthode employée encore de nos jours, (le plomb étant remplacé par du cuivre) ce qui augmentait nettement la portée.

Nommé Commissaire du peuple à l'armée du Nord (1794) il eut également l'idée d'utiliser les ballons aux armées. C'est à lui qu'est due la construction de « L'Entreprenant » qui figura à la bataille de Fleurus et la création des compagnies d'aérostiers.

La Révolution passée, il devient Membre du Conseil des Cinq-Cents, organisateur et directeur de l'Ecole provisoire des Travaux publics, professeur à l'Ecole Polytechnique dont il est nommé directeur lors du départ de Monge pour l'Egypte avec Bonaparte.

Baron de l'Empire en 1811. Administrateur des Monnaies. Il décéda le 2 janvier 1816.

On aurait souhaité savoir que Guyton de Morveau auquel sa situation politique paraît le lui avoir permis avait fait quelques démarches en vue de sauver Lavoisier qui avait été son ami, l'avait présenté à l'Académie des Sciences et qui encore le 12 mai 1793 avait contribué à lui faire décerner par celle-ci un prix de 1.200 livres pour son volume de l'Encyclopédie méthodique.

Il resta malheureusement inactif, se sentant peut-être lui même à certains points de vue suspect. D'autres cependant, Borda, et surtout Haüy, prêtre insermenté, qui l'était bien davantage, n'ont pas hésité à le faire.

Nous ne jugerons pas, nous contentant de le regretter.

On doit à Guyton de Morveau, en plus des ouvrages déjà signalés :

Mémoire sur l'Education publique. (1764).

Digressions académiques. (1772).

Défense de la volatilité du phlogistique. (1773).

Instruction sur le mortier de Loriot. (1775).

Mémoire sur l'utilité d'un Cours de Chimie dans la ville de Dijon. (1775).

Description de l'aérostat de Dijon avec un essai sur l'application de cette découverte à l'extraction des eaux des Mines. (1784).

Opinions dans l'affaire de Louis XVI. (1793).

Traité des moyens de désinfecter l'air. (1801).

Rapport sur la restauration du tableau de Raphael connu sous le nom de Vierge de Foligno (1802).

***

N° 213

LAVOISIER A L'ACADEMIE D'AMIENS
19 janvier 1774

(*Archives de Chabrol,* M.)
Entièrement de la main de Lavoisier

academie [de Rouen et damiens] d'amiens

19 janvier 1774

Messieurs

je me rapelle toujours avec autant de plaisir que de reconnoissance le jour [que je fus ass (is) j'eus lhonneur detre assis parmi vous vous voulutes bien me permettre] ou j'ay eu le bonheur detre assis parmi vous [et ou j'eus lhonneur detre de] [voulutes bien] ou vous aves bien voulu me permettre de vous offrir mes foibles essays Sur les [mines] productions mineralogiques de votre province enfin lindulgence avec laquelle vous aves bien voulu dans cette occasion accueillir et encorager (*sic*) mon zele. des travaux de plus dune espece entrepris depuis Cette epoque ne m'ont point permis dentretenir avec vous une Correspondance Suivie Comme [je laurois desiré permettes moi de Saisir] je le desirois et comme vous me lavies permis. je Saisis aujourdhuy avec empresement la Circonstance de la publication dun nouvel ouvrage [pour vous renouveller] pour vous prier den accepter lhomage Comme un gage de ma reconnoissance et pour vous renouveller lassurance des Sentimens de respect et dadmiration que vous m'aves inspiré. [et pour vous prier d'accepter comme un gage de ma reconnoissance lhomage dun traitte dans lequel j'ay eu pour objet detablir quelques verites neuves] je mempresserai de vous faire passer les volumes Suivant amesure que je Serai en etat de les donner au public

je Suis avec respect M...

⁂

N° 214

LAVOISIER A DE SMETH (1)
19 janvier 1774

(*Archives de Chabrol*, M.)
Entièrement de la main de Lavoisier

M de Smeth

19 Janv^{r} 1774.

Les experiences nombreuses Monsieur que vous aves faittes Sur lair fixe ou plutost Sur la fixation de lair dans les corps vous donnent des droits Sur tout ce qui paroit SurCette matierre permettes moi donc de vous offrir [le traitte cy joint] un exemplaire du traitte Cy joint puisse-t'il meriter votre Suffrage... Comme dans la lettre precedente.

(1) De Smeth.

Sa dissertation inaugurale écrite en latin et sous forme de thèse, fut soutenue à Utrecht, le 9 octobre 1772, sous la direction du professeur J.D. Hahn, professeur de physique expérimentale. Elle avait pour titre « De Aero fixo ». De Smeth est un adversaire de la théorie de Black. Selon lui elle ne s'appuie que sur des bases incertaines, et la façon dont ses partisans Macbride et Jacquin la présentent, ne lui permet pas de résister à un examen sérieux. Elle ne représentera que l'opinion d'un moment.

Lavoisier a analysé longuement ce travail de de Smeth dans ses Opuscules physiques et chimiques (chap. xiv, p. 88 de l'édition de l'an IX) et conclut ainsi :

« Il ne sera pas difficile de s'appercevoir, d'après le compte rendu qui vient d'être « rendu de l'ouvrage de M. Smeth, qu'il a cherché à embrasser une opinion mitoyenne « entre celle de M. Black et celle de M. Meyer : mais que son système, en même temps, « n'est pas toujours d'accord avec ses propres expériences. Son traité, au surplus, est « clair, méthodique et bien écrit. Ses expériences sont bien faites, et la plus grande partie « sont exactes et vraies ; je parle au moins de celles que j'ai eu occasion de répéter, et « c'est le plus grand nombre ».

De Smeth mesura notamment l'augmentation de poids d'une quantité donnée de phosphore après combustion.

***

N° 215

LAVOISIER AUX ACADEMIES DE FLORENCE, HARLEM, GOTTINGUE, DES CURIEUX DE LA NATURE, DE BORDEAUX, DE BEZIERS, DE LYON, A LA SOCIETE ECONOMIQUE DE BERNE, A LA SOCIETE R. DES SCIENCES DE TURIN, A L'INSTITUT DE BOLOGNE

Sans date
(*Archives de Chabrol*, M.)
Entièrement de la main de Lavoisier
Rédaction définitive

Academies de florence [turin] harlem Gottingue des Curieux de la nature de Bordeaux de Beziers de lion Societe economique de Berne Societe R. des Sciences de turin institut de Bologne.

Messieurs,

[je me Suis proposé principalement deux objets dans l'ouvrage que j'ay l'honneur de vous offrir]

Permettes moi de vous offrir le premier volume dun ouvrage dans lequel je me Suis proposé principalement deux objets le premier de fixer lattention des Scavans Sur une theorie encore peu connue et qui semble ouvrir aux chimistes une nouvelle carrierre a parcourir. [secondement] le Second dajouter aux connoissances acquises quelques verites que je Crois neuves. ces deux objets divisent naturellement Cet ouvrage en deux parties j'ay cherche a mettre dans la derniere le moins du mien quil etoit possible et a ne faire parler que lexperience. Si quelquefois le raisonnement m'a trompe Si j'ay erre Sur les Consequences, je compte pour lors sur lindulgence des Scavans ; jespere quils voudront bien rectiffier mes idées et je recevrai avec une parfaitte reconnoissance les observations les critiques memes quils voudront bien madresser

je Suis avec respect...

(1) Bien que non datées, nous avons placé ici cette lettre et d'autres qui suivent, étant donnée l'analogie des sujets traités et le fait qu'elles sont brochées dans le même cahier que les précédentes. Le projet de celle-ci page 410 n° 216, permet cependant de la dater du 19 janvier.

***

N° 216

LAVOISIER AUX ACADEMIES DE FLORENCE, HARLEM, GOTTINGUE, DES CURIEUX DE LA NATURE, DE BORDEAUX, DE BEZIERS, DE LYON, A LA SOCIETE ECONOMIQUE DE BERNE A LA SOCIETE ROYALE DES SCIENCES DE TURIN, A L'INSTITUT DE BOLOGNE

19 janvier 1774

(*Archives de Chabrol,* M.)

Projet complètement barré de la lettre précédente
Entièrement de la main de Lavoisier

Messieurs

Permettes moi de vous offrir un ouvrage dans lequel je me suis principalement propose de fixer lattention des Savans Sur une theorie importante et qui Semble ouvrir aux chimistes une nouvelle Carierre a parcourir [occupes de la recherche de la verite acoutumes a la Suivre jusques dans Ses retraittes les plus cachées Secondement dajouter a des verites peu connues]. Si dans la Seconde partie j'ay ose me presenter moi meme dans la carierre et Si j'ay essayé dajouter aux connoissances acquises quelques verites que je Crois neuves jay toujours cherche a meclairer du flambeau de lexperience. quelques verites que je Crois neuves, cest toujours lexperience en main que j'ay eu intention de proceder [si quelques] et je Crois pouvoir repondre a Cet egard de lexactitude la plus Scrupuleuse Si quelques fois le raisonnement m'a trompe Si j'ay erré Sur les consequences j'aurai recours à votre indulgence et jespere que vous voudres bien rectiffier mes idées

je Suis avec respect....

***

N° 217

LAVOISIER A L'ACADEMIE DE BERLIN

Sans date

(*Archives de Chabrol,* M.)

Entièrement de la main de Lavoisier

Rédaction entièrement barrée (1)

Lacademie de Berlin

Messieurs

Penetre de respect pour votre illustre Corps destime et dadmiration pour vos ouvrages, permettes moi de vous offrir [le premier volume dun ouvrage] un traitté dans lequel j'ay eu pour objet [de repandre et de Confirmer des verités peu connus] de Confirmer des faits Sur les quels il restoit encore quelquincertitude [de repandre de plus en plus parmi les Scavans] de fixer lattention des Scavans Sur une theorie importante qui Semble ouvrir [de nouvelles routes a la chimie une nouvelle Carierre a parcourir] une nouvelle Carierre aux phisiciens et aux chimistes enfin dajouter a des verites peu conues [dautres] quelques verites que je Crois neuves [acoutumes a] occupes Continuellement [vous memes] Messieurs a la recherche de la verite accoutumés a la poursuivre lexperience et lobservation a la main vous Sentires aisement [quil est presqu'impossible d'arriver en phisique et en chimie a des] [quil nen est pas de la plus part des [Sciences]. verites Phisiques comme des [Sciences math] verites mathematiques et quil est presques toujours impossible darriver par rapport aux premières] quil est rarement possible darriver en phisique et en chimie a des demonstrations rigoureuses Comme [Celles de la] en Geometrie et jespere que Cette refflexion excitera en vous des Sentimens dindulgence a mon egard. cependant en multipliant les experiences en les variant en arrivant aux memes Conse-

(1) Voir plus loin la rédaction définitive. Lettre n° 231.

quences par differentes routes on parvient a obtenir un degre de probabilité tel quil peut equivaloir a la certitude [tel est le but que je me Suis proposé] cest cette marche que je me suis efforce de suivre dans louvrage que j'ay lhonneur de vous offrir [cest dans vos ouvrages que j'ay cherche a puiser la bonne maniere de philosopher et je vois a la fois en vous et mes modeles et mes juges]

je Suis avec Respect

[jen joins icy un exemplaire] je prens la liberte den joindre icy un exemplaire pour votre illustre Confrere M. Margraff (1) auquel la chimie est redevable dun grand nombre de decouvertes importantes.

je Suis avec Respect.

(1) Margraff ou Marggraf (Andreas, Sigismond).
Né à Berlin, le 3 mars 1709.
Mort à Berlin, le 7 août 1784.
Il fut élu à 29 ans à l'Académie des Sciences de Berlin, Directeur de la classe de Philosophie Expérimentale de cette Académie.
Admis à l'Académie Royale des Sciences de Paris comme associé étranger, le 18 janvier 1777, en remplacement du Prince Jablonovski.
Il montra le premier que l'on pouvait simplifier la préparation du phosphore, en distillant simplement le sel fusible de l'urine (phosphates divers) avec une matière charbonneuse (suie), et que la base de l'alun est une terre argileuse.
Il confirma le fait indiqué par Duhamel, que la base du sel marin est un véritable alcali, existant dans le tartre et dans plusieurs végétaux.
A signaler de lui aussi des moyens nouveaux de purification de l'argent, du zinc, du régule d'antimoine ; des études sur le platine, sur les pierres factices, la chimie du régule de manganèse, la purification du camphre.
On lui doit des analyses du lapis lazuli (il montra que sa couleur n'était pas due au cuivre) de la topaze de Saxe, des calculs urinaires, de l'anhydride phosphorique (Fleurs de phosphore).
Dans un mémoire lu en 1747 à l'Académie de Berlin « Expériences chimiques faites dans le dessein de tirer un véritable sucre de différentes plantes naissant dans nos contrées », il signala le premier le sucre de betterave que Achard popularisa ultérieurement.
Margraff admettait le phlogistique, mais avec des réserves et se borna dans ses écrits à l'exposé des faits.
Condorcet dans l'éloge qu'il prononça de lui insiste sur la précision de ses résultats et sur la contribution importante qu'il apporta à l'analyse chimique.

***

N° 218

LAVOISIER A L'ACADEMIE DE ROUEN

Sans date (1)

(*Archives de Chabrol*, M.)

Entièrement de la main de Lavoisier

Lacademie de Rouen

Messieurs

je me rapelle avec autant de plaisir que de reconnoissance [laceuil favorable et lindulgence] lindulgence avec laquelle vous aves bien voulu acceuillir mes foibles essays Sur lanalise [des fontaines] [des eaux de fontaine] de leau des fontaines de la ville de Rouen et lhonneur que vous aves bien voulu me faire [en me permettant dasister [*sic*] a vos Seances] m'admettant a vos Seances permettes moi de vous offrir aujourd'huy Comme un gage de ma reconnoissance le premier volume dun ouvrage dans lequel j'ay eu pour objet detablir quelques verites neuves ou peu Connues cest avec bien de lempressement que jay Saisi Cette occasion pour vous renouveller lassureance des Sentimens destime et dadmiration dont je Suis penetre pour vous [et Surtout] ainsy que le respect avec lequel je Suis M...

(1) Même observation que pour les précédents.

⁂

N° 219

LAVOISIER A D'ANNONE (1)

Sans date

(*Archives de Chabrol,* M.)

Entièrement de la main de Lavoisier

M d'anone

vous rapelleres vous encore Monsieur un jeune voyageur qui passa par Basle il y a environ six ans : il accompagnoit M. Guettard dans un voyage mineralogique et vous voulutes bien recevoir l'un

(1) D'Annone ou Annoni (Johan, Jacob).

Né à Bâle, le 12 juillet 1728.

Mort en 1804.

Fit des études philosophiques et juridiques, sans négliger l'archéologie, l'histoire naturelle, la physique et les mathématiques.

Docteur en philosophie et en jurisprudence en 1745.

Il occupa en 1766 la chaire d'éloquence à l'Université de Bâle, puis en 1779 celle de jurisprudence.

Il appartint à plusieurs Académies scientifiques, notamment à la Societas Amicorum Naturæ Curiosorum Berolinensis.

Il a publié entre autres :

Solutio tergemini problematis arithmetici, geometrici et astronomici quam... vacante cathedra mathematica... examini submittit Joannes Jacobus d'Annone. (Basilea 1748).

Specimen philosophicum quod... pro vacante juris nat. et gent. cathedra... examini submittit Jo. Jacobus d'Annone respondente Hieronimo Bernoulli. (Basilea 1751).

Specimen inaugurale mathematico-juridicum de usuris illicitis et interusurio. (Basilea 1751).

Miscellaneorum juridicorum specimen alterum... quod... pro vacante cathedra... submittit Jo. Jacobus d'Annone... respondente Johanne Bernoulli (Basilea 1760).

Il donna également de nombreux mémoires dans diverses publications, notamment dans « Acta Helvetica ».

Il a édité avec des annotations : Du Cange. Dissertatio de imperatoribus Constantino politanorum, seu de inferioribus ævi uti vocant numismatibus (1763).

Il a enrichi d'articles et de figures le grand ouvrage de Georg Wolfgang Knorr : Sammlung von Merckwürdigkeiten des Erdbodens... continué après la mort de Knorr, par J.E.J. Walch et publié sous le titre : Naturgeschichte der Versteinerungen. L'édition originale allemande de cet ouvrage est dédiée à d'Annone.

Il avait réuni une importante collection de monnaies et médailles suisses et d'objets d'histoire naturelle, qui fut souvent visitée par des étrangers de passage (Guettard et Lavoisier furent du nombre, lors de leur voyage en Alsace en 1769. (Fascicule 1, page 63, comme y fait allusion la lettre ci-dessus).

Je tiens à remercier vivement ici M. le Dr Max Burckhardt, Conservateur des Manuscrits à l'Oeffentliche Bibliothek de l'Université de Bâle, de l'amabilité avec laquelle il a bien voulu me communiquer les renseignements ci-dessus.

et l'autre avec tant d'honeteté tant de bontés que le Souvenir du peu de tems quils ont passé avec vous ne Sortira jamais de leur memoire. Cest le jeune voyageur qui vous ecrit aujourdhuy et qui vous prie de recevoir un ouvrage de chimie dans lequel il S'est propose de developper une theorie encore peu Connue et d'y ajouter quelques experiences qui lui ont paru neuves il vous prie de le recevoir Comme un gage de sa reconnoissance permettes lui dy joindre un second exemplaire [pour la Societe hel] quil vous prie de presenter a la Societe helvetique de Basle et Soyes persuade que personne n'a plus destime pour vos talens que Celui qui a lhonneur detre

Monsieur...

***

N° 220

LAVOISIER A LA SOCIETE ROYALE
DE MONTPELLIER

Sans date

(*Archives de Chabrol*, M.)

Entièrement de la main de Lavoisier

Societé R. de Montpellier

Messieurs (1)

Permettes moi de vous offrir le premier volume dun ouvrage que lacademie R. des Sciences de Paris a bien voulu [acquerir] acceuillir. lunion intime, la Confraternite qui regne entre Cette Societé Savante et la votre [vous donneroient un droit a Cet homage] vous donnent un droit a lhomage que je m'empresse de vous rendre

(1) Le début de cette lettre, qui a été barré était le suivant : [Laffilliation] Lunion intime la confraternité qui regne entre lacademie R. des Sciences de Paris et votre [illustre Société] Scavante compagnie sont un titre auquel je vous dois lhomage dun traitte.

en ce moment. j'aurai rempli lobjet commun qui nous anime si j'ay pu parvenir [a augmenter de quelque chose la] a ajouter quelque chose a la masse des verites Connues.

je Suis avec respect M.

permettes moi de joindre icy deux exemplaires un pour M. venel (2) un pour M. le Roy (3).

(2) VENEL.

Né à Combes. (Diocèse de Béziers), d'autres disent à Pezenas (Hérault), en 1723.

Mort à Montpellier, en 1775.

Professeur de Chimie à Montpellier.

Dans deux mémoires qu'il présenta en 1750 à l'Académie Royale des Sciences et insérés dans les Mémoires des Savants Etrangers, Venel attribuait à l'air le goût piquant des eaux acidulées comme l'eau de Seltz, et fut le premier à en préparer une artificielle en dissolvant dans l'eau de l'acide muriatique et du carbonate de sodium.

Mais, comme Van Helmont, il ne faisait pas de différence entre l'esprit sylvestre et l'air ordinaire.

Venel a donné également des observations sur la décomposition des plantes, la dissolution des calculs urinaires, le salpêtre, la bile.

Ce fut lui qui rédigea l'article Chimie dans le 3e volume de l'Encyclopédie. (1753).

(3) LE ROY (Charles).

Né à Paris, le 12 janvier 1726.

Mort à Paris, le 10 décembre 1779.

Il fut nommé à l'A. R. des Sciences, le 19 février 1752 comme correspondant de Morand (Sauveur François) qui était pensionnaire anatomiste, puis le 19 février 1752, correspondant de Morand (Jean, François, Clément), fils du précédent.

Le Roy était à la fois médecin et chimiste et fut professeur à la Faculté de Médecine de Montpellier.

On peut citer de lui :

1751. Sur une lumière produite par l'eau de mer avec des réflexions sur les méphitis minéraux, jugé par l'A. Royale des Sciences digne de l'impression dans « Mémoires des Savants étrangers à l'Académie ».

1751. Mémoire sur les organes de respiration de la tortue et sur l'oreille humaine.

1752. Observations sur les Eaux de Balaruc.

Mémoire sur le mécanisme par lequel l'œil s'accomode aux différentes distances des objets.

***

N° 221

LAVOISIER A JACQUIN (1)

Sans date (2)

(*Archives de Chabrol*, M.)

Entièrement de la main de Lavoisier

M. Jacquin

vous aves eclairci Monsieur plus que personne la doctrine de M. Black Sur la fixation de lair dans les corps et [principalement dans les terres Calcaires et dans les alkalis] vous vous etes rendu [en quelque facon] cette theorie en quelque facon propre [a vous

(1) JACQUIN (Le Baron, Nicolas, Joseph). Né à Leyde en 1727. Mort à Vienne le 24 octobre 1817.

Il descendait d'une famille française.

Professeur célèbre de chimie et de botanique.

Il fit ses études à Anvers, à Leyde, à Paris, suivant dans cette ville les cours de Antoine et de Bernard de Jussieu, et fut entraîné à Vienne par Van Swieten.

En 1754 il fait un voyage d'exploration botanique aux Antilles et en Amérique du Sud.

En 1763, il est nommé par l'Impératrice Marie Thérèse, professeur de chimie et de minéralogie à Chemnitz.

Il devient professeur de la chaire de botanique et de chimie à l'Université de Vienne et est créé Baron par l'Empereur François II.

Il fut élu Correspondant pour la section de botanique de la 1re classe de l'Institut de France, le 20 février 1804.

Partisan de l'air fixe de Black, Jacquin dans son ouvrage publié en 1769, « Examen chimicum doctrinæ Meyerianæ de acido pingui et Blackianæ de aere fixo respectu calcis » critique le livre de Meyer, apothicaire à Osnabruck : « Chemische Versuche zur nähern Erkenntnis der ungelösten Kalks der elastischen und elektrischen Materie » (1764) dans meme] par [la clarté] lexactitude par le choix des experiences et par [la clarte] lesprit de methode et la clarte que vous aves repandu Sur cette matierre. louvrage que j'ay lhonneur de vous adresser aujourdhuy vous appartient donc en partie et je vous en dois lhomage ; puisse-til [me meriter] meriter votre Suffrage il me Sera certainement plus pretieux [que celui dune infinité dautres] qu'aucun autre. [je mestime] quoi quil en Soit je mestimeroi toujours heureux davoir trouve une occasion de vous assurer de la parfaitte estime que vos talens mont inspiré et avec laquelle j'ay lhonneur detre...

lequel ce chimiste admettait notamment que la pierre calcaire augmentait de poids par la calcination et absorbait dans le feu un acide (acidum pingue) qui lui donnait de la causticité. Cet acidum pingue s'échappait du charbon en combustion et augmentait le poids des métaux lors de leur calcination.

Pour Jacquin au contraire, la perte de poids du calcaire transformé en chaux résultait du départ de l'air fixe.

Il distingua également dans les corps, l'humidité, « l'air de porosité, qui se dégage dans le vide et l'air de combinaison » qui demeure. Par contre, il admettait contrairement à Black que l'air fixé par la chaux était de l'air ordinaire.

Lavoisier dans « Opuscules physiques et chimiques » (p. 43, 2e édition) juge en ces termes l'œuvre de Jacquin :

« La théorie de l'air fixe n'avoit pas acquis au sortir des mains de M. Black tout « l'ensemble et toute la consistance qu'on lui a donné dans cet article, elle ne l'a acquise « que d'après l'ouvrage de M. Jacquin. On a cru devoir ajouter ici cette remarque, non « pas dans la vue de diminuer en rien les sentiments de reconnoissance et d'admiration « dus au génie de M. Black, auquel appartient sans équivoque et sans partage le mérite de « l'invention, mais pour rendre à M. Jacquin une justice qui lui est due et pour éviter « de sa part une réclamation qui seroit fondée.

« Au reste on verra bientôt que M. Jacquin s'est écarté du sentiment de M. Black « en ce qu'il suppose que l'air fixe étoit le même que celui qui compose notre atmos- « phère ».

Puis plus loin, p. 72 : « La dissertation de M. Jacquin ne contient qu'un petit nombre « de vérités neuves, le fondement appartient presque entièrement à M. de Black et à M. « Macbride, mais on trouve dans ses expériences beaucoup plus d'ordre que dans celles « des deux auteurs anglois. La crainte de tomber dans des répétitions ne m'a pas permis « de faire valoir une infinité de détails très intéressants qui constituent une partie du « mérite de cet ouvrage et qui annoncent la plus grande clarté dans les idées et beaucoup « de méthode dans la manière de les rendre ».

Parmi les nombreuses publications de Jacquin relatives à la botanique nous citerons seulement, en les choisissant d'ailleurs d'une façon arbitraire :

Enumeratio systematica plantarum, quæ in insulis Caribæis vicinoque Americæ continente detexit, novas aut jam cognitas emendavit (1760), qui correspond à son voyage.

Index Regni Vegetabilis qui continet plantas omnes quœ habentur in Linnœi Systematis editione novissima duodecima (1777).

***

N° 222

LAVOISIER A NAVIER (1)

22 janvier 1774

Signalée dans « Fiches Charavay. Lavoisier » 85-JC.309
Bibliothèque Nationale
1 page 1/2 in-4
Ni la Minute, ni l'Original n'ont été retrouvés.

La fiche porte simplement Envoi d'un Ouvrage de Chimie (2) sur une matiere peu connue en France et l'extrait suivant :

« J'ay eu pour objet d'y mettre notre nation au niveau des « nations étrangeres et je crois pouvoir me flatter d'avoir reculé « de quelque chose les bornes de nos connoissances ».

***

N° 223

NOTE (3)

(Communiquée par M. Duveen, New York)

Du 23 janvier 1774

le thermometre S'etant trouve le matin a 7 h a 7 degres au dessous de 0 et le Barometre a 28 pouces 5 lignes Cette journée

(1) Voir notice biographique, page 428.
(2) Il s'agit évidemment des « Opuscules Physiques et Chimiques ».
(3) Nous avons cru, bien qu'il ne s'agisse pas d'une pièce de Correspondance, devoir insérer ici cette note, qui complète « Détails des Expériences exécutées au moyen du grand verre Ardent ». (*Œuvres de Lavoisier.* Tome III, p. 284), relatant des expériences terminées le 14 août 1773. Nous remercions vivement M. Duveen de cette communication et des nombreuses autres que nous lui devons.

promettoit une experience Complette sur leffet de la grande lentille pendant le froid cependant des vapeurs legeres couvroient tout le Ciel et a onze heures [des nuages] de petits nuages Couvroient le Soleil.

Ces nuages ayant ete porte vers louest a midy on commenca a operer cependant tout le Ciel etoit encor couvert de nuages legers et cette Circomstance alloit toujours en augmentant.

N° 1. on presentoit au foyer de la grande louppe raccourci par la petite lentille de lacademie un peu de fonte de fer dans le creux dun charbon elle y fondit avec quelque peine

N° 2. on essaya de presenter egalement Sur un charbon un petit morceau de gres de pavé il y restat longtems mais il ne presenta rien de remarquable et ne parut point alteré. on remarqua Seulement des points fondus aux endroits ou la Cendre legere du charbon etoit tombe. Cette Circomstance ne prouva rien Si non que la cendre Comme on le Scait sert de fondant au Sable

N° 3. on a [mis] expose au foyer Sur un charbon. une portion de platine qui avoit deja eté [aggloméré] congloméré agglutiné au foyer elle ny apas Subi le moindre changement.

N° 4. un bout de cloud expose pendant plusieurs minutes S'est prepare a la fusion a la Surface mais il na pu etre fondu ni meme chang. de forme il a eté Conserve pour faire connoitre letat du Soleil Ce jour la

N° 5. un petit morceau de fonte ayant eté egalement presente Sur un charbon a fondu avec un peu de peine [ayant] il a formé goute ronde et globuleuse ayant ajoute un nouveau morceau de fonte il [S'est] a fait fig(er) la goutte [il ne s'est] leffet du verre na pu aller jusqua faire fondre complettement la masse mais peu sen falloit le tout reuni pesoit.......... Ce qui..........

***

N° 224

MAGALHAENS A DE BORY (1)
(*Communiquée à Lavoisier*) (2)
25 janvier 1774
(*Archives de l'Académie des Sciences. Dossier Magalhaens*)
De la main d'un Secrétaire

Copie de la lettre écrite par M. Magalhaens à M. de Bory (le 25 janvier 1774).

Mon cher Chevalier

je me trouvois jeudi dernier dans l'assemblée de la Societé Royalle de londres, lorsque l'on y presenta l'ouvrage de M. Lavoisier Sur les emanations elastiques qui Se degagent de differents Corps.

je Suis bien faché de ne pouvoir Satisfaire ma curiosité Sur ce Sujet traité par une main Si habile comme celle de ce jeune Savant, car j'en attends beaucoup de Ses grands talents. le livre annonce quelque chose de Sistematique, Et je ne doute pas que M. Lavoisier l'ait etabli Sur des experiences Et des faits incontestables, car c'est cette methode qui peut uniquement nous amener a developer les misteres

(1) Bory (Gabriel, Chevalier de). Chef d'Escadre.
Né à Paris, le 11 mars 1720.
Mort à Paris, le 8 octobre 1801.
Il fut nommé à l'Académie Royale des Sciences, le 30 juillet 1765, comme Associé libre Surnuméraire ; le 21 mai 1772, il devenait Associé libre et le 1er avril 1796 Membre résidant de la Section d'Astronomie de la 1re classe de l'Institut National. (1798). Il eut pour correspondant Magalhaens.
De Bory débuta comme garde marine. Les gardes marine étaient des compagnies de jeunes gens nobles, remplissant les fonctions des aspirants de nos jours.
Enseigne en 1741.
Il fut « un des premiers de ces savants officiers qui ouvrirent à la Marine Royale la voie scientifique que devaient illustrer les Borda, les Bougainville, les Fleurieu ». (*J. Mascart*, « Vie et travaux du Chevalier Charles de Borda »).
En 1751, il publia une Description de l'Octant à réflexion de Hadley, et fut un des premiers à l'utiliser.

de la nature, au lieu que la Theorie Sans l'appuy de l'observation ne fait que creer des idées imaginaires qui n'existent hors de la tete des reveurs qui y pensent. mais en attendant que je puisse Satisfaire ma Curiosité a l'egard de louvrage de M. Lavoisier, je veux vous Communiquer deux pas nouveaux que M. le chevalier de priestley a fait dernierement dans la phisique experimentale qui me Semblent fort interessants. Le premier est la decomposition de lair en Separant Son acide Si longtemps dispute Et pas encore bien demontré avant ce temps, ce qu'il fait par le moyen du feu electrique. il prend un tuyau de Verre d'environ une ligne de diametre, il met un fil de metal a un des deux bouts Et le Scelle avec dela Cire d'espagne, cela fait il y met de la teinture d'archile (3) ou de Tournesol qui comme vous Savés est d'un bleu fort (Et peut etre celle de violet fera le meme effet) Et y laisse un espace d'air commun d'environ un pouce Et mettant le bout ouvert dans un Vase avec de la meme Teinture pour que celle du Tuyau ne touche point en bas, il y reçoit des etincelles d'une machine electrique Sur le fil de metal qui au bout de quelque temps font prendre une Couleur Rougeatre a la teinture du tuyeau, mais pas au dela d'un Certain degré, Et S'il renouvelle la teinture Sans renouveller l'air qui avoit Servi auparavant, elle ne changera pas de Couleur. on trouve que cet air diminue de volume dans l'operation, Et qu'il

Il fut chargé de déterminer les positions exactes des Caps Finistère et Ortegal, importantes pour les navires abordant l'Europe par l'Ouest.

En 1753, après avoir été observer le passage de Mercure sur le Soleil, il va observer à Aveiro (Portugal) l'éclipse de Soleil du 26 octobre et détermine les positions de divers points de l'île Madère et des côtes portugaises.

Capitaine de vaisseau en 1757, Gouverneur en 1761 de St-Domingue et des Iles sous le Vent.

De Bory fit partie de l'Académie de Marine.

On lui doit outre l'ouvrage déjà cité :

Mémoire sur les moyens d'agrandir Paris sans en reculer les limites. (1787).

Mémoire sur l'administration de la Marine et des Colonies par un officier général de la Marine. (1789).

Il collabora également à un Dictionnaire de Marine, que devait publier l'Académie de Marine, et qui ne parut jamais.

(2) Quoi que non adressée à Lavoisier, mais seulement trouvée dans ses papiers, nous avons cru, étant donné son intérêt, devoir insérer cette lettre, qui lui fut communiquée.

(3) Archile = Orseille. Celle-ci s'obtient en traitant certains lichens du genre « Rocella » par l'urine (qui fournit de l'ammoniac) et par l'air. L'orcine, qui y préexiste se transforme en orcéine de coloration violet pourpre. En prolongeant la fermentation après adjonction de chaux, on obtient le tournesol bleu.

est nuisible pour la respiration animale, car une Souris qu'on aura mis dans un Verre dans lequel on ramassera une bonne quantité de cet air depouillé de Son acide perira incessament. il est donc demontré quant a moi par cette experience que cet air est depouillé de Son acide par le feu electrique, Et que c'est par cette decomposition de l'air, Et non par le meme feu electrique que nous Sentons une odeur Sulphureuse dans les operations avec la machine electrique, Et dans l'occasion des accidents par le coup de tonnerre, Et peut etre c'est cet air decomposé et nuisible qui tue quelquefois les animaux que nous appellons frappés du coup de tonnere quoi qu'on n'y trouve pas aucune blessure.

l'autre experience de ce grand observateur des phenomenes de la nature est celle d'une espece d'air qui etant tres nuisible a la Vie animale, n'etouffe point une chandelle allumée ; vous Savés que les mineurs Se Servoient de cet expedient pour eprouver la qualité de l'air ou ils devoient travailler, mais le chevalier priestley trouva que Si l'air nitreux est Surchargé de phlogistique, une chandelle allumée y brulera aussi bien Et meme mieux que dans l'air commun, quoique cependant ce meme air nitreux ainsi phlogistiqué (1) Soit tres nuisible aux animaux qui ne peuvent y vivre un moment, c'est en mettant du *hepar Sulfuré* (2) un peu de tems dans un Vaisseau d'air nitreux, Et en y mettant des morceaux de fer fort long temps que cet air acquiert la qualité de conserver la flamme d'une chandelle aussi bien que l'air commun, Et neantmoins il a la mauvaise qualité d'etre tres nuisible a la vie. ainsi ce ne Sera desormais par cette epreuve de la chandelle qu'on poura decider complettement la mauvaise qualité de l'air.

il Semble que l'epreuve la plus infaillible pour connoitre le mauvais air est celle que le meme S. priestley a proposé dans Son excellent memoire inseré dans les transactions philosophiques de londres pour l'année 1772 qui consiste a y meler de l'air nitreux et observer S'il Souffre ou non quelque diminution dans Son volume reellement. l'experience qu'il a repeté devant moi est tres frapante, il prit un bocal de verre plein d'Eau qui etoit renversé dans un Sceau avec de l'Eau aussi, il y dechargea deux phioles pleines d'air commun, Et marqua l'endroit de l'espace qu'il y occupoit, il y ajouta une troisieme phiole de l'air nitreux, Et ce melange prit

(1) Oxyde azoteux N_2O.

(2) Ces mots en italiques sont soulignés. — Hepar sulfuré : Foie de soufre.

tout de Suite une Couleur rougeatre, Et au lieu d'augmenter de Volume, il Se reduit a un cinquieme de moins de l'espace que les deux mesures d'air commun occupoient auparavant. cet air ainsi diminué de Son Volume est tres nuisible a la vie animale, mais Si on le bat Et le fouette bien avec de l'Eau commune, il redevient respirable Et perd la mauvaise qualité. il est a remarquer que cette meme quantité d'air nuisible en perd une partie de Son Volume dans l'operation de le battre Et fouetter avec l'Eau, mais qu'est il devenu la troisieme partie Et un cinquieme du volume de cet air ? car au lieu de trois mesures d'air qu'on mele ensemble, on ne trouve qu'une Et quatre cinquiemes ou Environ, est ce que l'air nitreux introduit quelques emanations nuisibles dans le Volume de l'air commun dans le meme temps en diminuant Son volume? Et que ces emanations Sont attirées par l'Eau dans la Seconde operation en se dechargeant de l'air auquel elles etoient attachées dans la premiere, Et dont elles faisoient part de Son Volume ? est ce que l'air nitreux reserve, ou qu'il detruit le Ressort de l'air commun en tout ou en partie ? et que l'eau le retablit ou quelle lave celles qui etant nuisibles S'etoient attachées a celles de l'air qui n'avoient pas perdu leur Ressort. Voila des problemes que je proposé aux philosophes pour les resoudre Sur des Experiences Et observations bien averées.

jai l'honneur d'etre avec tout l'attachement et Egards possibles

Mon cher chevalier

Votre Magalhaens.

P.S. jai observé Saturne avec les lunettes acromatiques que je fais faire ici pour M. Messier et M. de la lande dans la nuit du 18 au 19 de ce mois, Et jai pu croire (sic) aussi bien que M. dollond l'anneau de cette planette bien distincte. je Souhaiterois Savoir dans quelle nuit elle commença de paroitre Et d'etre Vue par vos observateurs, ce Soir j'irai encore eprouver ces deux lunettes, mais il ne Seroit alors temps de mettre celle-ci a la poste.

***

N° 225

HATTON LA GAINIÈRE A LAVOISIER
27 janvier 1774
Timbre de la Poste. Fresnay
(*Archives de l'Académie des Sciences.* 98-F, O.)

A Monsieur
Monsieur Lavoisier fils
fermier général a l'hotel des fermes
A Paris

Monsieur

J'ay l'honneur de vous adresser cy joint l'Etat de la pluye qui a tombé en cette ville pendant l'année derniere montant a vingt huit pouces trois lignes un quart. une chose qui doit paroistre fort extraordinaire c'est qu'il n'en a pas tombé une Seule goutte pendant tout le mois de mars ce qui n'arrive peut estre pas une fois dans un Siecle.

J'ay recommandé aux ouvriers de mon frère Curé de Teillé de me chercher, au printems prochain lorsqu'ils tireront de la pierre, deux cornes d'ammon bien entieres, ce qu'ils m'ont promis : comme je compte y faire un voyage dans ce tems la je les choisiray moy même, et Si on peut en trouver telles que je les desire je les ferois mettre dans un manequin bien empaillées afin qu'elles arrivassent chez vous Sans accident

J'ay l'honneur d'estre avec respect.

Monsieur

Votre tres humble et tres obeissant Serviteur.

hatton la gainière

a Fresnay le 27 Janvier 1774.

***

N° 226

MARCORELLE (1) A LAVOISIER

29 janvier 1774

(*Bibliothèque de Clermont-Ferrand.* (*Collection de Chazelles*). N° 277, O.)

De la main d'un Secrétaire

La signature seule est de Marcorelle

M. De Lavoisier R. Corresp. des Sc. (2)

Monsieur

Si jamais il y a eu des vœux ardents et Sinceres ce sont bien Certainement ceux que j'ai pris la liberté de vous adresser dans ce renouvellement d'année et pour qui en formerais je de ce Caractere si ce n'est pour vous, Monsieur, qui etes uni par les liens du sang a Lhomme du monde auquel je Suis le plus attaché et qui etes un des plus dignes membres de la plus savante Compagnie de L'Europe. vous devriés existér eternellement Sur la terre pour Servir de modele et d'exemple. que je Suis flaté des souhaits que vous voulés bien faire pour moi. je les ai accueillis avec distinction parce que je reçois de meme tout ce qui part de Vous. L'Etude de ma vie sera d'obtenir vos bontés et de m'en rendre digne.

Il est vrai, Monsieur que quelques uns de mes memoires sont imprimés dans le recueil des savants etrangers et qu'il n'est aucun volume de ce recueil ou on n'en trouve. Il y en aura deux dans le 6e volume actuellement Sous presse et qui ne tardera pas a paraitre, le 7e en Contiendra au moins un autre et Il peut Se faire qu'avant la publication de ce 7e volume, je presenterai quelque nouveau memoire a l'academie. vous voyés par la, Monsieur, que je lui paye assés regulierement le tribut que je lui dois. mon regret de ne pas le rendre digne d'Elle. Je Sens que c'est a sa Complaisance que mes ouvrages doivent la place qu'ils occupent dans Son recueil. Ils Serviront du moins a lui prouvér ma reconnaissance de Son adoption et mon amour pour les progrès des Sciences. malheureusement, je ne puis pas les Cultivér autant que Je le desirerais. les fonctions de mon Etat absorbent tout mon tems et je ne puis donnér aux Sciences, aux lettres et aux arts que quelques moments de Loisir. ces moments sont ceux que Je passe le plus delicieusement.

Parmi ceux de mes memoires imprimés dans le recueil des Savants etrangers il en est un dans le 4e volume qui est intitulé

(1) Voir notice biographique sur Marcorelle, p. 394, lettre 203.

(2) Cette ligne est de l'écriture de Lavoisier.

observations Sur L'hydrocephale de Becque (1). J'eus L'honneur d'adressér a l'academie la tete transparente qui fait le Sujet de ces observations et elle la Conserve avec Soin dans son Cabinet. pour faire le pendant de cette tete si Singuliere je desirais de lui en envoyér une autre non moins Singuliere. cette derniere est exostosée. M. Ribel M^{tre} en Chirurgie a perpignan la possede et Il n'est rien que je n'aye mis en usage pour me la procurér et la donner ensuite a L'academie avec une exacte description.

Je Scais, Monsieur, que vous avés Connaissance de cette tete Exostosée et j'ai même vû une de vos lettres entre les mains du possesseur ; comme je presume qu'elle ferait plaisir à Votre compagnie je ne cesse pas de faire des demarches pour l'avoir et la lui adressér. Je serais bien aise d'etre instruit par vous meme si vous estimés qu'un tel present lui Serait agreable. comme je lui ai deja offert une tete transparente avec un memoire qui en Contenait la description Je voudrais fort lui offrir egalement cette Exostosée et un detail des particularités qu'on y remarque. Je serais ravi de Joye qu'elle tint de moi ces deux tetes faites pour allér ensemble. J'ose me flatér, Monsieur, que vous m'aiderés dans cette occasion de Vos Conseils. avec un guide autant eclairé que vous je ne puis que me bien Conduire.

Il n'apartient qu'a vous de formér de vastes projets et de les conduire a une heureuse execution. après avoir Soumis aux epreuves les plus delicates les pierres les plus precieuses, les Diamans et avoir fait connaitre leur nature vous voudriés faire connaitre aussi la nature des pierres Communes, des pierres des montagnes et de toutes les matieres minerales qui composent tous les païs de la terre habitée. ce Sera avec empressement que je tacherai de vous aidér dans ce penible travail. pour cet effet je m'efforcerai de remplir les titres du memoire que vous m'avés fait L'honneur de madressér et il n'est rien que je ne tente pour vous fournir les eclaircissements que vous desirés. trop heureux si je parviens a Vous satisfaire, a vous plaire et a meritér de plus en plus les bontés dont vous m'honnorés

Je Suis avec Respect

Monsieur

Votre tres humble et tres obeissant serviteur

Narbonne le 29 Janvier 1774 marcorelle

(1) Dans « Histoire de l'Académie Royale des Sciences » on trouve Begle au lieu de Becque.

***

N° 227

NAVIER (1) A LAVOISIER

10 février 1774

(*Archives de Chabrol*, O.)

a Monsieur
Monsieur Lavoisier
De L'Academie Royale des
Sciences, rue Neuve des
bons enfans A Paris

Correspondance des Sciences (2)

Monsieur

J'ai reçu le livre que vous m'avez fait la grace de m'envoyer, et la lettre dont vous m'avez honoré

Quoique je n'aie pas encore lu entierement votre ouvrage ; les recherches interessantes que j'y ai vues, me le rendent extremement precieux. Recevez en donc, je vous en Supplie, Monsieur mon Sincere remerciement.

Etant éloigné des lumieres qui Sont réunies dans la Capitale, c'est pour moi une Satisfaction bien pure lorsque quelques rayons divergens S'en echappent pour venir jusqu'a moi. Vous faites plus

(1) Navier (Pierre, Toussaint). Né le 1er novembre 1712 à St-Dizier, mort le 16 juillet 1779 à Châlons-sur-Marne.

Docteur de l'Université de Reims.

Il fut nommé à l'Académie Royale des Sciences le 22 août 1742, comme Correspondant de Lémery, puis de Duhamel du Monceau.

A la fois médecin et chimiste.

On lui doit la découverte de l'éther nitreux, des combinaisons du mercure avec le fer.

Il publia successivement :

En 1751, Lettres sur quelques observations de pratique et d'anatomie. Lettre sur le péritoine.

En 1753, Dissertation sur plusieurs maladies populaires qui ont régné à Châlons et dans une partie du royaume.

En 1755, Observations sur le ramollissement des os.

Accidents provoqués par la jusquiame noire. 1756.

en ma faveur, vous me les envoyez concentrés. cela Seroit bien capable de fondre la glace dont je Suis environné. Mais il faudroit de plus que je fusse au centre des connoissances académiques, auxquelles Monsieur du hamel et vous avez tant de part ; aussi ne faisois je que végéter, trop heureux de faire de tems en tems quelque petite découverte qui puisse meriter la moindre attention du Corps de Savans dont vous etes membre et auquel j'ai lhonneur de tenir depuis plus de 30 ans ; quoi que ce ne soit que par un petit fil, il me sera néanmoins toujours infiniment cher.

Mon dernier mémoire que vous avez entre les mains a besoin de beaucoup d'indulgence ; je vous prie neanmoins de ne lui faire aucune grace Surtout ce qui vous paroitra peu important, ce Sera rendre Service à cette petite production et a Son auteur.

C'est dans la Sincerité de ces Sentiments que j'ai lhonneur d'etre avec un respectueux devouement

Monsieur

Votre très humble et très obeissant Serviteur

a Chaalons le 10 fevrier 1774 •

Navier

Je vous prie de faire agréer mes respects à Monsieur du Hamel

Sur l'effet singulier de la teinture de pavots rouges sur le corps humain. (1757).
Sur les moyens de dissoudre le mercure par l'Acide végétal. (1760).
Sur le baume de Copahu. (1762).
Bons et mauvais effets du tabac. (1762).
Sur l'union du mercure à l'acide du vinaigre. (1771).
Sur l'éther nitreux. (1771).
Sur le cacao et le chocolat comme substances nourricières. (1772).
Sur les moyens d'unir le mercure au fer et de le rendre soluble dans l'eau, sans le secours d'aucune espèce d'acide. (1774).
De thermis Borboniensibus apud Campanos. (1774).
Réflexions sur les inhumations précipitées et sur les abus des inhumations dans les églises. (1775).
Contrepoison de l'Arsenic, du sublimé corrosif, du vert de gris et du plomb, suivis de 3 dissertations sur le mercure, le fer, l'éther. (1777). Comme contrepoison de l'arsenic, il préconisait le foie de soufre simple (sulfure de potassium) ou le foie de soufre martial qui se combinent avec lui.
Sur l'usage du vin de Champagne mousseux dans les fièvres putrides. (1778).
Son Eloge fut prononcé par Vicq d'Azyr.

(2) Ces trois mots sont de la main de Lavoisier.

***

Nº 228

MAGALHAENS A LAVOISIER
11 février 1774
(*Archives de l'Académie des Sciences*, 1642, O.)

a Monsieur
Mons. de LaVoisiere, de l'Acad. R[le] des Sciences
Rue des bons Enfants a Paris
La france.

a Londres le 11 Fevrier 1774
au Nº 12 Nevils Court.
Fetter Lane

Je Vous ecris, mon cher Monsr, moins pour vous remercier du present que je viens de recevoir de votre part par Les mains de Mr Woide, que pour vous feliciter d'une production vraiement philosophique et savante. On en est ici fort Content, et moi j'en suis ravi de voir que vous savez si bien vous acquiter des hautes esperances que j'avais Conçû de Vos talents. La note que vous avez faite sur la decouverte de Mr Vennel (1) m'a donné beaucoup de satisfaction. Car je m'avois presque brouillé avec l'Abbé Rozier (2) de ne pas avoir fait justice dans le particulier, attribuant toute l'invention de *l'air fixe* à M. Venel, qui n'a jamais Connu d'autre air, dans les eaux acidules, que l'air Commun Comme il paroit a ne pouvoir pas s'en douter par son même Memoire, imprimé dans La Collection des Savants Etrangers.

Le Dr Hales (3) avait trouvé bien La meme chose avant lui, et se trompe de meme. peut etre M. Vennel ne pensa bien Ce qu'il disoit dans son Memoir : car il devroit avouer, que toute sa decouverte n'etoit dans le fond que la meme Chose deja avancée par Hales. Vous avez rendu justice a Ces deux savants et au D[r]

(1) Voir notice biographique, page 416.
(2) Note biographique. Abbé Rozier, ce volume page 369.
(3) Voir notice biographique, page 400.

Priestly [*sic*] et j'en suis très Content aussi bien que tous Ceux qui ont lû votre Livre

A present je me flate que vous poursuiviez l'objet de la distilation et desalaison de l'eau de mer par La nouvelle methode ; et je ne doute pas que Cette entreprise n'acquiere pas quelques degrés de plus grande perfection entre vos mains. Je pense aller a Paris au bout de mars prochain et serai très Charmé de pouvoir vous aider dans Cette entreprise avec les pauvres talens que je possede. en attendant, conservez moi vos amitiez et soiez assuré de L'attachem^{t} sincere et pour La vie

de Votre Magalhaens

P.S. presentez mes humbles resp^{t} a Mad. votre digne Epouse et (*illisible*) de votre respect^{ble} famille

***

N° 229

LE COMTE SALUCES (1) A [LAVOISIER]

29 mars 1774

(*Bibliothèque de l'Institut de France.* Manuscrit 2033, O.)

Pas d'indication de destinataire

Pas d'adresse

Turin ce 29 Mars 1774

Monsieur

La Société Royale à qui je viens de presenter votre Excellent ouvrage sur les Emanations Elastiques me charge de vous assurer Monsieur de toute sa reconnoissance et de vous remercier de la marque d'Estime que vous venez de lui donner.

Permettez moi que j'ose joindre ici les remerciemens que je dois à la bonté avec laquelle il vous a plû de faire mention de

(1) Le comte de Saluces (Saluzzo), Cigna et Louis Lagrange avaient fondé à Turin une Société ayant pour objet l'étude des sciences mathématiques et physiques.

Cette Société fit, en 1758, paraître ses premiers travaux d'abord en latin, puis en français après son érection en Société Royale. « Mélanges de philosophie et de mathématiques de la Société Royale de Turin ».

On y trouve les recherches de Saluces « Sur le fluide élastique que dégage la poudre à canon lorsqu'elle s'enflamme », (1760-1761). L'auteur avait assigné à ce fluide les quelques uns de mes travaux et de vous prier de vous faire remettre par M. Briasson un Exemplaire des trois Vol : de la S^{té} R^{le} pour mon compte et si dans des momens perdus vous vouliez jetter un coup d'œil sur les Comentaires du p^{r} Vol à la page 22 et suiv^{tes} et sur la page 133 et suiv^{tes} du 2^{d} Vol, ainsi que sur le Memoire de Mr Cigna (1) inseré dans ce même Vol sur l'extinction de la flamme je vous en serai très redevable. Nous ne pouvions pas avoir encore dans ce tems la moindre connoissance des ouvrages de Mr Venel. D'ailleurs c'est l'experience qui m'a fait connoitre que l'air rarefié pouvoit passer dans l'eau, ou, si l'on veut, s'y dissoudre ; Voyés, je vous prie ce que j'ai fait à ce sujet dans le 2^{d} Volume page : 133 Jusqu'à 136. Il me paroit que la chose n'y est plus douteuse, et qu'il s'y trouve des faits assés interessants, et des

propriétés de l'air atmosphérique, en ajoutant cependant qu'il diffère de l'air commun, en ce qu'il éteint la flamme d'une chandelle et qu'il tue les animaux qui le respirent. Il avait aussi reconnu que le fluide élastique ainsi dégagé occupait un espace deux cents fois plus grand que celui de la poudre dont il provenait. Ce même savant avait fait des observations variées concernant l'action de la chaux vive sur différents corps (1762-1765), les changements de couleur que subit le suc de violette de la part de diverses substances, le blanchiment et la teinture de la soie, différents produits végétaux et animaux. (Hœfer, *Histoire de la Chimie*, tome II, p. 359).

Lavoisier, dans ses Opuscules Physiques et Chimiques cite les expériences de de Saluces.

Il y mentionne que celui-ci a observé que « la poudre detonne dans l'air quelqu' « infecté qu'il puisse etre, soit qu'on y ait fait bruler du soufre soit qu'on y ait fait « eteindre des chandelles ».

Il y note aussi qu'il « n'admet qu'une seule et même espece d'air, en quoi son opinion « differe essentiellement de celle de M. Black ».

(1) CIGNA (Jean, François).

Né à Mondovi (Italie), le 2 juillet 1734.

Mort à Turin en 1791.

Neveu de l'abbé Beccaria, il fut son élève, étant en 1750 boursier au Collège Royal des Provinces, à Turin. Il y fut le condisciple de celui qui devait devenir le célèbre mathématicien Louis Lagrange, et une étroite amitié les y unit.

Docteur en 1754, il resta au Collège Royal comme répétiteur.

En 1757, il publiait une thèse sur l'emploi de l'électricité en médecine. « Sull'uso dell'elettricita nella medicina et sulla irritabilita Halleriana », dans laquelle il répondait à la critique des théories de Haller, médecin suisse, qui avait découvert l'irritabilité, mais qui se bornant à l'étude des réactions motrices, la confondait avec la contractilité.

Professeur d'anatomie à l'Université de Turin, il créa dans cette ville avec Lagrange, Saluzzo et Alioni une Société littéraire, qui devint plus tard l'Académie Royale de Turin, et il en fut le secrétaire.

Parmi ses publications, on peut citer en outre :

Sull'analogia del magnetismo con l'elettricita.

Esperienze sul colore del sangue.

Esperienze sul movimenti elettrici.

Sul freddo accagionato dalla evaporazione dei liquidi.

Sulla causa che estingue la fiamma e sulla morte degli animali privati d'aria.

Sulla elettricita.

Sulla respirazione.

Sulla castrazione dei polli e sulla fecondazione dell'uovo.

Lettera per un fenomeno prodotto dall'ebollizione.

methodes assés simples pour apprecier au juste l'action des fluides elastiques ; ce qui ne me paroit pas avoir eté l'objet des recherches de Mrs Venel et Black Monsr Priestley me prétte une explication très incomplétte lorsqu'il pretend que j'attribue l'effét de l'extinction de la flamme dans des vases clos à la dilatation causée par la chaleur ; J'en appelle à votre jugement et je vous supplie de lire la dissertation sur cét objét inserée dans le p^{r} Vol. de la S^{té} depuis la page 22 jusqu'à la page 51. des commentaires et vous verrés qu'il n'a pas saisi l'esprit de la théorie et des expériences, Car il s'en faut de beaucoup que nous ayons cru que cét effét tint seulement à la dilatation de l'air. J'ai eté tenté d'en ecrire à M^{r} l'Abbé Rozier pour inscrire a faux et recuser le jugement de cet Auteur en relevant l'insuffisance des preuves qu'il apporte contre ce sentiment supposé qu'il fut le mien, mais je m'en rapporte à ce que vous trouverés a propos de faire sur cela ; A vous parler confidemment on pourroit le soupconner de n'être pas bien avancé dans la langue latine, par les soins qu'il dit de s'être donné d'avoir tenté des compressions assés fortes dans des Vaisseaux de verre etc. ce n'est pas là mon bût, et si j'ai employé des Vessies, c'est pour que les Vaisseaux étant fermés ne vinssent à se briser par la raréfaction, ou dilatation de l'air qui y êtoit contenu dans le tems de l'action du feu appliqué exterieurement ; d'ailleurs je me proposai de decider si la chaleur appliquée au dehors rendoit l'air contenu dans le Vaisseau incapable à l'entretien du feu. Vous voyés assés ce que je pretendois de découvrir et l'experience ayant confirmé nos soupçons, puisque les Chandelles s'y eteignoient en entrant dans le Vaisseau, nous avons prévû que par l'action contraire d'un froid vif les choses seroient retablies, ce qui est arrivé. Or sans nier que les Emanations des fluides elastiques pussent pervertir l'Air, il est clair que je pouvois en deduire que la chaleur pouvoit apporter un tel changement dans les plus petites parties constituantes de l'Air qu'il ne fut plus propre a l'entretien de la flamme etc... ce qui pouvoit cependant etre corrigé par le froid. Si vous examinez aussi les Mem^{res} de Mr Cigna dans ce même Volume p. 168 vous y trouverés de bonnes choses. J'ai l'honneur d'etre

Votre tres humble et tres obeis^{t} Serviteur
Monsieur

Le Cte Saluces

Mes amities je vous prie a M^{rs} D'alembert, Macquer et Marquis de Condorcet.

***

Nº 230

LAVOISIER
A MM. DE L'ACADÉMIE DE STOCKHOLM

12 avril 1774 (1)

[*Communiquée par M. le Professeur Arne Fredga (Université d'Upsal)*]
De la main d'un Secrétaire

Paris le [19 Janvier] 12 avril 1774

Messieurs

Penetré de Respect pour votre illustre corps d'estime Et d'admiration pour vos ouvrages, permettés moi de vous offrir, (dans une langue qui vous est etrangere) l'hommage d'un traité dans lequel j'ai eu pour objet de confirmer des faits sur lesquels il restoit

(1) Nous avons cru devoir placer ici la lettre, de la main d'un secrétaire, reçue par l'Académie de Stockholm (voir la minute, Lettre nº 231, page 437). Nous la devons à l'amabilité de M. le professeur Arne Fredga, de l'Université d'Upsal, que nous sommes heureux de remercier ici.

Le texte est sensiblement le même que celui de la minute donnée page 437, il faut noter cependant que la date initiale 19 janvier 1774 a été barrée ici et remplacée par 12 avril. Un post scriptum de la main de Lavoisier, est également ajouté.

« Je prens la liberte de joindre icy un exemplaire pour M. Scheele » (2).

(2) SCHEELE (Charles, Guillaume).

Né le 19 décembre 1742 à Stralsund.

Mort à Kjöping en 1786.

Elu membre de l'Académie des Sciences de Suède en 1775, à 35 ans.

Il débuta à 14 ans comme apprenti pharmacien successivement à Karlstrœm, puis à Stockholm. Etant venu à Upsal en 1773 diriger la pharmacie de Look, il y rencontra Linné et Bergmann. Celui-ci s'intéressa à lui, entretenant à diverses reprises de ses travaux Macquer dont il était le correspondant à l'Académie Royale des Sciences.

Invité par Frédéric II à se rendre à Berlin, pour y occuper une chaire de chimie, il refusa, préférant venir à Kjöping s'occuper de la pharmacie d'une personne veuve qu'il épousa neuf ans plus tard, mais il décéda deux jours après son mariage.

Le premier mémoire qu'il présenta « Sur les expériences faites avec les boules de Mars » (on désignait sous ce nom des boules formées en utilisant le produit résiniforme encore quelqu'incertitude, de fixer l'attention des Savants sur une Theorie importante qui semble ouvrir aux chimistes une nouvelle carriere a parcourir ; Enfin d'ajouter a des verités peu connues des verités que je crois neuves. continuellement occupés, Messieurs, de la recherche de la verité, accoutumés a la poursuivre, l'experience Et l'observation a la main, vous ne vous attendrés pas a trouver dans un traité de phisique Et de chimie des demonstrations rigoureuses comme celles de la geometrie, Et cette reflexion sans doute me méritera votre indulgence ; cependant en variant, Et en multipliant les experiences, en interrogeant la nature a de plusieurs reprises, en essayant d'arriver au meme but par des routes différentes, il est possible meme en chimie de parvenir a un degré de

résultant de la réaction de 2 parties de tartre sur une de limaille de fer, humectées avec un peu d'eau ; on disait aussi « boules de Nancy) et qui permet de croire qu'il avait décrit l'hydrogène, ne fut pas jugé par Bergmann digne d'être publié par l'Académie des Sciences de Suède et fut perdu.

Dans ses lettres imprimées à la fin de 1775, mais parues seulement en 1777, on trouve que antérieurement à 1773, c'est-à-dire un an au moins avant Priestley et Lavoisier, il avait préparé l'oxygène, soit en partant de l'oxyde de mercure, soit par le nitre, soit par l'oxyde de manganèse.

C'est durant son séjour à Kjôping qu'il effectua ses recherches les plus importantes.

Celles-ci ont presque toutes paru dans les Actes de la Société Royale de Stockholm, traduites en latin et réunies « Opuscula chimica et physica, latine vertit G. H. Schæfer ».

Guyton de Morveau en collaboration avec Mme Picardet a publié une traduction française de 27 d'entre elles et de Dietrich celle du « Traité chimique de l'air et du feu ».

Lavoisier a donné de ce dernier ouvrage, en le présentant à l'Académie Royale des Sciences (*Œuvres*, T. 2, p. 391-402), une analyse étendue, exprimant sur certains points une critique sévère.

Rapportant diverses expériences du chimiste suédois sur l'air de l'atmosphère, il remarque tout d'abord que lui-même, dès 1773 en a réalisé un certain nombre. Scheele appelle air du feu ce qu'il a lui-même dénommé air vital. Il a observé comme lui la faible diminution de volume que l'on constate lorsque des chandelles ou du soufre brûlent dans l'air et due à la production d'air fixe ou « d'acide sulfureux aériforme ».

Il a vu également que si l'on absorbe ceux-ci par l'eau de chaux ou les alcalins, le volume diminue beaucoup.

Scheele a constaté aussi, « que dans la plupart des calcinations ou combustions faites dans cet air, la totalité, ou au moins la majeure partie disparaissait ». Il a observé également « que cette disparition de l'air était accompagnée de chaleur ». Si M. Scheele « eut examiné comme je l'ai fait le poids des matières qui avaient opéré la diminution de volume... il se serait aperçu que ces substances se trouvent augmentées de tout le poids de la quantité d'air manquante », quant à « l'inflammation et à la chaleur... il aurait été conduit comme moi a conclure qu'elle pouvait venir ou du corps brulé, ou de l'air dans lequel il brule ». Au lieu de ces conclusions simples et qui suivent immédiatement l'expérience, M. Scheele a été obligé de recourir à un système très compliqué et très extraordinaire... il a supposé que dans les combustions, le phlogistique des corps combustibles s'unissait, se combinait à l'air, que le résultat de cette combinaison était la chaleur elle même, laquelle passait à travers les vaisseaux ».

probabilité presqu'equivalant a la certitude, c'est le but auquel jai tendu dans le traité que jai l'honneur de vous offrir. c'est au surplus dans vos ouvrages que jai cherché a puiser la bonne methode de philosopher, Et je jouis du double avantage de trouver a la fois en vous des models Et des juges.

je Suis avec Respect

Messieurs.

Votre tres humble Et tres obeissant Serviteur

Lavoisier

je prens la liberte de joindre icy un exemplaire pour M. Scheele

M.M. de l'academie de Stockolm

Puis, au sujet de l'hypothèse que l'air vital serait une dulcification de l'air fixe par le phlogistique, en même temps que la chaleur serait la combinaison du phlogistique avec l'air vital, Lavoisier ajoute : « Indépendamment de ce que le système de M. Scheele est appuyé sur des bases fausses, il est encore formé de portions absolument incohérentes ».

Cependant, il conclut : « Si Schelle s'est appuyé sur des suppositions ne cadrant pas avec les faits, son ouvrage n'en aura pas moins le plus grand mérite aux yeux des physiciens et des chimistes par la multiplicité des expériences intéressantes qu'il contient ».

D'autre part, en 1793, rappelant les travaux du chimiste suédois dans son rapport au Lycée des Arts, sur le procédé de Berthollet, relatif au blanchissement des toiles, Lavoisier s'exprime ainsi : « Le célèbre Schelle, un des hommes les plus extraordinaires que les sciences aient produit, qui devinait la nature et dont le germe hardi s'élevait jusqu'aux conséquences sans s'assujetir aux intermédiaires par lesquels le commun des hommes est obligé de passer... ». (L. Scheler. *Lavoisier et la Révolution française.* Le Lycée des Arts, p. 21).

Scheele a décrit aussi notamment l'absorption de l'air du feu (oxygène) par le foie de soufre, par l'essence de térébenthine, l'oxyde ferreux, le phosphore, les corps combustibles. Il a donné également sa préparation à partir du « précipité per se », et le mélange de l'acide vitriolique et de la chaux de manganèse (bioxyde de manganèse), rattachant toutes ces expériences au phlogistique.

Il sépara également l'air en « air vicié ou corrompu » (nuisible aux animaux) et air pur ou « air du feu » en utilisant un mélange de limaille de fer et de soufre pulvérisé humides.

En 1774 dans « De magnesia nigra » il traita cette dernière (bioxyde de manganèse), par divers acides, et avec l'acide muriatique (acide chlorhydrique) il obtint l'acide muriatique déphlogistiqué (chlore), et en détermina diverses propriétés.

Scheele obtint encore l'acide formique, en distillant magnésie noire + acide vitriolique + sucre, prépara le « caméléon minéral » (permanganate de potassium) en chauffant ensemble le nitre (azotate de potassium) et la magnésie noire, et montra la différence entre la terre du spath pesant (baryte) et la chaux.

N° 231

LAVOISIER A L'ACADEMIE DE BERLIN A LA SOCIETE ROYALE DE PETERSBOURG A L'ACADEMIE DE STOCKHOLM

Sans date (1)

(*Archives de Chabrol,* M.)

Entièrement de la main de Lavoisier

Projet de la lettre précédente

et Minute pour la Soc. R. de Petersbourg et pour l'Académie de Berlin (2)

academie de Berlin
Societé R. de petersbourg
academie de Stockolm

Messieurs

Penetre de respect pour votre illustre corps destime et dadmiration pour vos ouvrages Permettes moi de vous offrir (dans une langue qui vous est etrangere) (3) lhommage dun traitté dans lequel j'ay eu pour objet de Confirmer des faits Sur lesquels il restoit encore quelquincertitude, de fixer lattention des Scavans Sur une theorie importante qui Semble ouvrir aux chimistes une nouvelle carrierre a parcourir enfin dajouter a des verites peu connues des verites que je crois neuves. Continuellement occupes Messieurs de la recherche de la verite acoutumes a la poursuivre lexperience et lobservation a la main vous ne vous attendres pas a trouver dans un traitte de phisique et de chimie des demonstrations rigoureuses Comme Celle de la geometrie et Cette refflexion Sans doute me meritera votre indulgence ; Cependant en variant et en multipliant les experiences en interrogeant la nature [a bien des reprises] a plusieurs reprises, en [[parvenant] [cherchant]] essayant d'arriver au meme but par des routes differentes [je Crois etre arrivé a plusieurs egards] [j'ay lieu de croire que la conformité meme des resultats] il est possible meme en chimie de parvenir a un degré de probabilite [tel qu'il equivaut presque a] presque equivalant la Certitude. [Cest la marche que] cest le but auquel j'ay tendu dans le traitte que jay lhonneur de vous offrir. Cest au Surplus dans vos ouvrages que j'ay cherche a puiser la bonne methode de

(1) Même observation que pour la lettre précédente.
(2) Voir le projet pour l'Académie de Berlin. Lettre n° 217.
(3) Lavoisier a marqué en marge « la parenthèse doit être retranchée pour Berlin ».

philosopher [et j'ay le bonheur de voir en vous et mes modeles et mes juges] et je jouis du double avantage de trouver a la fois en vous des modeles et des juges

je Suis avec respect M

***

N° 232

LAVOISIER A LA SOCIETE PHILOSOPHIQUE
DE PHILADELPHIE (1)

[19 janvier] 12 avril 1774 (2)

Papers of Philosophical Society (Pniladelphie)
Library of American
Philosophical Society, O. (3)
De la main d'un Secrétaire
Signature seule de la main de Lavoisier

Messieurs

Mon objet en entreprenant l'ouvrage que je vous prie d'accepter a eté de fixer l'attention des savants sur une Theorie nouvelle qui semble promettre de grandes decouvertes a la chimie ; c'est en angleterre que cette Theorie a pris naissance le fond de cet ouvrage appartient donc a votre nation : heureux Si contribuant a l'objet commun qui doit animer tous les Savants j'ai pu augmenter de quelque chose la masse des connoissances acquises, plus heureux encore d'avoir trouvé cette occasion d'entrer en correspondance avec une Societé celebre qui a porté le flambeau de la verité jusques dans un nouveau monde Et qui a contribué plus qu'aucun autre a etendre l'empire de la philosophie.

je Suis avec Respect
Messieurs
Votre tres humble Et tres obeissant Serviteur
Lavoisier

M.M. de la Societé philosophique de philadelphie

(1) Nous avons cru devoir donner ici l'original correspondant à la minute suivante, non datée, vu la modification de la date d'envoi et les différences d'orthographe qu'il présente.

(2) La date primitivement portée par cette lettre est 19 janvier, elle a été barrée et remplacée par 12 avril. Cette correction étant d'une écriture différente de celle de la lettre.

(3) Le photostat de cette lettre nous a été aimablement adressé par l'American Philosophical Society à la demande de M. Pierre S. du Pont de Nemours et de M. le professeur McKie. Je suis heureux de pouvoir les en remercier ici l'un et l'autre.

***

N° 233

LAVOISIER A LA SOCIETE PHILOSOPHIQUE DE PHILADELPHIE

Sans date (1)

(*Archives de Chabrol,* O.)

Entièrement de la main de Lavoisier

(*Projet de la lettre précédente*)

la Societé philosophique de
philadelphie

Mon objet en entreprenant louvrage [dont] que je vous prie daccepter [lhomage] a ete de fixer lattention des Scavans Sur une theorie nouvelle qui Semble promettre de grandes decouvertes a la chimie [Cette theorie Messieurs] Cest en angleterre que cette theorie a pris naissance [et Cette Circomstance] cest [encore a votre nation que nous Serons redevables davoir fourni le germe dune revolution qui ne peut manquer detre infiniment interessante pour la chimie et cette Circomstance ne peut manquer de vous interesser] le fond de cet ouvrage appartient donc a votre nation. heureux Si contribuant a lobjet Commun qui doit animer tous les Scavans j'ay pu augmenter de quelque chose la masse des Connoissances acquises plus heureux encore davoir trouvé cette occasion dentrer en Correspondance avec une Societe celebre qui [a recule plus qu'aucune autre les bornes de lempire de la philosophie a qui a porté son flambeau jusques dans un nouveau monde a etendu plus qu'aucune] a porte le flambeau de la [philosophie] verite jusques dans un nouveau monde et qui a contribué plus quaucun autre à [reculer les bornes de Son empire] etendre lempire de la philosophie

je Suis...

(1) Voir note page 438, note (2).

***

N° 234

RATAUD A LAVOISIER
14 avril 1774
(*Archives de l'Académie des Sciences*, 1665, O.)

Rataud a profité de l'absence de M. Trudaine pour faire passer l'ouvrage de Monsieur lavoisier aux destinations marquées dans l'etat ci joint Dont il à rempli les blancs. Il lui reste encore cinq exemplaires qu'il remettra a Monsieur lavoisier quand il jugera à propos. il a l'honneur de lui renvoyer 3 lettres qu'il n'a pas adressé faute d'instructions Suffisantes

Paris ce 14 avril 1774

***

N° 235

LAVOISIER A RATAUD
(*Archives de l'Académie des Sciences.* 1665)

Paris ce 14 avril 1774

je prie M. Rateau (1) de me remettre le p^{nt} Etat quand il Sera rempli, il me Sera necessaire pour l'envoy du 2e Volume.

(1) Il s'agit de Rataud. (Voir lettre précédente).

Etat des Exemplaires que M. detrudaine a bien voulu Se charger de faire passer à leur destination.

Noms des personnes	Nombre des Exemplaires	dattes des Envoys	Voye par laquelle on les a fait passer (1)
M. jacquin professeur de botanique a Vienne.	1	12 avril 1774 [19 janvier]	par M. l'ambassadeur de l'empereur
M. de Smeth docteur en medecine a utrecht	1	id	par M. de Berkenroode ambassadeur
M d'anoni de la Société helvetique de Basle a Basle	2	id	par M. le Duc D'aiguillon avec prier de l'adresser a M. le Comte de Beauteville
M.M. de l'institut de Bologne	2	id	id
M.M. de l'academie de Stockolm	2	[id] 12 avril 1774	par M. le Comte de Creutz ambassadeur de Suede
M. de morvaux de l'academie de dijon	2	[id] 12 avril 1774	Par la poste
MM. de lacademie de gottingue	1	id	
MM. de l'academie de harlem	1	[id] 12 avril	
MM. de l'academie de Rouen	1	12 avril 1774	par la poste

(1) Toutes les mentions figurant dans cette colonne sont de la main de Rataud. Les mots entre [ ] sont des surcharges de la main de Rataud.

Noms des personnes	Nombre des Exemplaires	dattes des Envois	Voye par laquelle on les a fait passer
M.M. de l'academie de Bordeaux	1	[19 janvier] 12 avril 1774	par la poste
Lion	1	id	idem
des Curieux de la nature	1	id	
florence	1	id	par M. le Duc D'aiguillon
Amiens	1	[id] 12 avril	par la poste
Beziers	1	id	idem
MM. de la Societé R. de Montpellier	3	id	idem
MM. de la Société philosophique de philadelphie	1	id	par M. de Stormont ambassadeur d'angleterre
M.M. de la Societé R. de petersbourg	1	id	par M. le Prince Baratinski Ministre plenipotentiaire
MM. de la Societé economique de berne	1	id	Par M. le Duc D'aiguillon

***

N° 236

MARALDI (1) A LAVOISIER

16 avril 1774

(*Bibliothèque de Clermont-Ferrand.* (*Collection de Chazelles*). n° 253, O.)

Monsieur

Je suis honteux, et je vous demande excuse d'avoir tardé si longtems à faire reponse à la lettre que vous m'avez fait L'honneur de m'ecrire Le 14 de decembre ; à vous dire la verité je n'ai pas osé, et je n'oserois pas encore, si je n'avois su que vous avez été remboursé des frais de la Legalization des deux certificats ; il n'y a pas eu de ma faute, si vous ne l'avez pas été plus tost ; j'en ai ecrit deux fois à M. Cassini fils, et deux fois à M^{r} son oncle qui enfin s'est daigné me mander qu'il avoit fait ma commission ; J'ai recu hier seulement sa lettre, et je m'empresse à vous reiterer mes remercimens, et a vous demander La continuation de votre amitie qui m'est infiniment chere. J'ai seu la querelle entre Mrs Cassini et la Lande ; les pretentions du Pere Boscovich (2) ; mais j'ignorois

(1) Voir notice biographique, page 40.

(2) Boskowich (Roger, Joseph). (Bochkovitch, en Yougoslave).

Né à Raguse (aujourd'hui Doubrovnik, Yougoslavie), le 18 mai 1711.

Mort à Milan, le 12 février 1787.

Appartenant à la Compagnie de Jésus, il enseigna les mathématiques à Rome, à Milan, à Pavie.

Il fut membre de l'Académie des Arcades de Rome et de la Société Royale de Londres.

Il fut chargé de défendre auprès de l'empereur d'Autriche les intérêts de la république de Lucques dans une question de frontières avec la Toscane.

En 1742, reçut mission du pape d'étudier avec les Pères Thomas Le Sieur et François Jacquier les moyens de consolider la coupole de St-Pierre dont la solidité donnait des inquiétudes.

Il mesura dans les Etats Romains deux degrés du méridien.

En 1766, il établit un projet d'assainissement des marais Pontins.

Il séjourna ensuite à Constantinople et en Pologne.

Professeur à l'Université de Pavie.

Il vient en France en 1772 et fut nommé en 1782, directeur de l'Optique de la Marine.

Le Père Boskowich contribua à répandre en Italie les idées de Newton et publia un totalement la disgrace de L'abbé Rochon (3), je L'ai peu vu, mais je Scais qu'il a presque toujours eté à Brest, ou il auroit du avoir appris La manniere de traiter avec les officiers de La marine du Roi ; je m'imagine que le voyage precédent qu'il a fait avec un de ses parens sur un vaisseau de la compagnie des indes L'a gaté. Je suis charmé d'apprendre que vous, M^r votre pere et toute votre aimable famille jouissez d'une bonne santé, je prie dieu de vous La conserver, Je fais des vœux pour La fecondité de Mad^e votre épouse, et pour La naissance d'un garçon, je suis persuadé que Si cette naissance ne retablissoit pas La santé de Mad^elle votre tante par la joie qu'elle en auroit, L'education de l'enfant diminueroit souvent La vivacité des douleurs par les grands soins qu'elle en prendroit qui L'occuperoient si fort qu'elle ne Sentiroit pas ses maux ; Vous La connoissez mieux que moi, et vous vous souvenez

nombre important d'ouvrages parmi lesquels nous signalerons seulement :

De Maculis solaribus. (1736). (Détermination de l'équateur d'une planète par 3 observations d'une tache).

Elementa universa Matheseos. (1752-53).

De lentibus et telescopiis dioptricis dissertatio. (1755).

Opera pertinentia ad opticam et astronomiam maxima ex parte nova et omnia huc usque inedita. (1785).

De litteraria Expeditione per pontificiam ditionem ad dimetiendos duos meridiani gradus a P. P. Maire et Boscowich. (1755).

De solis et lunæ defectibus. (Poème sur les éclipses).

(3) Rochon (Alexis, Marie de), alias l'abbé Rochon.

Né à Brest, le 21 janvier 1741.

Mort à Paris, le 5 avril 1817.

Nommé à l'Académie Royale des Sciences, le 25 novembre 1767, Correspondant de Cassini de Thury, adjoint mécanicien le 26 avril 1771, associé mécanicien le 7 janvier 1780, pensionnaire mécanicien le 16 décembre 1783, en remplacement de Bezout, décédé. Pensionnaire de la classe de mécanique en 1785. Sous-directeur en 1787. Membre résidant de la Section de Physique expérimentale de l'Institut National en 1795.

Rochon se destina tout d'abord à la prêtrise, et reçut la tonsure. Ayant obtenu en commande le prieuré de St-Martin-la-Garenne, il n'alla pas plus avant dans l'état ecclésiastique et se consacra uniquement à l'étude, à la science navale, aux voyages.

En 1765, il est bibliothécaire de la Marine à Brest.

En 1767, il accompagne comme astronome de la marine Beugnon, envoyé au Maroc comme ambassadeur.

Il applique en mer la détermination de la longitude par la méthode des éclipses des satellites de Jupiter, qu'il avait proposée en 1766 à l'Académie des Sciences.

En 1768, embarqué sur la flute « La Normandie », il visite les Mascareignes, Madagascar, l'Ile de France.

Il avait été particulièrement chargé de déterminer astronomiquement la position des écueils entre cette île et l'Inde.

Il reconnut à l'Ile Praslin et sur l'îlot Curieuse, l'existence du Lodoicea Sechellarum, dit palmier des Maldives, dont les fruits étaient apportés par les courants sur ces îles, mais dont l'habitat était inconnu.

de ce qu'elle a fait pour vous, je vous prie de L'assurer de mes respects, j'embrasse M[r] votre Pere de tout mon cœur, et suis avec les sentimens le plus respectueux Monsieur, votre tres humble et tres obeissant Serviteur

Maraldi

à Perinaldo ce 16 avril 1774

Je vous prie de faire mes complimens à M. Guettard, et lui dire qu'il est bel homme qui m'a oublié du moment qu'il est sorti de Perinaldo.

A Monsieur

Monsieur Lavoisier Fermier General a L'hotel des fermes à Paris

En 1771, il accompagne de Kerguelen, qui avait reçu la mission secrète de rechercher s'il n'existait pas un continent entre les îles Amsterdam et le pôle Sud. Mais son voyage s'arrêta à l'Ile de France, à la suite de difficultés avec cet officier.

Revenu en France, Rochon reprit ses fonctions de bibliothécaire de la Marine, puis fut successivement nommé Conservateur du Cabinet d'astronomie et de physique de la Muette, astronome physicien de la Marine, Inspecteur général des machines servant à la fabrication des Monnaies, commissaire général des Monnaies.

Il se retira à Brest après la Révolution, y établit un observatoire, dont il devint directeur.

On lui doit un micromètre à double image, destiné à la mesure des petits angles, utilisable en astronomie et en télémétrie. Il comportait 2 prismes de spath ou de quartz accolés ce qui permettait à Malus de faire remarquer que l'abbé Rochon fut le premier à utiliser pour les arts les phénomènes de double réfraction.

Arago estimait que ce micromètre était un des plus merveilleux instruments imaginés par les astronomes.

On lui doit aussi le diasporamètre, appareil permettant d'achromatiser deux prismes.

On peut citer de Rochon :

Moyens de perfectionner les instruments dioptriques.

Moyens d'observer en mer les éclipses des satellites de Jupiter pour déterminer la longitude.

Moyen de rendre l'héliomètre de Bouguer propre à mesurer des angles considérables (mesure des distances d'étoiles à la lune).

Mémoire sur l'astronomie nautique.

Opuscules mathématiques. (1768).

Recueil de mémoires sur la mécanique et la physique. (1783).

Nouveau voyage à la mer du Sud.

Voyage à Madagascar. (1783).

Voyage aux Indes orientales et en Afrique.

De la conversion du métal des cloches en monnaie coulée. (1791).

Essai sur les monnaies anciennes et nouvelles. (1792).

***

N° 237

DARON A LAVOISIER
19 avril 1774
(*Archives de Chabrol,* O.)

Correspondance des Sciences (1)

Vos Opuscules, Monsieur, sont de grands ouvrages qui font autant d'honneur à leur auteur qu'ils Sont utiles à la Physique et à la Chymie. nous avons bien reconnu à une premier Lecture, quoique rapide, les vrais principes des differentes matieres, éclairant des experiences faites avec une attention fine, délicate et cependant solide, une exactitude qui, quoique scrupuleuse scais écarter tout l'inutile, enfin un génie et un tour de nouveauté pour les sujets mêmes qui ne Sont pas nouveaux. votre premier volume, Monsieur, annonce avantageusement ceux que vous voules bien nous promettre, et que nous recevrons avec la meme admiration et la même reconnoissance. ce sont Les Sentimens avec les quels nous sommes, et avec respect

Monsieur

Vos très humbles et très obeissans Serviteurs

Daron.

à Amiens ce 19 avril 1774 Secretaire de L'academie

***

N° 238

BOUILLET A LAVOISIER
21 avril 1774
(*Archives de Chabrol,* O.)

Monsieur Lavoisier a Bésiers ce 21 avril 1774

Monsieur

L'Académie Royale des Sciences et Belles-Lettres de Bésiers vous doit bien des remercîments pour le savant ouvrage dont

(1) Note de la main de Lavoisier.

vous avez eu la bonté de lui faire présent, et dont Elle ne manquera pas dans l'occasion de vous témoigner sa reconnoissance pour les nouvelles lumières qu'elle y puisera. Elle n'ignoroit point ce qu'ont dit dans le Siecle passé les Paracelse (1), les Van Helmont (2), les

(1) Paracelse.
Né à Einsiedeln (Suisse), en 1493.
Mort en 1541.
Son père, Bompart de Hohenheim, qui fut son premier maître, avait été médecin.

Paracelse ayant obtenu certaines guérisons heureuses, fut choisi, par le Sénat de Bâle en 1526 pour occuper une chaire de chirurgie et de médecine, qui venait d'être fondée. C'est plutôt aux médecins qu'aux chimistes qu'il s'adressait, leur reprochant d'utiliser des médicaments dont la préparation leur était inconnue, alors que la chimie donne la solution de tous les problèmes de physiologie et de thérapeutique ; en dehors d'elle on tâtonne dans les ténèbres. L'homme est pour lui un composé chimique, les maladies sont l'altération de ce composé, il faut utiliser les médicaments chimiques pour les combattre. On prétend que lors de sa première leçon il brûla les œuvres d'Hippocrate, de Galien et d'Avicenne. Il pensait que l'observation de la nature est nécessaire, et on prétend aussi qu'il se vantait de ne pas avoir ouvert un livre depuis 10 ans et que sa bibliothèque ne comportait que dix feuillets.

Il montra toujours une grande indépendance d'esprit. Il connait l'augmentation de poids subie par l'étain au cours de la calcination et l'attribue à une fixation d'air, l'emploi des composés du mercure pour le traitement de la syphilis. On lui attribue l'emploi de l'antimoine en médecine.

Pour Paracelse, il existe quatre qualités élémentaires, le chaud, le sec, le froid et l'humide, d'où dérivent les principes, le soufre, le mercure, le sel, le flegme, la tête morte. Les qualités ne sont pas d'ailleurs l'élément visible. L'eau n'est pas l'humide, celui-ci en est la partie la plus subtile. Le feu n'est pas la chaleur à l'état pur, il renferme aussi la sécheresse de la terre et l'humidité de l'eau et de l'air. Le soufre est un mélange des qualités les plus chaudes, l'air et le feu. L'une d'elles est dominante, le mélange peut exister en proportions différentes, il existe donc plusieurs soufres. Il en est de même du mercure et du sel. Dans la nature qualités et principes n'existent pas l'un sans l'autre.

Le mélange des qualités fournit aussi la « quintessence » qui poussée au plus haut degré donne « arcane » et magistère.

La quintessence de l'or existe en petite quantité dans le métal, le reste n'est que son corps « lépreux et impur ». (Delacre). (*Histoire de la Chimie*).

Les métaux sont pour lui constitués par l'air, l'esprit et le corps ; le fer rouillé est un « fer mort ».

Paracelse croit à la transmutation des métaux, à la magie, à la cabale. Il pense qu'en leur adjoignant la chimie on pourra créer des êtres animés, « les homoncules ». L'homme est pour lui une vapeur condensée, la putréfaction une transmutation. Les fièvres putrides sont dues à des matières excrémentielles non éliminées, le nez secrète le soufre, l'oreille l'arsenic, les pores le mercure.

Paracelse a été considéré comme le chef des médecins chimistes au XVIe siècle.

Ses œuvres réunies à l'instigation de Jean Huser, archevêque de Cologne ont été publiées 50 ans après sa mort en 1649.

(2) Van Helmont (Jean-Baptiste).
Né à Bruxelles, en 1577, de la famille des Comtes de Mérode.
Mort le 30 décembre 1644.

Professeur de Chimie à Louvain, il refusa les offres de l'empereur Rodolphe II et de l'Electeur de Cologne, préférant rester à Vilvorde, où il avait son laboratoire.

Ses écrits, souvent obscurs, ont été publiés par son fils (François Mercure) sous le titre « Ortus medicinæ ».

Van Helmont fut le premier à montrer l'existence de corps naturels invisibles, ne pouvant être ni contenus dans des vaisseaux, ni réduits en un corps visible, auxquels il donna le nom de « geist » (gaz). On peut, de ce fait, le considérer comme le précurseur de la chimie pneumatique. Il reconnut le dégagement d'un gaz (esprit sylvestre), sylvestre

Boile (3) Sur le Sujet que vous avez entrepris d'approfondir avec tant d'exactitude et de Sagacité, non plus que ce qui a été écrit postérieurement par M. Hales (4) dans la Statique des Végétaux et dans l'Hémastatique des animaux, par M. Boerhaave (5) dans Sa Chymie, par M[r] Du Hamel dans les Mémoires de l'académie Royale des Sciences pour l'année 1747, par M. Venel (6) dans les Memoires des Savants étrangers, par M. Macbride (7) dans ses essais d'expériences et par M. Baumé dans son Traité de chymie. Mais Elle ne connoissoit que par les journaux les autres ouvrages, dont vous donnez une notice qu'elle a lue avec beaucoup de Satisfaction.

Elle n'a pas pris, Monsieur, moins de plaisir à lire vos nouvelles Recherches sur le fluide élastique fixé dans quelques Substances, et sur les phenomènes qui resultent de son degagement ou de sa fixation. Recherches qu'elle a trouvé très curieuses ; et Elle n'a pu qu'applaudir bien sincèrement au témoignage avantageux qu'en ont rendu Mr de Trudaine et Mrs Macquer, le Roy et Cadet dans la partie de leur Rapport depuis la page 369 jusqu'a la page 376 : car elle

dans le sens de sauvage, incoercible, lors de la combustion du charbon et lors des fermentations, rendant les vins pétillants. Il constata aussi que le vinaigre le dégage des pierres d'écrevisses (concrétions calcaires que l'on rencontre au moment de la mue chez l'écrevisse, et dont la poudre était utilisé en thérapeutique), que c'est lui qui provoque des asphyxies dans les mines, les cuvages, qui se dégage des sources minérales, qui rend le vin « furibond ».

Il distingue des autres les gaz inflammables (la flamme est pour lui un gaz allumé). Les gaz de l'estomac éteignent une bougie, ceux provenant du gros intestin peuvent s'enflammer. L'esprit sylvestre est comme solidifié dans certains corps, d'où une fermentation peut l'extraire.

Il admet qu'il en existe de plusieurs espèces, il connaît celui que l'on produit en faisant réagir le sel marin et l'eau forte, le gaz sylvestre odorant qui se produit lors de la combustion du soufre, et qui éteint la flamme, le gaz nitreux qui se dégage par action de l'eau forte sur l'argent.

Pour Van Helmont, l'eau est la seule cause de la croissance des plantes, et il emploie déjà la balance pour le prouver. (Expérience du Saule).

Il signala aussi l'existence dans l'estomac d'un acide auquel il attribuait un rôle dans la digestion.

Il constata également que l'eau contenue dans une boule surmontée d'un tube de verre monte et descend suivant la température, ce qui permet de le considéıer dans une certaine mesure comme un précurseur de l'invention du thermomètre.

On a de Van Helmont un seul ouvrage sur la chimie : « Dageraad ofte nieuwe opkomst der Geneeskunst, in verborgen grond — regelen der Nature— ». (Aurore de la Renaissance de la Médecine et règles fondamentales cachées de la nature. (Leyde, 1615).

Un traité sur les propriétés thérapeutiques du magnétisme animal publié à son insu lui attira des ennuis avec l'Inquisition. (Delacre, *Histoire de la Chimie*).

(3) Voir notice biographique, page 398.

(4) Voir notice biographique, page 400.

(5) Boerhaave (Hermann).
Né le 31 décembre 1668 à Voorhout, près de Leyde.
Mort à Leyde le 23 septembre 1738.
Il fut nommé à l'Académie Royale des Sciences, Correspondant d'Antoine de Jussieu,

a eté privée du plaisir den lire le commencement par l'inadvertance de Relieur, qui a omis la feuille qui commence a la page 353 et va jusqu'a la page 367, qu'Elle vous prie de lui procurer afin d'avoir votre premier tome complet. Elle vous aura aussi bien de l'obligation, si vous daignez, Monsieur, lui faire part de la suite de votre ouvrage lorsqu'elle paroitra : Elle ne manquera pas de vous en témoigner sa juste reconnoissance et de profiter de vos lumières.

Ce Sont les sentiments avec lesquels ont l'honneur d'être

Monsieur

Vos très humbles et très obeissants Serviteurs

Les Membres de l'acad. R. des Sciences et Belles Lettres de Bésiers

Bouillet. Secr.

J'espère, Monsieur que vous me pardonnerez la liberté que je prends de joindre ici un petit paquet pour mon ami Mr Paulet à qui j'ai ecrit par la poste pour l'en prévenir.

le 28 août 1715, puis associé étranger, le 28 avril 1731. Après avoir étudié la théologie, il s'occupa de médecine plus encore que de chimie, et sa réputation de médecin fut considérable.

Sa thèse « De utilitate explorandorum excrementorum in ægris » (1693), attira sur lui l'attention.

Dans son traité « Elementa Chimiæ », il résuma ce qui était connu à son époque, cet ouvrage fut traduit en allemand, en anglais, en français.

Il s'occupa de la transmutation des métaux, de la solidification du mercure, chercha à extraire le mercure des métaux (avouant d'ailleurs ne pas y avoir réussi). Il montra la formation de l'eau pendant la combustion de l'alcool dans l'air.

Botaniste éminent, ses leçons à l'Université de Leyde sur la chimie, la botanique, la médecine groupaient autour de lui des élèves de tous les pays d'Europe.

Professeur de médecine pratique, on peut le considérer comme le fondateur de l'enseignement clinique. Pour lui le meilleur médecin était celui qui soumis à la nature sait attendre et seconder ses efforts.

Outre les ouvrages déjà cités, on a entre autres de Boerhaave :

Institutiones medicæ, in usuum annuæ exercitationes. (1708).

Aphorismi de cognoscendis et curandis morbis. (1709).

Index plantarum quæ in horto academico Lugduni Batavorum (Leyde) repe-riuntur.

Discours sur la simplicité primitive de la médecine et la nécessité d'y revenir.

Trois dissertations sur le mercure.

Histoire physique de la mer.

Oratio de Chemia suos errores expurgantia.

Macquer et Baumé, dans leur Discours historique sur la Chymie, placent à côté de Stahl, quoique dans un genre différent « l'immortel Boerhaave », ce puissant génie, ... qui a répandu la lumière sur toutes les sciences dont il s'est occupé. Mais Diderot dans le Cours de Rouelle qu'il rédigea ne craint pas de le critiquer « on trouve que dans la Chymie de Boerhaave, l'ordre qu'il propose est admirable, et celui qu'il a adopté fort mauvais ». On a jugé assez unanimement qu'il n'était pas chymiste, « qu'il n'avait allumé d'autre feu que sa lampe et n'avait fait aucune opération propre à éclairer sa théorie ».

(6) Voir notice biographique, page 416.

(7) Voir notice biographique, page 360.

***

N° 239

VENEL A LAVOISIER
23 avril 1774
(*Archives de Chabrol*, O.)

A Monsieur

Monsieur Lavoisier de l'academie Royale des Sciences

A Paris

Montpellier 23 avril 1774

je viens dans ce moment même, Monsieur, de recevoir l'exemplaire de votre ouvrage, que vous avés eu la bonté de m'envoyer. je vous fais dès à present mes remercimens de cette honneteté. je vais lire votre livre tout de Suite ; je partirai dans peu pour une longue tournée qui me menera à Paris ; et là j'aurai l'honneur de vous remercier de la Satisfaction et de l'instruction que vous m'aurés procurées.

j'ai l'honneur detre avec un respectueux attachement, Monsieur, votre très humble et très obeissant Serviteur

Venel (1)

***

N° 240

HAILLET DE COURONNE (2) A LAVOISIER
1er mai 1774
(*Archives de Chabrol*, O.)

Rouen le 1er Mai 1774

Monsieur

Jai presenté de Votre part a L'Académie de Rouen Le 1er Volume de Vos œuvres, ainsi que la Lettre du 12 avril dont etoit

(1) Voir notice biographique, page 416.

(2) HAILLET DE COURONNE (Jean-Baptiste, Guillaume).
Naquit à Rouen, le 14 avril 1728, mort à Paris en 1818.
D'abord cornette dans le régiment d'Harcourt, il remplit après avoir quitté l'armée,

accompagné Cet Envoi. La Compagnie m'à chargé de Vous Ecrire pour Vous Témoigner a Cet égard toute sa Sensibilité : Croyez donc Monsieur, que Votre souvenir et l'assurance de Vos Sentiments pour Elle Lui ont été Infiniment agréables !

Vous nous aviez donné précédemment une analyse particuliere de Nos Eaux : objet prétieux autant qu'il est Interessant ! aujourdhui de Nouvelles Découvertes Vous occupent, Et Votre livre (?) Non Seulement offre au public des Vérités Neuves, il les établit ; aussi Cet ouvrage nous deviendra Encor Bien Cher. Et déjà il se trouve placé parmi les choses de Véritable et généralle utilité ! Voila Monsieur quels Sont Vos Titres (Titres bien réels et bien Effectifs) pour prétendre a la Reconnoissance des humains. Il est Certain que les Bons Citoyens Travaillent Toute leur Vie pour pouvoir la mériter et pour L'obtenir Et Cest En ce Sens qu'il faut dire : Elle est la Récompense du merite, Celle des Talents, et Celle des Vertus

Je Vous prie D'agréer l'assurance des Sentiments Sinceres et Respectueux avec lesquels Je Suis

Monsieur

Votre très humble et Très obeïssant Serviteur

haillet de Couronne

Secretaire perpetuel de lacad. des Sciences, belles lettres et arts de Rouen

L^{t} g^{al} au Baillage Criminel de la même Ville

M. de lavoisier de lacad. des Sciences de paris

les fonctions de lieutenant général criminel au baillage de Rouen, dont son père avait été déjà titulaire.

Elu à l'Académie de Rouen en 1752, comme adjoint, il en devint académicien titulaire en 1766, puis secrétaire perpétuel en 1770.

Il fut membre également de l'Académie de Caen.

Il prononça plusieurs Eloges, entre autres ceux de Elie de Beaumont et du sculpteur Pigalle.

On n'a de lui comme ouvrages imprimés que les éloges de du Boullay, son prédécesseur, et de Cotton des Houssays, et comme inédits :

Dictionnaire bibliographique des grands hommes de Normandie.
Dictionnaire bibliographique des livres rares, curieux, intéressants.
Considérations sur la poésie dans son origine, ses progrès, sa décadence.
Histoire de l'Académie de Rouen et de ses travaux.
Mémoire sur la banlieue de Rouen.

***

N° 241

LATOURRETTE (1) A LAVOISIER
16 mai 1774
(*Archives de Chabrol*, O.)

Lyon 16 mai 1774

Le livre que vous avés eu la bonté, Monsieur, d'addresser à L'academie de Lyon, par une méprise de la poste, ne nous a été rendu que depuis très peu de jours, et n'a pu être présenté a l'academie que dans sa derniere séance. On y fit lecture de la lettre qui l'accompagnoit ; la compagnie reçut l'un et l'autre avec une vraie reconnoissance, et me chargea de vous présenter ses sinceres remercimens. elle attendoit, avec tous les Sçavans, le résultat des belles expériences dont vous vous occupiés pour éclaircir un sujet, qui devient chaque jour plus interessant par les disputes mêmes auxquelles il a donné lieu, il est flateur Pour elle de le tenir de vous même, Monsieur ; mais l'étendue de Cet ouvrage étant trop considérable pour quil puisse être lu dans ses séances, la compagnie a chargé des commissaires de lui en rendre compte incessament. Quoique la chymie n'ait pas encore fait dans les provinces, des progrès proportionnels à Ceux de la capitale, on commence néanmoins à s'y occuper plus

(1) La Tourrette (Marie, Antoine, Louis, Claret de).

Né à Lyon en 1729.

Mort à Lyon à la fin de 1793.

Il fut élu à l'Académie Royale des Sciences le 7 mars 1772, Correspondant de Fougeroux de Bondaroy, puis en 1790, d'Antoine-Laurent de Jussieu.

Il fit partie de la magistrature pendant 20 ans, puis s'adonna à l'histoire naturelle.

Ami de J.-J. Rousseau, il entretint une correspondance suivie avec les grands botanistes de son époque, Linné, de Jussieu, Adanson.

Dans le but d'accroître ses collections, il entreprit des voyages en Italie et en Sicile.

Il collabora avec l'abbé Rozier pour les Démonstrations élémentaires de Botanique, que publiait celui-ci. (1766), et au Dictionnaire des Fossiles, de Bertrand.

On peut citer de lui :

Voyage au Mont Pilat. (1770).

Sur une nouvelle espèce de mouche du genre des Tinipes. (1771).

Sur des os fossiles. (1771).

Chloris Lugdunenses. (1785).

Il donna également des articles au Journal de Physique de l'abbé Rozier et au Journal Economique.

sérieusement d'une science qui est le vrai flambeau de plusieurs parties de la Physique, et particulierement Celui de la médecine et de l'histoire naturelle.

L'académie attend, ainsi que le public, avec beaucoup d'empressement, la suite de ces scavans mémoires auxquels votre modestie donne le nom *d'opuscules*. elle me charge de vous témoigner toutte l'estime que lui inspire votre mérite, et je me félicite d'être l'organe d'un sentiment dont je suis moi meme pénétré.

J'ai L'honneur d'être avec la plus parfaite Considération

Monsieur

Votre très humble et très obeissant serviteur

Latourrette. Secret. perp.

Corresp de l'acad. des Sciences

***

Nº 242

MAGALHAENS A LAVOISIER

16 mai 1774

(*Archives de l'Académie des Sciences.* 1642, O.)

à Monsieur

de Lavoisiere [*sic*] de l'Acad. Rle des Sciences

Rue des Bons enfants

derriere le Palais Royal a Paris

a Londres le 16 May 1774

Monsieur

Le porteur de Celle-ci est M. Wolfe (1), membre de la Societé Royale, et un de mes intimes amis, que je prends La Liberté de Vous Recommander, Com'un Sujet très distingué par Son Savoir parti-

(1) Woulfe (Peter).
Né en 1727 (?). Mort en 1803.
Il était probablement d'origine irlandaise.
Dans « Système de Connaissances Chimiques », Fourcroy le signale comme ayant,

culierem^{t}. dans La Chymie, Cette charmante Science qui fait vos delices. Lui vous rendra de ma part La derniere publication qui vient de paroitre du Dr Priestly (*sic*) Sur Les differentes especes d'air et Vous vous y trouverez Cité deja par votre travail Sur le Sujet, avec les egards qui vous Sont dûs.

Je suis bien faché de ne pouvoir encore partir avec Cet ami pour Paris, Comme je l'avois determiné : mais je ne tarderai qu'une Semaine tout au plus et je garde pour Notre entretien de vous entretenir d'autres objets, en attendant Conservez moi vos amities et Croyez moi pour la vie

Monsieur

Votre très humble et ob^{t} serv^{t}.

Magalhaens.

le premier reconnu l'existence de l'étain en Cornouailles en 1766.

Il fut admis à la Société Royale de Londres, le 12 mars 1767. Le 18 novembre de la même année, il présentait un mémoire, ayant pour titre « Experiments on the Distillation of Acids, Volatils Alkalies, etc... ». Il y décrit, perfectionné par une introduction d'eau, un dispositif décrit en 1689 par Glauber, et qui utilisé encore de nos jours sous le nom de « Flacon de Woulfe », permet de faire traverser un liquide par un gaz.

Cette modification très simple lui donna le moyen, non seulement de préparer des solutions concentrées de gaz solubles dans l'eau, mais de purifier les gaz insolubles de leurs impuretés solubles. L'adjonction d'un tube de sûreté fut ultérieurement proposé par Joseph Welter.

Woulfe l'appliqua notamment à la préparation de l'éther chlorhydrique.

En 1768, la Société Royale de Londres lui décerna la médaille Copley, fondée par le Chevalier du même nom et attribuée au mémoire dans lequel, durant l'année, ont été exposées les expériences les plus utiles.

Puis ce furent des recherches sur la composition du sulfure d'étain (or de Moïse-mosaic gold, en France or mussif). Il montra également qu'on obtenait une couleur jaune (acide picrique) en traitant par l'acide nitrique concentré, l'indigo, la cochenille, et d'autres matières colorantes.

En 1776, Woulfe publia « Experiments made to ascertain the nature of Some mineral Substances », il y donne une analyse de l'argent corné (chlorure d'argent), mais il y signale non seulement l'acide du sel marin, mais aussi celui du vitriol.

Un second mémoire sur des questions analogues parut en 1776 dans « Philosophical Transactions ».

Woulfe, passant en général l'hiver à Londres et l'été à Paris, nombreuses sont les publications qu'il donna au « Journal de l'abbé Rozier ». Il collabora également à l'édition anglaise du Journal chimique de Crelle.

Il croyait à l'alchimie, rechercha longtemps « l'élixir », attribuant l'échec qu'il subit, à un nombre insuffisant d'actions pieuses et charitables.

***

N° 243

D'ANNONE A LAVOISIER

8 juin 1774

(*Archives de Chabrol*, O.)

Timbre de la Poste. Port payé Dhuningue

A Monsieur
Monsieur Lavoisier
de l'Académie Royale
franco. à Paris

Correspondance des Sciences (1)

Monsieur

Je me rappelle très bien, et c'est toujours avec un veritable plaisir, le petit sejour que Vous avés fait dans nôtre Ville et qui m'a procuré l'honneur de vôtre Connoissance, et de celle du célèbre Monsr Guettard ; et rien n'auroit pû m'être plus agréable, que la marque que Vous avés bien voulû me donner du Souvenir que Vous en conservés, en m'envoyant un Ouvrage de vôtre facon, qui est admiré de tous les Connoisseurs et au dessus de mes éloges ; recevés Monsieur les remercimens que je Vous en dois a si juste titre ; nôtre Societé physique, à laquelle je n'ai pas manqué de remettre l'exemplaire que Vous lui aviés destiné, me charge de Vous faire agréer aussi les siens, en Vous temoignant combien elle étoit sensible à cette marque d'attention de vôtre part. Elle se fera un plaisir de Vous récevoir au nombre de ses Associés, dès qu'elle apprendra que ce temoignage de son Estime pour vos talens peût Vous ètre agréable ; je Vous prie de me faire connoitre vôtre sentiment sur ce point, et d'ètre persuadé que rien n'égale la Consideration avec laquelle j'ai l'honneur d'être

Monsieur

Votre très humble et très obeissant Serviteur

d'Annone. D^{r}.

à Basle ce 8 Juin 1774

(1) Note de Lavoisier.

***

N° 244

SOCIETE PHYSICO MEDICALE DE BALE A LAVOISIER (NOMINATION)

1er juillet 1774

(*Archives de l'Académie des Sciences.* Sans cote)
(*Dossier des nominations de Lavoisier,* O.)

Ad
Summi Numinis gloriam
Veritatis investigationem
Scientiarum incrementum
ac
Studiorum Splendorem
Collegii Physico-Medici Basileensis Sodales
Conventu Nuper Peracto
ob insignia & luculenter probata eruditionis merita
Virum eruditionis ac meritorum gloria conspicuum
D^{n} Lavoisier academiæ Regiæ Scientiarum Parisiensis Membrum
Omnium Suffragio
in
Societatem suam
Physico
Mathematico-Anatomico-Botanico-Medicam Helveticam
cooptarunt
in Cujus Rei Fidem
Hasce publicas Literas
Sigillo Facultatis medicæ Basileensis
Munitas
Sodali adeo cunctis Probato atque Caro
in numerum suum adscripto
Cum voto omnigenæ Prosperitatis
Transmittunt
Joh. Rudolphus Stehelin Phil. et Med. D.
Anatomic et Botanices Prof. Facult. Medicæ
h. a Decanus et Societ. Phys. Med. Præses
J. Henricus Respinger Phil. et Med. D.
Facult. Med. Assessor. Societ. Physico Medicæ Helvet
Dab. Basilæ d. 1 Juli 1774 Secretarius perpetuus.

***

N° 245

D'ANNONE A LAVOISIER

26 juillet 1774

(*Archives de Chabrol*, O).

Monsieur !

Je m'applaudis beaucoup d'avoir eû l'idée d'attacher à nôtre Societé une Personne de vôtre merite et de vos talens, et charmé du plaisir avec lequel Elle s'est empressée d'augmenter le nombre de ses Associés d'un Membre qui lui fera tant d'honneur, j'ai la Satisfaction de Vous expedier ci jointe la Lettre de Reception, qui Vous servira de Gage du Cas qu'Elle en fait. Ce sera toujours avec un veritable plaisir qu'Elle recevra les belles productions que Vous voudrés bien lui faire parvenir, persuadée qu'elles feront toujours un ornement singulier de ses Memoires ; et moi en particulier sera charmé si cela me fournira des occasions d'entretenir une correspondance plus étroite avec une Personne pour laquelle je me sens tant d'Estime, agrées en l'assurance avec laquelle j'ai l'honneur d'être

Monsieur

Votre très humble et très obeissant Serviteur

d'Annone D^{r}.

à Basle ce 26 Juillet 1774

***

N° 246

PRAULT A LAVOISIER
31 août 1774
(*Archives de l'Académie des Sciences.* 118, O.)

RECU

Jay recu de Monsieur de Lavoysier la somme de trois cent soixante Livres acompte du memoire d'impression des Opuscules Phisiques

a Paris ce 31 aoust 1774

Prault

***

N° 247

NAUDIN A LAVOISIER
5 octobre 1774
(*Archives de l'Académie des Sciences.* 1006, O.)

RECU

Je recue de Monsieur de la voisiere deux cent quarante livre dont je luié donney un recue dans le temps, et quarante huit livre le cinq octobre 1774 qui font ensamble celle de deux cent quatre vingt huit livre que je recue aconte sur les dits ouvrage porte au memoire des alambique

Naudin

***

N° 248

DE SARTINE (1) A LAVOISIER

28 octobre 1774

(*Bibliothèque Municipale de Clermont-Fd.* (*Collection de Chazelles*) *p.* 275, O.)

De la main d'un Secrétaire, Signature seule de Sartine

a Fontainebleau le 28 8bre 1774

M. Lavoisier de l'academie royale des Sciences.

Les ordres venant d'etre envoyés, Monsieur, à L'orient pour l'expedition de la flute la Pourvoyeuse, je me suis fait rapporter votre Memoire du 6. du Mois passé et tout ce qui a rapport à l'epreuve que je m'etois d'abord proposé de faire faire sur ce Batiment, de

(1) Sartine (Antoine, Raymond, Jean, Guabbert, Gabriel de). Comte d'Alby.
Né à Barcelone, (1729).
Mort à Tarragone, (1801).
Conseiller au Châtelet (1752).
Lieutenant criminel au Châtelet (1755).
Maître des Requêtes (1759). Conseiller d'Etat en 1767.

Ayant acheté la charge de Lieutenant général de Police, il organisa d'une façon remarquable la police secrète, améliora l'éclairage de Paris (1788), les services de voirie, et créa une école de dessin gratuite pour les ouvriers.

Il avait la réputation d'un administrateur particulièrement bien informé.

Secrétaire d'Etat au Département de la Marine, il en devint ministre, le 24 août 1774, en remplacement de Turgot.

Il s'occupa activement de la mise en état de la flotte, en prévision d'une lutte contre l'Angleterre, secondé dans cette œuvre par Blouin, et le chevalier de Fleurieu, directeur des ports et arsenaux. En 4 ans la flotte de guerre fut reconstruite et la France disposait de 264 bâtiments divers et de 78 vaisseaux de ligne. L'artillerie, les fonderies, les manufactures furent aussi l'objet de ses préoccupations.

Revenant sur une réforme de de Boynes, il rétablit les trois anciennes Compagnies des gardes-marine, et de ce fait la distinction entre les officiers Rouges, pourvus de titres de noblesse, qui seuls y étaient admis et pouvaient prétendre aux grades élevés, et les officiers Bleus, qui, roturiers, sortant de la marine marchande, ne pouvaient se voir attribuer que des commandements secondaires.

Il rendit possible également le passage des officiers de terre dans la marine, ce qui fut le cas de d'Estaing et de Bougainville.

En 1790 il émigra en Espagne.

la nouvelle Cucurbite propre à dessaler l'eau de mer dont vous m'avez fait examiner le modele.

Il m'a eté representé que la celerité qu'exige l'armement de cette flute, la nature de sa mission, le peu de connoissances que l'on a à L'Orient de l'usage des Cucurbites, et le peu de secours qu'on auroit en ce port pour en faire etablir une sur la flute, (Mr d'Estelle qui connoit celle cy ne pouvant s'y rendre que dans le moment de l'armement, c'est à dire dans un instant où il lui seroit bien difficile de donner ses soins à un pareil etablissement) etoient autant d'obstacles à l'exécution du projet d'eprouver cette nouvelle Cucurbite sur la Pourvoyeuse, au lieu qu'on trouvera à Brest les matieres premieres, des points de comparaison par les epreuves faites en ce port des anciennes Cucurbites, et enfin toutes facilités pour y executer cette epreuve avec l'exactitude necessaire et avec beaucoup plus d'économie. Ces reflexions m'ayant paru justes, je vous prie, Monsieur, de vouloir bien donner vos soins à ce que le modele dont il s'agit soit emballé convenablement et chargé sur quelque Routier a l'adresse de M. de Ruis Intendant de la Marine à Brest que je previendrai a temps de cet envoi et de l'usage qu'il aura â en faire.

J'espere que vous voudrez bien entrer en quelques details sur les avantages que cette nouvelle Machine vous paroit avoir sur les precedentes, sur les moyens que vous êtes convenu avec M. d'Estelle qu'on pourroit employer pour en la simplifiant, la rendre plus utile et en même temps plus économique, et enfin sur tous les objets qu'il convient d'observer avec le plus de precision dans l'epreuve que j'en ordonnerai, en se conformant exactement au memoire que vous aurez bien voulu m'envoyer. Je vous communiquerai dans le temps le rapport qui me sera fait de cette operation et je concerterai avec vous les moyens d'en faire repeter l'experience en mer sur l'un des premiers Batiments qu'on armera à Brest, si on le juge necessaire.

Je Suis, Monsieur, Votre trés humble et trés obeissant Serviteur

De Sartine

***

N° 249

TRUDAINE A LAVOISIER
10 novembre 1774
(*Archives de Chabrol,* O.)

ce 10 9bre 1774

M. De Lavoisier

M. l'abbé de Beaurieu a adressé, Monsieur, a M. le Contrôleur Général un mémoire par lequel il expose avoir déja fait des éxpériences pour rendre le charbon de Tourbe propre au chauffage. Comme il se propose d'en faire de nouvelles et que M. le Contrôleur Général désire que vous les Suiviés conjointement avec M. De Montigny, J'écris à cet abbé de vous voir tous les deux, et de convenir avec vous du tems et du lieu ou il compte faire son operation. Je vous seray obligé de me faire part du succès qu'elle aura eu

Je Suis trés sincerement Monsieur Votre très humble et trés obéissant Serviteur

Trudaine (1).

***

N° 250

LE PERE BECCARIA (2) A LAVOISIER
12 novembre 1774
(*Œuvres de Lavoisier,* tome II, p. 120) (3)

....

Je crois devoir vous indiquer une experience par laquelle j'ai démontré depuis longtemps l'incalcinabilité des metaux dans des vaisseaux fermés. Le docteur Cigna en a fait mention dans

(1) Cette lettre est de la main d'un secrétaire, la signature seule est de Trudaine.

(2) Beccaria (Jean-Baptiste). (Le Père).
Né a Mondovi (Italie), le 3 octobre 1716.
Mort le 27 mai 1781.
Après avoir fait ses études à Rome, il entra dans la Congrégation des Clercs Régu-

le deuxieme volume des Miscellanea de Turin, page 176.

« Je fonds de la raclure d'étain dans une bouteille de verre très forte, scellée hermetiquement ; il s'y forme une pellicule de chaux très mince, mais elle n'augmente pas davantage. Si à cette bouteille, je soude hermetiquement des vaisseaux de verre, la portion de chaux qui se forme croit en proportion de leur capacité ; la somme totale du poids (en ayant la precaution d'enlever de la bouteille le léger enduit que forme la flamme de l'esprit de vin dont je me sers pour cette operation) reste la même, mais les flacons ajoutés, qui avant la calcination, se trouvaient en équilibre avec la bouteille sur un certain point, cessent d'y être apres l'opération ; les flacons se trouvent plus légers, et la bouteille emporte (3) ».

. . . .

liers. Il enseigna la Grammaire, la Rhétorique, la Philosophie à Rome et à Palerme, puis la Physique expérimentale à Turin.

Beccaria fut chargé de l'instruction des princes Benoit, duc de Chablais et Victor-Amédée de Carignan.

En 1759, il reçut du roi de Sardaigne la mission de mesurer un arc de un degré sur le méridien du Piémont et publia son travail dans Gradus Taurinensis en 1774. Ses résultats furent critiqués par Cassini et Beccaria lui répondit dans un mémoire anonyme « Lettere d'un Italiano ad un Parigino » signalant qu'il avait du admettre une déviation très forte du pendule due à l'influence des Alpes.

Il a publié entre autres :

Des études insérées dans « Philosophical Transactions » de la Société Royale de Londres.

Dell'elettricismo artificiale e Naturale. (Torino. 1753).

Lettera con l'appendice di un nuovo fosforo. (Bologna. 1758).

Experimenta atque observationes quibus electricitas vindex late constituitur atque explicatur. (1769).

Dell'elettricita terrestre atmosferica a cielo sereno.

Et divers écrits sur des questions de physique et d'astronomie.

Qu'il me soit permis de remercier ici Mme Emma Pirani, Directrice de la Bibliothèque nationale (Braidense) de Milan, pour les renseignements qu'elle a bien voulu me fournir sur Cigna et Beccaria.

(3) Cette lettre termine le Mémoire de Lavoisier « Sur la Calcination de l'étain dans les vaisseaux fermés et sur la cause de l'augmentation de poids acquise par ce métal pendant cette opération ». (Œuvres de Lavoisier, T. 2, p. 105).

Remis le 10 mai 1777 il fut lu à la rentrée publique de la Saint-Martin 1774. (Mémoires de l'Académie Royale des Sciences. Année 1774, p. 351).

La citation de cette lettre y est précédée de :

« Depuis la rédaction de ce mémoire et depuis l'extrait détaillé que j'en ai lu à la « séance publique de l'Académie, extrait qui a été imprimé dans le Journal de M. l'abbé « Rozier, j'ai reçu du Père Beccaria, physicien célèbre, la lettre qui suit datée du 12 « novembre 1774 ».

***

N° 251

MAGALHAENS A LAVOISIER
24 novembre 1774
(*Archives de l'Académie des Sciences.* 1642, O.)

a M. de la Voisiere. Fermier gen[al]
Rue neuve des bons Enfants
a Paris
Londres le 24 Nov[bre] 1774
at n° 12 Nevils Court Fetter Lane

Mon Cher Confrere

Je viens d'envoyer un panier avec quatre douzaines de notre biere appelée *porter* (1) â bord du vaisseau l'*Amiable Henriette,* capitn[e] *Nicolas Mignard,* qui le debarquera â Rouen : et je vous envoye ici le Reçu du Capitain, en vous priant de charger quelqu'un dans Cette ville là pour le Recevoir et vous l'envoyer par quelque barque en montant La Riviere jusqu'à Paris. Lorsque Celà sera arrivé, je vous prie d'envoyer une douzaine de ces bouteilles de *porter* à M[r] le Presid[t] de Saron rue de l'Université. une autre douzaine a M. duchenne et vous ferez des autres Ce que vous voudrez, Car C'est pour vous en faire gouter de cette bierre *porter* que je l'envoye principalement. Je souhaiterais que M. Trudaine de Montigny y prend du gout pour Cette bierre: car elle est fort Corroborante et très saine : et je pourrois Lui envoyer d'ici autant qu'il voudroit, en cas que Cette boisson S'accordat bien avec Son estomac. Il ne manqueroit d'en sentir un tres bon effet. elle est très nourrissante, et n'echaufe point Comme le vin le fait à Ceux qui ont La poitrine peu forte et pas robuste.

J'ai deja jetté des vues pour decouvrir la vraye methode de brasser Cette biere ; et un de mes bons amis m'a promis de me chercher Cette information bien averée.

Mais j'ai voulû aussi vous faire gouter des vins de mon pais, dont on fait un grand usage ici â Londres. ainsi j'ai fait embarquer

(1) Les mots en italique sont soulignés dans la lettre.

aussi dans le meme vaisseau Sous la meme adresse *de Mr Trudaine,* un autre panier Cacheté Contenant 78 demi-bouteilles de vin Portugais dont voici le detail. il y a 26 demi-bouteilles cachetées en *noir,* qui contient du vin blanc du Porto. vous garderez 8 de ces demi bouteilles : envoyerez 6 â mon vieux ami le Dr Sanchez dans la Rue des blancs manteaux et les 12 restantes sont moitié pour M. le Presid^{t} de Saron: et l'autre moitié pour Le Marquis de S. Simon, auquel je promis aussi de lui faire gouter de ce vin. et le meme Presid^{t} de Saron les lui fera tenir. Il y a aussi 26 demi-bouteilles de vin blanc de Carcavellos : qui seront distribuées de meme que les precedentes : Celles Ci sont marquées avec un Cachet en *cire verte.* de plus il y a 13 demi bouteilles cachetées avec de la *cire jaune* qui Contienent du vin blanc de Lisbone. vous en prendrez 5 de Celles ci, et envoyerez les 8 â M. de Presid^{t} de Saron, moitie pour lui et moitié pour Le marquis de S. Simon. Enfin il y a 13 Cachetees avec de la *Cire rouge* qui contiennent du vin *rouge de Porto* tel que nous le buvons ici â Londres et vous en disposerez de la meme maniere : 5 pour vous et 8 pour MM^{rs} de Saron et de S. Simon.

Vous aurez deja vû dans le voyage du Cap^{ne} Phips (1) un petit recit ou precis de la maniere employée par Lui et Mr Irwin pour desaler l'eau de la mer. Vous y observerez qu'il ne donne pas la figure de la vraie machine à distiller Comme Celle que je vous ai Communiquée. il paroit qu'on a voulû en cacher encore à la connoissance du Public la vraie Construction de Cet alambique, dont l'usage est d'une si grande Consequence pour toute sorte de distilation en grande. Je vous prie de faire Cette observation à Mr Trudaine. J'apporterai avec moi une Copie de ce voyage pour Sa bibliotheque, et je vous montrerai ce detour adroit dans la figure qui y est gravée (2). Je pense partir à la fin de la Semaine prochaine, et de vous embrasser bientôt a Paris. Mes Respects a M^{de} votre Epouse, a Mlle et a toute votre famille et amis et suis avec toute considération et amitié de Cœur

Mon cher Monsieur

Votre trés h^{ble} et obeiss^{t} serv^{r} Magellan.

(1) Constantin John Phipps a publié en 1774 à Londres « A voyage towards the Nord Pole undertaken by his Majesty command in 1773 » ; on y trouve une description de la machine distillatoire du Dr Irving, pour dessaler l'eau de mer.

(2) Le paragraphe allant de « Vous aurez déjà vu » à « figure qui y est gravée » — a été reproduit dans le Tome IV des *Œuvres*, p. 760 à l'occasion du « Mémoire sur une nouvelle méthode distillatoire ».

N.B. 1° J'ai fait attacher a chaque panier (a Celui de la biere et à l'autre avec du vin) l'adresse de M. Trudaine de Montigny ; et non pas la votre, croiant que Cela donneroit plus d'aisance a le retirer du Vaisseau vous là arrangerez Celà avec Mr Trudaine et Cie.

N.B. 2d le Mr du Chenne ci dessus nommé pour une douzaine de biere porter, est le Secretaire en Second de M. Trudaine, auquel je suis redevable de beaucoup d'egards et Services depuis la mort de mon feu ami Mr Jars.

***

N° 252

LAVOISIER A L'ABBÉ ROZIER
12 décembre 1774
Reproduite dans « Observations sur la Physique, sur l'Histoire Naturelle et sur les Arts », tome IV, p. 452

Monsieur, je vous prie de vouloir bien faire imprimer la note ci-jointe a la suite de mon mémoire sur la Calcination des metaux sur les vaisseaux fermés, que vous avez desiré de faire paroitre dans votre Journal.

S'il n'est plus temps, et que l'impression soit achevée, j'espère que vous voudrez bien l'insérer dans la feuille suivante. Il m'importe que le Public soit convaincu, le plutôt possible, que je n'ai point l'intention de m'approprier le travail d'autrui ; et je suis convaincu que la delicatesse en Litterature et en Physique n'est pas moins essentielle qu'en Morale. Quoique l'experience du Pere Beccaria diminue de quelque chose la nouveauté de mes experiences, je vous avouerai cependant que sa lettre m'a fait un tres-grand plaisir et que j'ai été très-charmé de voir adopter et confirmer par un Physicien célebre la theorie de l'augmentation de poids des chaux metalliques, que je crois avoir développée le premier et qui me paroit maintenant aussi solidement etablie qu'un fait puisse l'être en Physique et en Chimie

Je suis etc.

Paris, le 12 Décembre 1774 (1).

(1) Dans le Journal de l'abbé Rozier, à la suite de cette lettre figurent : 1° la note suivante (A), p. 466. 2° une reproduction de la lettre du Père Beccaria. (Ce volume, page 461. Lettre n° 250). 3° le passage d'un mémoire de M. Cigna, reproduit à la suite de cette dernière (B), page 466.

A) Le Mémoire dont l'Académie vient d'entendre la lecture, a été rédigé il y a dejà plusieurs mois ; et il a été paraphé par M. de Fouchy dès le 14 avril dernier. Je ne connoissois alors que, Boyle qui eut essayé de calciner des metaux dans des vaisseaux de verre scellés hermetiquement, dans la vue de determiner quelle pouvoit être la cause de l'augmentation de poids qu'ils acquéroient pendant leur calcination ; et que M. Priestley qui eût annoncé que la calcination dans les vaisseaux fermés avoit un terme au delà duquel elle ne pouvoit plus avoir lieu. J'ai appris depuis par une lettre du Pere Beccaria, quil avoit annoncé cette dernière verité, il y a plus de quinze ans, et qu'il en étoit fait mention dans les Mémoires de l'Académie de Turin. Je m'empresse de rendre a ce Physicien célèbre, la justice qui lui est due ; et pour que le Public puisse apprécier ce qui lui appartient dans cette découverte, je vais transcrire ici, et la Lettre du Pere Beccaria et le passage rapporté dans le tome II des Mémoires de Turin.

Ci-dessous reproduction de ce mémoire, tel qu'il est inséré dans le journal de l'abbé Rozier.

B) *Passage d'un mémoire de M. Cigna, imprimé dans le Recueil des Mémoires de l'Académie de Turin, page* 176, *tome II.*

...Le Pere Beccaria a de même éprouvé (ainsi qu'il me l'a dit lui même) qu'ayant mis de la limaille de plomb ou d'étain dans les vaisseaux de verre scellés hermétiquement, et les ayant exposés sur le feu pour les calciner, il n'avoit pu en déduire qu'une portion en chaux, et que cette portion s'étoit trouvée d'autant plus grande, que les vaisseaux avoient plus de capacité.

Le Mémoire de Lavoisier « *Sur la calcination des Métaux, dans les vaisseaux fermés, et sur la cause de l'augmentation de poids qu'ils acquièrent pendant cette opération* », reproduit dans le Journal de l'abbé Rozier (*Observations sur la Physique, sur l'Histoire naturelle et sur les Arts*, p. 448-451, 1774), et auquel il est fait allusion dans cette lettre est simplement un résumé. La note suivante, qui l'accompagne, l'indique d'ailleurs.

Ce Mémoire n'est qu'un Extrait très abregé d'un ouvrage beaucoup plus considerable, dont l'Auteur est occupé. Les circonstances l'ayant obligé de se resserer dans des bornes très etroites, il s'est vu forcé de supprimer tous les détails, quelqu'essentiels qu'ils fussent. Il se croit en conséquence obligé de prevenir le Public, que les experiences telles qu'elles sont énoncées dans cet Extrait, sont dangereuses, et à la rigueur, impossibles. L'objet de cette déclaration est 1° de mettre l'Auteur à l'abri des reproches qu'on pourroit lui faire d'avoir omis des circonstances nécessaires ; 2° de tenir ceux qui voudront répeter ces expériences en garde contre le danger des explosions.

Son texte est identique à celui figurant dans le tome II des « *Œuvres de Lavoisier* », pp. 105 à 121, jusqu'à la page 107, ligne 14. Il en diffère ensuite et nous croyons intéressant de le donner ici à partir de ce point. Il ne comporte pas non plus le détail des expériences et des poids observés qui sont donnés dans les « *Œuvres* », à partir de la page 108.

...D'après ces reflexions, j'ai coulé d'une part en petits lingots une quantité suffisante de plomb et d'etain, j'ai preparé de l'autre un certain nombre de cornues de verre blanc de différentes capacités : j'ai introduit dans chacune d'elles huit onces de plomb ou d'étain ; puis je les ai scellées hermetiquement à la lampe d'Emailleur, et j'en ai determiné le poids à l'aide d'une balance qui, chargée de trois ou quatre livres, trébuchoit sensiblement à moins d'un grain.

Tout étant ainsi disposé, j'ai présenté les cornues sur un fourneau rempli de charbons ardens, ayant soin de les échauffer lentement et de les tenir toujours a quelque distance des charbons, pour eviter les fractures ; enfin j'ai entretenu le plomb et l'étain en parfaite fusion pendant deux heures dans chacune des cornues : et voici ce que j'ai eu lieu d'observer.

Premiérement, le plomb ou l'étain dans toutes a commencé par se couvrir d'une pellicule terne : insensiblement une portion du métal s'est convertie en une poudre gris jaunatre pour l'étain, cendrée pour le plomb, laquelle, au lieu de nager sur le metal en fusion s'est precipitée au fond. La quantité de cette poudre a augmenté peu à peu pendant une heure environ, à compter de ce terme la calcination a entierement cessé d'avoir lieu et la surface du métal qui étoit terne auparavant a repris presque tout son brillant metallique.

Secondement, la quantité de poudre grise ou de chaux a été constamment plus considérable dans les grandes cornues que dans les petites, sans que cependant les quantités aient été proportionnelles à la capacité des cornues.

Troisiémement, dans toutes les experiences, les cornues, pesées avec la plus scrupuleuse attention avant et après la calcination et le refroidissement, mais sans avoir été ouvertes, n'ont pas présenté la plus légere difference de pesanteur.

Quatriemement, dans le moment où l'on rompoit la petite pointe de la soudure hermétique, pour rendre l'air au vaisseau, on entendoit un sifflement long, occasionné par la rentrée de l'air exterieur, et le sifflement etoit toutes choses d'ailleurs égales, plus rapide et plus fort et plus long dans les grandes cornues que dans les petites.

Cinquiemement, ces mêmes cornues repesées après la rentrée de l'air, se sont toujours trouvées augmentées de poids : cette augmentation étoit assez exactement proportionnelle à la capacité de la cornue ; et ce qui est très remarquable elle a toujours été exactement égale a l'augmentation de poids qu'avoit acquis le métal pesé séparement.

Il résulte bien évidemment de ces experiences, que l'augmentation de poids des métaux calcinés dans les vaisseaux fermés ne provient, ni de la matiere du feu, ni d'aucune matiere extérieure à la cornue ; que c'est de l'air seul contenu dans le vaisseau que le metal emprunte la substance qui en augmente le poids, et qui le convertit en chaux ; enfin, que ce qui avoit trompé Boyle, c'est que dans toutes ses experiences il avoit négligé de peser le vaisseau avant de l'ouvrir, et avoit attribué à la matiere du feu une augmentation de poids qui venoit réellement de la portion extérieure, rentrée dans le vaisseau. Les bornes que les circonstances me prescrivent ne me permettant pas d'entrer ici dans des détails très-essentiels ; cependant, pour le succès des experiences que je viens de rapporter, et je me vois à regret obligé de les réserver pour nos Seances particulieres ; elle m'obligent également de passer sous silence toutes les expériences que j'ai faites sur l'air qui a servi à la calcination des métaux. Cet air ainsi dépouillé de sa partie fixable, (je pourrois presque dire de la partie acide qu'il contenoit) ; cet air, dis-je, est en quelque façon décomposé ; et il m'a paru resulter de cette expérience un moyen d'analyser le fluide qui constitue notre atmosphere, et d'examiner les principes qui le constituent. Quoique je ne sois pas arrivé à cet égard à des résultats entièrement satisfaisans, je crois cependant être en état d'assurer que l'air aussi pur qu'on puisse le supposer, dépouillé de toute humidité et de toute substance étrangere à son existence et à sa composition, loin d'être un être simple, un élément comme on le pense communément, doit-être rangé, au contraire, tout au moins dans la classe des mixtes, et peut-être même dans celle des composés.

***

N° 253

RABIQUEAU (1) A [LAVOISIER]
27 décembre 1774
Pas d'indication de destinataire
(*Archives de Chabrol*, O.)

Monsieur

partant pour Dijon pour affaires je ne puis avoir Lhonneur de vous aller remercier je vous prie malgré cela destre assuré que je suis très reconnoissant de vos bontes. vous me permetterez Sil vous plait Monsieur de vous observer que L'Experience veriffiée par le Thermometre n'est bonne que jusqua un certain point car juger de leffet de la chaleur en un seul point de concours du feu et du miroir L'Effet du produit en etendue de chaleur ne sera jamais rendu avec ses avantages designes et (*mot illisible*) 2 et 4 puisque dans ces cas le feu du foyer ne produit rien du tout dans Letendüe ou Elle est sensible avec le miroir par les rayons quil renvoye, jay fait cette notte precipitament Messieurs y auront tel Egard quils estimeront je nensuis pas moins obligé et avec respect.

Monsieur

Votre tres humble et tres obeissant Serviteur

ce 27 Xbre 1774.

Rabiqueau

(1) *Le Sieur Rabiqueau avait proposé un moyen d'augmenter l'effet du feu des cheminées pour produire plus de chaleur, avec une dépense égale, en réfléchissant la chaleur du foyer à l'aide de 3 miroirs concaves en cuivre jaune poli* (Œuvres de Lavoisier, t. 4, p. 204).

je n'avois pas remis un double de mon petit memoire à Monsieur Lavoisier m'etant Survenu des affaires precipitées qui causent mon voyage

Monsieur jugera si il est utile quil luy communique, jespere que Messieurs auront la bonté de faire leur rapport pour que je puisse lavoir a mon retour.

Il est annexé à cette lettre la note ci-dessous.

« le thermomètre a été placé à 4 pieds 4 pouces du reverberre est monté de 6 degrés à 20 dans lespace de 3/4 d'heures

la boule du thermomètre étoit à 15 pouces de terre

à 10 h. 50	19 1/2
54	19 1/3
55	19
11. 0	18.3/4
11. 7	18 1/2

on S'appercoit sensiblement quand on ote le reverberre que le refle (sic) de la chaleur est beaucoup moins sensible au visage

on a mis le meme thermometre a la meme distance, mais a 2 pieds 3 pouces les reverberres y etant on a eu 24 degres 2/3 au termometre en une demie heure environs ayant ote le reverberre en 10' il est descendu de 4 degres environ.

Le rapport sur ce projet (« Rapport sur un foyer de cheminée e réverbère ») Lavoisier et de Montigny Rapporteurs figure dans les Œuvres de Lavoisier, *tome* 4, *p.* 204. *La conclusion en est la suivante :*

« Nous pensons, d'après toutes ces réflexions, que les réverbères adaptés par M. Rabiqueau au feu des cheminées auraient quelques avantages entre les mains d'un curieux qui mettrait son plaisir a les entretenir toujours très propres, qui s'occuperait lui même avec une attention particulière de l'arrangement du bois, qui s'assujetirait à garantir ses yeux de la vivacité de la lumière par le moyen d'un garde vue etc... Mais nous ne croyons pas que leur usage soit généralement adopté par le public, et nous ne pensons pas en conséquence, que l'Académie puisse leur donner son approbation ».

ANNÉE 1775

N° 254

HATTON LA GAINIERE A LAVOISIER

5 janvier 1775

Timbre de la Poste : Fresnay

(*Archives de l'Académie des Sciences.* 98-G, O.)

A Monsieur

Monsieur Lavoisier fils

fermier général à l'hotel des fermes

A Paris

Monsieur

J'ay l'honneur de vous adresser cy joint l'Etat de la pluye qui a tombé dans cette ville pendant le courant de l'année derniere, montant a vingt trois pouces onze lignes trois quarts : en rassemblant les cinq dernières années il en resulte une année commune de vingt cinq pouces trois lignes et demie, ce qui éxcede, je crois, de quelques pouces ce qui en tombe communement dans toutes les provinces du Royaume en général.

M. Rançon est dans le même etat d'imbecillité ou il etoit et qui ne finira bien certainement qu'avec Sa vie ; j'oze me flatter, Monsieur, que vous et Monsieur votre pere voudrez bien renouveller vos Sollicitations et employer toutes vos connoissances pour me faire obtenir cette commission le Seul moyen pour y reussir Seroit je crois d'employer la protection de M. le Duc d'Orleans, S'il etoit possible ; j'en avois deja prié M. votre pere.

Agréez je vous Suplie Monsieur, au commencement de cette nouvelle année les Souhaits les plus Sincéres et les plus ardents que je fais pour votre conservation et pour tout ce qui peut contribuer a votre Satisfaction entiere et Soyez bien assuré que j'ay l'honneur d'estre avec autant de reconnoissance que de respect.

Monsieur

Votre très humble et très obeissant Serviteur.

hatton la gainiere

a Fresnay le vicomte le 5 Janvier 1775.

***

N° 255

LAVOISIER A BUCQUET

28 Janvier 1775

Signalée dans « Fiches Chavaray-Lavoisier 351-*SC*. 174 »
Bibliothèque Nationale
1 page in-4°
Ni la minute ni l'original n'ont été retrouvés

***

N° 256

PROJET DU PLI SUIVANT

(*Archives de Chabrol,* M.)

Entièrement de la main de Lavoisier

Du 18 Mars 1775

Les experiences et les reflexions qui suivent ayant paru propres a repandre quelque lumiere Sur la nature de lair fixe et des fluides elastiques en general on a Cru devoir en faire le depost a lacademie, a leffet den assurer la datte

Presques tous les acides mineraux et vegetaux lorsqu'ils Sont dans un etat [Convenable] Suffisant de rapprochement et de Concentration Sont Susceptibles Sans addition en les traittant dune maniere Convenable de Se reduire en une vapeur Constante en une espece dair qui nest point Condensable par le froid et ils ne peuvent etre ramenés a letat de [fluide] liquidite qu'autant quon [leur presente de leau aussitost] [les met en contact avec leau aussitost alors] leur procure le contact de leau alors ils Se combinent [avec elle Sur] avec elle presques Sur le champ [avec elle jusqu'au point de Saturation. Lorsque, leau s'est chargée de Ces airs acides autant qu'elle le pouvoit elle nen absorbe plus davantage] [[ils sont en quelque facon absorbes par elle presquen totalité et cette eau] et cette eau lorsquelle en est saturee devient des lors un acide en liqueur un phenomene de Cette Combinaison cest que les acides en vapeurs avec leau a Son point de Saturation et lorsque ce point est atteint lair acide peut toucher impunement la Surface de leau Sans en etre absorbé sur le champ et [cette eau devient des lors] un puissant acide forment un puissant acide [un phenomene] Cette combinaison de leau avec les airs acides a Comme toutes les autres un point de Saturation au dela duquel [elle ne peut leau ne peut plus absorber dair acide] lair acide ne peut plus etre absorbé par leau]] (1) une partie de ces faits [Sont connus de] ont deja ete publiés par M. Pristley (sic) mais il n'avoit jamais obtenu Sous forme dair ni lacide du spath fusible ni lacide vitriolique ni lacide du vinaigre au moyen [de Ce que jay ajouté aux Connoissances quil [avoit] a données au public] des experiences [que jay faittes Sur ces acides je me trouve] nouvelles que nous avons fait M. de Trudaine et moi sur ces acides nous avons passe de quelque chose le point ou il etoit arrivé et la reduction des acides en vapeurs ou en air devient une propriete qui est a peu pres commune a tous. je me contente dannoncer icy [le fait] ces faits me reservant de donner incessament le detail des procedes

[Mais] un autre fait particulier a M. de trudaine que M. Pristley (sic) [ne paroit pas avoir Connu] n'a pas connu ou du moins quil na pas publié Cest que Si a ces acides aeriens on combine du phlogistique on obtient alors des airs qui ne Sont plus Susceptibles detre absorbes par leau ou du moins qui ne le Sont [pas Sensiblement ou qui ne le Sont quavec difficulté] ni a beaucoup pres aussy aisement ni en aussy grande quantité.

[Cette Singularité pourroit porter a Conclure que toute espece dair non absorbable par leau est un compose dacide et de phlogistique et il S'en Suivroit par analogie] Ce fait Singulier Sembleroit Conduire a deux Consequences 1° que toute espece dair absorbable par leau est un acide en vapeurs 2° que tout air non absorbable est [un acide] un composé dun acide en vapeurs [et de] Combine avec le phlogistique. lanalogie [conduiroit] dapres Cela [a croire] conduiroit encore a Croire que lair de latmosphere Celui que nous respirons

(1) La partie entre double crochets est en marge entièrement barrée : fin ligne 15 à début ligne 26.

est Composé de la même maniere Cest a dire dun acide particulier et de phlogistique [ceci nest qu'une Conjecture mais qui a bien lair de la verité] Cest a lexpérience a detruire ou a confirmer ces conjectures.

[on a eté jusquicy peu daccord Sur la nature de la Substance a laquelle on a donne le nom dair fixe est ce une modification de lair atmospherique est-ce un acide en vapeurs comme tous les acides aeriens dont on vien tde parler Cy dessus Cest Surquoi on nest pas fort daccord.]

il est bien prouve par les experiences que j'ay publiees precedemment que [la matierre] les metaux qui Se calcinent emprumptent de lair [la matiere] la Substance qui augmente leur poids mais est ce a lair lui meme ou bien a un [principe] acide a un principe quelconque Contenu dans lair que cet effet est du Cest Surquoi on na pas encore pu prononcer Ce qui est de Certain cest [que la matierre quon] que la Substance [quon] qui Se degage de ces memes chaux [en les reduisant par la] lorsquon les ramene a letat metallique par une addition de poudre de charbon est de lair fixe [mais il peut avoir ete rendu par le charbon] tel quon le retire des fermentations des effervescences alkalines etc...

[Lepreuve] la reduction du mercure *precipite per Se* (1) [qui Se reduit Seul et Sans addition] m'a paru propre a jetter une grande lumiere Sur Cette question parce que Cette reduction se faisant sans addition de charbon ni de phlogistique on est assure davoir [pur et sans melange lair] lair qui Sen degage pur Sans melange et que Sa nature nest point alteree par le charbon. j'ay pris en consequence une quantité asses Considerable de mercure *precipite per Se* je lay mis dans un appareil Convenable et jay recu lair qui Sen est degage. non Seulement Cet air netoit [autre chose] point de lair fixe mais il etoit meme plus propre que lair Commun a entretenir la flamme des chandelles il ne precipitoit point leau de chaux [il etoit dimin] il etoit diminué par lair nitreux en un mot il etoit [precisement dans letat de] ne differoit de l'air de latmosphere, que par la propriete dentretenir un peu mieux la combustion. du meme mercure traitte avec de la poudre de charbon Se reduit un peu plus aisement mais alors [il est dans letat de] le fluide elastique qui

(1) Les mots en italique sont soulignés.

S'en degage est de lair fixe [donc la qualité dair fixe est un effet de laddition du charbon donc la Substance qui Se combine avec les metaux pendant la Calcination est de lair pur et il ne devient air fixe que parce quon employe du charbon pour la reduction] il Suit de ces deux experiences que le fluide elastique fixé dans le mercure precipite per se est de lair Commun que la qualite dair fixe quil acquierre par la combinaison du charbon ne lui est point essentielle enfin que le charbon nopere dans Cette circomstance que ce quil opere en brulant Sous une cloche de verre plonge dans de leau on Scait en effet que cet air Se trouve en grande partie Converti en air fixe.

de ce quon tire a volonte du mercure *precipite per se* de lair fixe ou de lair commun [ou de lair fixe] Suivant quon [najoute point] ajoute ou quon n'ajoute [du charbon] point de charbon on est en droit de Conclure quil en Seroit de meme de toutes les autres chaux metalliques Sil etoit possible de les reduire Sans addition [de charbon] elle ne donnent de lair fixe que parceque [lon employe le charbon dans leur reduction] lair commun [qui entre] quelles contiennent est converti en air fixe par [le charbon] la combustion du charbon comme il arrive au mercure.

[Ces faits] je me propose de developper incessamment ces experiences et en les variant de mettre dans tout leur jour les consequences quon peut en tirer.

***

N° 257

PLI CACHETE DÉPOSÉ à L'ACADEMIE ROYALE DES SCIENCES

24 mars 1775

(*Archives de l'Académie des Sciences.* Plis cachetés. n° 169)
De la main d'un Secrétaire. Corrections de Lavoisier

Sur l'enveloppe, également de la main d'un Secrétaire :

N° 169

Experiences Et observations Sur la nature de differents fluides Elastiques Et notament Sur celui qui Se degage des metaux par la reduction.

Deposé à L'acad[e] par M. Lavoisier le 24 Mars 1775 (1).

De fouchy

Les Experiences Et les Reflexions qui Suivent ayant paru propres a repandre quelque lumiere Sur la nature de l'air fixe Et des fluides elastiques en general, on a cru devoir en faire le depost a lacademie a l'effet d'en assurer la datte.

Presque tous les acides mineraux Et Vegetaux lorsqu'ils Sont dans un etat Suffisant de Raprochement, Et de concentration Sont Susceptibles Sans addition, en les traitant d'une maniere convenable, de Se reduire en une Vapeur constante, en une espece d'air qui n'est point condensable par le froid, Et il ne peuvent etre ramenés a l'etat de liquidite qu'autant qu'on leur procure le contact de l'eau ; alors ils Se combinent avec elle presque Sur le champ, Et forment un puissant acide. cette combinaison de l'Eau avec les airs acides a comme toutes les autres un point de Saturation, au

(1) Cette phrase est de la main de de Fouchy.

dela duquel l'air acide ne peut plus etre absorbé par l'Eau. une partie de ces faits, ont deja été publiés par M. Priestley, mais il n'avoit jamais obtenu Sous forme d'air ni l'acide du Spath fusible, ni l'acide Vitriolique, ni l'acide du Vinaigre : au moyen des experiences nouvelles que nous avons fait M. de Trudaine Et moi Sur ces acides, nous avons passé de quelque chose le point ou il etoit arrivé, Et la reduction des acides en Vapeurs ou en air devient une proprieté qui est a peu pres commune a tous. je me contente d'annoncer ici ces faits me reservant de donner incessament le detail des procedés.

Un autre fait particulier a M. de Trudaine que M. Priestley n'a pas connu, ou du moins qu'il n'a pas publié, c'est que Si a ces acides aeriens, on combine du phlogistique, on obtient alors des airs qui ne sont plus Susceptibles d'etre absorbés par l'Eau, ou du moins qui ne le Sont ni a beaucoup près aussi aisement ni en aussi grande quantité.

Ce [fait Singulier] dernier fait Sembleroit conduire a deux consequences. 1° que toute espece d'air absorbable par l'Eau est un acide en Vapeurs. 2° que tout air non absorbable est composé, dun acide en Vapeurs combiné avec le phlogistique. l'analogie d'apres cela conduiroit encore a croire que l'air de l'atmosphere, celui que nous respirons est composé de la meme manière, c'est a dire d'un acide particulier Et de phlogistique. c'est a l'experience a detruire ou a Confirmer ces conjectures.

il est bien prouvé par les experiences que j'ai publiés precedemment que les metaux qui Se calcinent empruntent de lair la Substance qui augmente leur poids. mais est-ce a l'air lui meme, ou bien a un acide, a un principe quelconque contenu dans l'air que cet effet est du ? C'est Surquoi on n'a pas encore pu prononcer : ce qui est de certain, c'est que la Substance qui Se degage de ces memes chaux lorsqu'on les ramene a l'etat metallique par une addition de poudre de charbon cest de l'air fixe tel qu'on le retire des fermentations, des effervescences alkalines etc...

La reduction du mercure *precipite per se* (1) m'a paru propre a jetter une grande lumière Sur cette question parceque cette reduction

(1) Les mots soulignés dans le texte sont ici en italique.

Se faisant Sans addition de charbon ni de phlogistique on est assuré d'avoir l'air qui S'en degage, pur, Sans melange, Et que Sa nature n'est point alterée par le charbon.

jai pris en consequence une quantité assés considerable de mercure *precipité per se* je l'ai mis dans un appareil convenable Et jen ai reçu l'air qui S'en est degagé : non Seulement cet air n'etoit point de l'air fixe, mais il étoit meme plus propre que l'air commun a entretenir la flamme des chandelles, il ne precipitoit point l'Eau de chaux, il etoit diminué par l'air nitreux en un mot il ne differoit de lair de l'atmosphere que par la proprieté d'entretenir un peu mieux la combustion.

Du meme mercure traité avec de la poudre de Charbon Se reduit un peu plus aisement ; mais alors le fluide elastique qui S'en degage est de l'air fixe : il Suit de ces deux experiences que le fluide elastique fixé dans le mercure *precipite perse* est de l'air commun, que la quantite d'air fixe qu'il acquiert par la combinaison du charbon ne lui est point essentielle, enfin que le charbon n'opere dans cette circonstance que ce qu'il opere en brulant Sous une cloche de verre plongée dans de l'Eau ; on Scait en effet que cet air Se trouve en grande partie converti en air fixe

de ce qu'on [tire] degage a volonté du mercure *precipité per se* de l'air fixe ou de l'air commun Suivant qu'on ajoute ou qu'on n'ajoute point de charbon, on est en droit de conclure qu'il en Seroit de meme de toutes les autres chaux metalliques, S'il etoit possible de les reduire Sans addition ; elles ne donnent de l'air fixe que parceque l'air commun qu'elles contiennent est converti en air fixe par la combustion du charbon comme il arrive au mercure.

je me propose de developer incessament ces experiences et en les variant de mettre dans tout leur jour les consequences qu'on peut en retirer.

***

Nº 258

HATTON LA GAINIÈRE A LAVOISIER

2 avril 1775

(*Archives de l'Académie des Sciences.* 98-H, O.)

Sciences (1)

A Monsieur
Monsieur Lavoisier fils
Fermier général a l'hotel des Fermes
A Paris

Monsieur

J'etois depuis longtemps dans le dessein de faire des observations Sur l'évaporation, je viens pour cet effet de faire faire un vase en forme de bacquet, le plus regulier qu'il m'a été possible il a 20 pouces de diametre Sur Sept de profondeur, je l'ai placé dans l'endroit de mon enclos le plus exposé a tous les vents, et au Soleil depuis Son lever jusqu'a Son coucher, je l'ai enterré jusqu'au haut. depuis hier qu'a commencé mon observation j'ay été étonné qu'en trente deux heures l'eau ait diminué de quatre lignes et demie je Suis cependant tres assuré que mon vase n'a point répandu l'ayant éprouvé pendant huit jours. pour estre encore plus certain de la justesse de mon observation je feray enterrer demain a côté de mon baquet un grand chaudron de fer et j'eprouveray pendant un mois Si l'evaporation de l'eau contenue dans ce chaudron Sera egale a celle du bacquet ; je deduirai a la fin de chaque mois Sur

(1) Ce mot est de la main de Lavoisier.

l'etat que je tiendray la quantité d'eau de pluye qui Sera tombée pendant le mois, et par cette methode je crois que je parviendray a faire mon observation aussy exactement qu'il est possible ; Si vous Saviez, Monsieur, quelqu'autre moyen pour la faire avec plus de précision je vous aurois mille obligations de vouloir bien me l'indiquer je m'y conformerois entierement.

Mademoiselle Punctis m'avoit chargé deminformer en passant a alençon Si les confiseurs faisoient encore des confitures de coin (1) que l'on renferme dans de petites boëtes de Sapin et qui Se nomme dans ce quanton Coquigna et de luy en faire emplette de quelques boëtes je n'en ai trouvé que chez un Seul qui me parut Si mauvais que je ne jugeai pas a propos de luy en acheter, Ce confiseur me dit quil m'en feroit d'autres, comme ce n'est pas la Saison et que je pense quil ne Seroit pas bon je vous prie, Monsieur, de demander a Melle Punctis Si j'en ferai faire ou non les boetes qui ont Sept pouces et demi a huit pouces de diamettre Se vendent 22 S chaque, Si elle Souhaite que je luy en fasse faire elle aura la bonté de me faire Savoir quelque quantité il ny en a que de rouge en coin les blanches Sont de pommes.

Je me flatte, Monsieur, que vous voudrez bien ne pas oublier d'avoir une réponse de M. de Trudaine et d'avoir la bonté de m'en faire part aussitost. M. Rançon est dans le même etat c'est a dire assez bien de corps mais (2) (son ?) esprit toujours dérangé. depuis Son attaque de paralisie il n'a point Sorti de Sa maison, Sa femme ne le laisse voir a personne, il y a toute aparence qu'on n'a point encore disposé de Sa place.

Jay l'honneur d'estre avec autant de reconnaissance que de respect

Monsieur

Votre tres humble et tres obeissant Serviteur

hatton la gainiere

a Fresnay le vicomte le 2 avril 1775.

(1) Pour coing, fruit du cognassier.
(2) Le papier est déchiré ici.

***

Nº 259

LAVOISIER AU CHEVALIER D'ARCY

20 avril 1775

(*Archives de l'Académie des Sciences.* 34-M)

Pas de signature

Entièrement de la main de Lavoisier

M. le chevalier d'arcy (1) 20 avril 1775 (2).

on m'assure Monsieur et cher directeur quon a forme le complot de faire lire d'authorité [a la rentrée] contre le veu de lacademie et au mepris de ses deliberations des eloges de Correspondans

(1) D'Arcy (Patrick). Le Chevalier, puis le Comte.

Né à Galway (Irlande), le 27 septembre 1725.

Mort à Paris, le 18 octobre 1779.

Elu à l'Académie Royale des Sciences, comme adjoint mécanicien le 12 février 1749, en remplacement de Courtivron, promu associé.

Associé géomètre le 30 décembre 1757, en remplacement de Montigny, promu pensionnaire honoraire.

Pensionnaire surnuméraire, le 1er juillet 1770.

Pensionnaire géomètre, le 20 février 1771, en remplacement de Dortous de Méran, décédé.

Sous-directeur en 1774. Directeur en 1775.

Il était issu d'une famille faisant remonter son origine à un compagnon de Guillaume le Conquérant, ce qui comme le fait remarquer Condorcet, donne à la France quelque droit de le revendiquer, aussi bien que l'Irlande.

Ses parents, catholiques, jacobites, dévoués aux Stuarts l'envoyèrent à Paris en 1769, poursuivre ses études. Il s'y lia d'amitié avec Clairault. A l'âge de 17 ans, il donnait déjà une solution nouvelle du problème de la courbe d'égale pression dans un milieu résistant, puis un mémoire sur la courbe que décrit dans l'espace un corps pesant glissant du fait de son poids le long d'un plan mobile en même temps que sa pression fait mouvoir horizontalement le plan qui le porte. Il avait résolu cette question par une méthode différant de celles données déjà par Bernoulli et Clairault.

Capitaine au régiment de Condé, il participe à une campagne en Allemagne et à une autre en Flandre en 1746.

La même année, accompagnant un convoi de 2 frégates envoyées par le Roi de France, à l'aide du prétendant qui avait débarqué en Ecosse, il fut fait prisonnier par l'amiral anglais Knoweis. Etant irlandais il aurait pu être considéré comme ayant pris les armes contre son pays et passible de la peine de mort. Il fut cependant considéré comme officier français et libéré après une courte captivité.

a la rentrée prochaine. on pretend que le droit de faire lire [a la rentrée appartient au president Seul et il paroit quon a determiné le president a user] aux rentrées publiques, appartient [exclusivement] au president Seul et il paroit quon est parvenu a le determiner a faire usage de ce pretendu droit. pour moi je me persuade difficilement qu'un homme Soit assés mal a droit pour mettre une ligne de Separation eternelle entre Son Corps et lui et pour Sassurer pour toujours une haine irreconciliable de la part de tous ces [sic] Confreres. Ce seroit a mon avis achetter bien cher [la celebrité] un peu de Celebrité ; et je Crois dailleurs qu'un

En 1746, durant la guerre de Flandre, d'Arcy écrivit un mémoire sur la « Conservation du mouvement giratoire », Daniel Bernoulli et Euler avaient déjà envisagé cette question ; mais comme le note Condorcet dans l'éloge qu'il prononça de d'Arcy « il est peu vraisemblable que leurs ouvrages aient été chercher d'Arcy dans les campagnes de Flandre. Sa méthode est vraiment à lui, et il n'y a rien de commun entre sa manière de traiter cette question et celle des deux illustres mathématiciens ».

En 1750, il présente son principe sous le titre de « Principe de la conservation d'action » pour l'opposer à celui de Maupertuis « Principe de la moindre action » et il l'applique entre autres au problème de la précession des équinoxes. Condorcet signale dans cette étude une erreur qui lui avait échappé.

Intéressé par les questions relatives à l'électricité, d'Arcy établit avec Le Roi un électromètre utilisant la force répulsive qui s'exerce entre des charges de même signe.

Ayant repris du service comme colonel à la suite du régiment de Fitz James, il assiste en 1757 à la bataille de Rosbach, et est nommé Brigadier des Armées du Roi.

La paix étant signée en 1763 il reprend ses travaux scientifiques.

Parmi ceux-ci on peut citer :

Essai d'une nouvelle théorie d'artillerie. (1750).

Mémoire sur la théorie, sur les effets de la poudre et sur les conséquences qui en résultent par rapport aux armes à feu. (1751).

Réplique à un mémoire de M. de Maupertuis sur le principe de la moindre action. (1752).

Canon d'une nouvelle construction. (1753).

Réflexions sur les machines hydrauliques. (1754).

Théorie de dynamique. (1758).

Manière de décrire les Ovales de Descartes par un mouvement continu. (1758).

Essai d'une théorie sur l'artillerie. (1760).

Mémoire sur la durée des sensations de la vue. (1765).

Essai d'une nouvelle théorie de l'artillerie. (1766).

Recueil des pièces sur un nouveau fusil. (1767).

D'Arcy a proposé pour mesurer la qualité de la poudre l'emploi d'un petit canon suspendu à un pendule. Il la déterminait par l'amplitude de l'angle dont déviait celui-ci à partir de la verticale du fait du recul. Cet appareil fut adopté par la Régie des Poudres et utilisé à diverses reprises par Lavoisier.

Il a étudié également l'influence de la longueur des pièces d'artillerie sur la vitesse du boulet lorsqu'on maintient constants le calibre et la charge de poudre. Il utilisa pour ce faire également le principe du pendule, celui-ci servant de cible au projectile. Il constata que la vitesse de ce dernier croissait avec la longueur du tube, l'augmentation de la charge de poudre ayant des effets plus limités. Cette méthode donna des résultats plus précis que la détermination de la portée.

En 1770, il fut nommé Maréchal des Camps et Armées du Roi.

(2) Ces mots sont d'une écriture différente.

pareil personnage n'auroit pas long tems le public pour lui. quoi quil en Soit on ne peut jamais prevoir jusqua quel point les hommes peuvent Segarer Sur leur propre interest [meme lorsquils nentendent qune petite Societé qui les flatte, habituellement et qui ne les Contredit jamais] lorsquils Sont livres a une societe exclusive qui les encense et qui leur tourne la tete. Je vous avoue [que le remede au mal] que le moyen de Sortir de cette affaire me paroit infiniment difficile et peut etre jamais directeur ne S'est il trouvé dans une Circomstance aussy embarassantes. heureusement vous [aves de] trouveres bien des ressources dans votre attachement pour lacademie dans lhonetete de votre ame et dans votre fermeté. Surtout mefies vous des partis vifs on Se reproche communement de les avoir pris. vous Scaves vous moderer [etre] vous rendre maitre de vous meme et mettre du froid dans les affaires aucune ne la exige davantage que celle cy quelqu'un avec qui je Causois [dans linstant] il y a un moment Sur tout Cecy etoit davis que vous vous opposassies a la lecture le jour de la Seance. peut etre ce [parti ne Seroit] moyen reussiroit il mais peut etre aussy nempecheroit il pas la lecture et il Seroit dailleurs a craindre que le directeur ou lacademie meme [neut contre cette] neut pas le public pour [eux] elle. dans ces Sortes daffaires quelque raison quon ait au fond on perd Son proces dans le fait quand on met le public contre Soi.

Vous Scaves Sans doute que M. de fouchy a recu le Surlendemain de la derniere Seance academique une lettre de M. le duc de la vrilliere pour reclamer Contre la deliberation de lacademie. il a fait retirer Cette lettre peu de jours apres sans en faire dire le motif tout Cecy annonce une fermentation un parti pris quelconque. je Crois que dans ces Circomstances il [est] Seroit necessaire que vous Convoquassies les officiers, meme les anciens de lacademie ou au moins que vous vissiés [ma lettre pourra vous Servir]. Si vous croyes devoir faire usage de ma lettre aupres deux vous en etes le maitre [je prefererois Cependant], je Scais penser tout haut lorsquil est question de linterest de la republique. Cependant je prefererois netre pas nommé Si vous ny trouves par dinconvenient

j'ay lhonneur detre avec un inviolable et respectueux attachement

Monsieur et cher directeur

Votre etc...

***

Nº 260

DE LA GARDETTE (1) A LAVOISIER

29 avril 1775

(*Archives de l'Académie des Sciences.* 11222, O)

Recu de Monsieur Lavoisier la somme de quatre vingt seize livres a Comte sur les dessins et gravures d'une machine a distiler

Le 29 Avril 1775

De la Gardette

***

Nº 261

HATTON LA GAINIERE A LAVOISIER

30 avril 1775

Timbre de la Poste : Fresnay

(*Archives de l'Académie des Sciences.* 98-I, O.)

A Monsieur

Monsieur Lavoisier fils

fermier général a l'hotel des fermes

A Paris

Monsieur

J'ay l'honneur de vous donner avis que M. Rançon fils est de retour de Paris depuis quinze jours, il y a toute apparence qu'il n'a pu obtenir la Survivance qu'il S'etoit flatté d'avoir : Son pere

(1) La Gardette (Pierre, Claude de). 1743-1782. Graveur de l'Académie Royale des Sciences. L'ex-libris de Lavoisier que l'on peut voir sur le Registre de Laboratoire nº 1, a été gravé par lui. C'est lui également qui grava les planches des 2 premières éditions des Opuscules physiques et chimiques ; de l'Art de fabriquer le salin et la potasse par les Régisseurs généraux des poudres et salpètres (1776), et comme l'indique le reçu ci-dessus les dessins de la machine à distiller et à dessaler l'eau de la mer. (Voir 2 autres reçus, l'un du 29 mai 1775, page 486, l'autre du 12 septembre 1775, page 498.)

que j'ay vû avant hier est dans un etat a faire pitié, il ne peut marcher qu'a l'aide de deux personnes qui le Soutiennent, Son esprit est encore plus malade que Son corps, il ne Seroit point Surprenant qu'il mourut avant trois mois : comme il y a tout lieu de présumer que M.M. les fermiers généraux n'ont point encore disposé de Sa place je me flatte toujours, Monsieur, que vous voudrez bien renouveller vos Sollicitations auprés de M. Trudaine pour me la faire avoir, S'il y a quelque espérance de Succès je vous Supplie d'avoir la bonté de m'en informer parceque dans le cas contraire je traiterois le plus tost qu'il me Seroit possible d'une charge chez la Reine ou chez les Princes pour me procurer les mêmes privileges dont je jouissois avant la vente de celle que j'avois chez le Roy, l'argent que j'ay entre les mains de M. votre pere Serviroit a cette aquisition.

Suivant les observations dont j'ay eu l'honneur, Monsieur, de vous faire part au commencement de ce mois l'evaporation a eté pendant tout le mois de vingt neuf lignes trois quarts je Suis assuré que ce Sera peut etre le mois de l'année dans lequel il y en aura le plus le Soleil ayant presque toujours brillé depuis le matin jusqu'au Soir et le vent ayant toujours été constamment nord, nord est et Est.

J'ay l'honneur d'estre avec un profond respect
Monsieur
Votre tres humble et tres obeissant Serviteur.
hatton la gainière

a Fresnay le vicomte le 30 avril 1775.

***

N° 262

LAVOISIER A Mme X...

10 mai 1775

Copie d'une lettre de Lavoisier,
vendue à l'Hôtel-Drouot, salle n° 8, le mardi 17 *mai* 1955.
(*Communiquée par M. Denis I. Duveen* (*New York*), O.)

Madame

Comment oser vous ecrire apres avoir laissé Si long tems Sans reponse la derniere lettre que vous m'aves fait lhonneur de m'ecrire ?

il faut Cependant bien avoir le Courrage de reparer Ses torts. M. Bondin (1) est enfin place Comme il le desiroit ; lintervalle quil y a eu entre Sa nomination et Son installation a du remplir vos vues et lui faire Sentir Ce quil vous devoit ; il m'a paru ainsy que M^{de} Bondin en etre penetre de reconnoissance. je ne Scais Si je dois vous adresser Cette lettre à Paris ou a vincennes. je prendrai des informations avant de la faire partir vous pouves Compter dans toutes les occasions Sur mon zele a vous etre utile ainsy que Sur les Sentimens respectueux avec lesquels j'ay lhonneur detre

Madame

Votre tres humble et tres obeissant Serviteur.

Lavoisier.

Le 10 may 1775

***

N° 263

PARENT A LAVOISIER

17 mai 1775

(*Archives de Chabrol*, O.)

Paris ce 17 may 1775

Le ministre, Monsieur, n'ignore pas ainsi que mon pere et moi Les obligations que La carte mineralogique de france vous a dans le travail que vous avés bien voulu faire a ce Sujet ; je viens vous demander aujourd'huï De vouloir bien Communiquer a M. Dupain triel (2) Les objets relatifs que vous pouvés avoir par devers vous ; vous sentés aussi bien que moi qu'un pareil ouvrage ne peut aller Sans le Secours et le concours de connoissances profondes dans ce genre. daignés, Monsieur, nous aider un Peu ; je L'attends des marques d'amitié que vous avés bien voulu me donner dans toutes les occasions et qui me Seront toujours cheres

j'ay l'honneur d'etre avec le plus Sincere et le plus Parfait attachement Monsieur, votre très humble et très obeissant serviteur.

Parent fils

M. de L'avoisier. fermier general.

(1) Ou Boudin.

(2) Voir notice biographique, page 321.

***

N° 264

LAVOISIER A PARENT

24 mai 1775

(*Archives de Chabrol,* O.)

(*Au dos de la lettre de Parent*) N° 263

Entièrement de la main de Lavoisier

24 May 1775.

J'ay remis Monsieur a M. du Pain (1) tout ce que j'ay Sur la flandre lartois le hainault et la picardie il y a quelques lacunes dans ces provinces quil ne m'a pas ete possible de remplir faute dy avoir passé et davoir pu me procurer des eclaircissemens qui puissent y Supleer Cette partie formera aisement cinq a Six Cartes. javois eu lhonneur de vous parler dun projet de circulaire a MM les intendans pour leur demander des observations mineralogiques Si vous pouvies mindiquer un moment ou je puisse avoir lhonneur de vous voir je vous en entretiendrois de nouveau je Crois que Sans des Secours de Cette espece il Sera bien difficile de porter a Sa perfection un travail aussy long et entrepris Sur un plan Si vaste.

jay lhonneur detre avec le plus Sincere et le plus parfait attachement

M. V.

***

N° 265

LA GARDETTE A LAVOISIER

29 mai 1775

(*Archives de l'Académie des Sciences.* 1122, O.)

Recu de Monsieur Lavoisier la somme de cent cinquante Livres a Compte sur la gravure d'une Machine distilatoire

Ce 29 May 1775

De la Gardette

(1) Dupain-Tuel.

***

N° 266

D'ORMESSON A LAVOISIER
13 juin 1775
(*Archives de Chabrol*, O.)
De la main d'un Secrétaire
(*La signature seule est de d'Ormesson*)

à Paris Ce 13 Juin 1775.

Le Roi aïant jugé, Monsieur, necessaire au bien de son Service de Convertir par arrêt du 28 mai dernier, en une regie (1) sous le nom de Jean Baptiste Bergaud, le Bail des Poudres passé à alexis

(1) Régie des Poudres.

Avant la réorganisation de Turgot, la poudre nécessaire à l'armée et à la marine était fournie à l'Etat par une Compagnie, ayant le monopole de la vente du salpêtre, des poudres de mine, de chasse et de traite.

Elle devait la lui fournir à un prix de moitié inférieur à son prix de revient, soit six sols la livre. Mais cette combinaison examinée de plus près était loin d'être avantageuse pour lui. La Compagnie avait en effet le privilège de payer le salpêtre à un prix si bas que le Trésor devait dédommager les salpêtriers ; elle avait droit, en outre, à une somme de 27.000 livres par an, sorte d'assurance contre les accidents possibles au cours des fabrications. Bref, la poudre revenait à l'Etat, et dans les meilleures conditions au moins six fois plus cher qu'il n'apparaissait au contrat.

D'autre part, la fourniture étant limitée à 1.000.000 de livres par an, si un tonnage plus élevé lui était nécessaire, le gouvernement devait se le procurer par ses propres moyens.

La récolte du salpêtre était en outre de plus en plus insuffisante en France. Il fallait faire à l'étranger des achats à prix fort. Durant la guerre de Sept ans, la livre de poudre revint à 3 livres, au lieu des 6 sols prévus, soit à environ dix fois plus. Si la France fut contrainte en 1763 de signer le traité de Paris, qui y mettait fin et par lequel elle perdait avec sa marine le Canada et les Indes, ce fut en partie par suite, des difficultés rencontrées pour se procurer en quantité suffisante et sans ruiner le Trésor, les quantités de poudre nécessaires pour la continuer.

On comprend combien il était urgent de réformer un état de choses entraînant des conséquences aussis désastreuses. C'est sur un rapport de Lavoisier à Turgot, que la réforme fut réalisée.

La poudre destinée à l'Etat devait désormais être fabriquée en régie sous la direction

Demont Le 16 Juin 1772. Je dois vous prevenir que M. Le Controleur general a fait agreer à Sa Majesté que cette Regie vous fut Confiée a Compter du premier Juillet prochain, Conjointement avec M. M. Le faucheux Clouët et Barbault de glatigny. Le Ministre en vous donnant cette preuve de Sa Confiance particuliere, a Compté Sur votre zele, sur votre Prudence et Sur votre amour pour le Service du Roi. je lui ai repondu de mon Coté de votre desir Sincere à seconder ses vues pour le bien public et je ne doute point que je n'aïe sans cesse à vous donner des Temoignages de Sa satisfaction et de la

de quatre fonctionnaires, Lavoisier, Clouet, Lefaucheux et Barbault de Glatigny, nommés par le Roi et agissant pour son compte. Ils étaient chargés de réaliser le programme suivant : décharger la nation de l'impôt prélevé au bénéfice des salpêtriers, augmenter la production nationale du salpêtre et la libérer ainsi des achats onéreux à l'étranger, faire enfin bénéficier le Trésor des bénéfices réalisés du fait du monopole de la vente des poudres.

L'augmentation de la production du salpêtre ou nitre était le premier point à réaliser.

Turgot chargeait en 1778, l'Académie Royale des Sciences de mettre au concours, avec attribution d'un prix, la meilleure manière de produire le salpêtre.

En attendant mieux, Lavoisier rédigeait une instruction sur sa fabrication et sur l'établissement des nitrières, un mémoire sur les cendres utilisées par les salpêtriers de Paris, recherchait en France et à ses frais avec Clouet, les terres naturellement salpêtrées et par des expériences dans son laboratoire de l'Arsenal, étudiait les possibilités d'établissement de nitrières artificielles.

Le prix (8.000 livres) n'était décerné qu'en 1782 et l'Académie publiait en un volume rédigé par Lavoisier, les mémoires présentés sous le titre « Recueil des mémoires sur la formation et la fabrication du salpêtre ».

Des études menées d'une façon aussi méthodique et aussi scientifique ne devaient pas tarder à donner des résultats pratiques.

La production du nitre, qui avant la création de la Régie des Poudres en 1775, était de 1.600.000 livres par an, s'élevait en 1784 à 3.770.000 livres, les achats à l'étranger réduits d'autant. En même temps, grâce à des améliorations apportées à la fabrication, la qualité de la poudre était accrue.

Avant 1775 la portée exigée au tir était de 70 à 80 toises, en 1788 on en obtenait 115 à 130, et les Anglais se plaignaient de la portée moindre de la leur. Enfin, le prix de revient théorique autrefois de 12 sols, mais s'élevant pratiquement à 72, était abaissé à 13 sols réels.

Un stock de 5.000.000 de livres avait en outre été constitué et le Trésor, de 1775 à 1789, avait économisé 28 millions de livres.

C'est l'ensemble de tous ces travaux, qui permit en l'an II et en l'an III, de préparer 16.000.000 de livres de salpêtre, et si les armées de la République purent victorieusement résister à l'invasion étrangère, leurs approvisionnements en munitions étant assurés, ce fut pour une très grande part grâce aux efforts continus et aux travaux des chimistes français, et de Lavoisier en particulier.

mienne. je vous ferai remettre Incessament les expeditions des arrêts qui ont prescrit la forme de cette regie, et vous prendrés aussitôt les mesures necessaires pour en suivre l'execution. Le Ministre a donné Ses ordres à M. M. les Intendans et à M. le Lieutenant de Police. je leur ecris aussi pour les engager à ne negliger aucunes de [sic] precautions Capables d'accelerer votre prise de possession et de vous mettre en etat de remplir vos fonctions.

Je Suis, Monsieur, Votre très humble et très obeissant Serviteur

D'ormesson (2).

M. Lavoizier.

(2) D'Ormesson (d'Amboile), Henri, François de Paul Lefevre d'.
Né en 1751.
Mort en 1807.
Il fut successivement Conseiller au Parlement, Maître des Requêtes, Intendant des Finances.
Après la mort de son père, il avait été comme lui chargé de l'administration de la Maison Royale de St-Cyr, et eut de ce fait, l'occasion fréquente de se faire apprécier par Louis XVI. Aussi celui-ci l'appela au contrôle général des Finances, après le départ de Joly de Fleury.
D'Ormesson avait de grandes qualités morales, sa probité et son désintéressement étaient absolus, mais il était inexpérimenté et mal préparé aux fonctions, qui devenaient les siennes, dans une période particulièrement difficile.
Il fut tout d'abord soutenu par Miromesnil et de Vergennes, mais se brouilla avec celui-ci.
Il prit diverses mesures fort imprudentes : tout d'abord en faisant verser secrètement au Trésor par la Caisse d'Escompte une somme de 6 millions, ce qui faillit mettre cette dernière en fâcheuse situation, puis en cassant le bail des Fermiers généraux pour le transformer en régie. Le mécontentement créé par ces décisions obligea le roi à se séparer de lui. A son départ le déficit était encore accru.
Remplacé par Calonne, il abandonna sa pension de retraite (15.000 livres) à la Maison de St-Cyr, pour constituer des dots aux élèves les plus pauvres et ne s'occupa plus que de ses fonctions de Conseiller d'Etat.
Durant la période révolutionnaire, pensant pouvoir être encore utile au roi, il accepta un poste élevé dans la garde nationale, et fut élu président de l'un des tribunaux de Paris.
En 1792, il fut élu maire de Paris, mais n'accepta pas cette fonction ; il évita ainsi le sort de Bailly, et se retira à la campagne, passant la Terreur sans incident.
Sous le Directoire et le Consulat, D'Ormesson remplit des fonctions municipales et fut administrateur du département de Paris.

***

N° 267

TURGOT A LAVOISIER
18 juin 1775
(*Archives de Chabrol,* O)
La signature seule est de Turgot

Paris Le 18e Juin 1775

C'est, Monsieur, avec grand plaisir et d'après L'opinion que j'ai de vos Lumières et de votre désintéressement que j'ai jetté les yeux Sur vous pour remplir les fonctions que M. Dormesson vous a annoncé de ma part.

Je Suis bien sur que vous y mettrez tout le Zèle dont vous êtes Capable.

Vous Connoissez, Monsieur, mes sentimens pour vous

Turgot (1).

M. DelaVoisier f^{er} G^{al}

(1) TURGOT (Anne, Robert, Jacques). Baron de l'Aulne.
Né à Paris en 1727.
Mort à Paris en 1781.

Il appartenait à une vieille famille parlementaire. Après des études au collège Louis le Grand, au séminaire de St-Sulpice, puis à la Sorbonne, dont il fut élu prieur, il renonça à l'état ecclésiastique ; vers 1751 il devint Substitut du procureur général, Conseiller au Parlement (1752), Maître des Requêtes en 1753, tout en poursuivant des études scientifiques et littéraires. Il suivit notamment les cours du chimiste Rouelle.

Turgot était partisan des doctrines des physiocrates et l'ami de Quesnay leur chef. Pour eux le travail agricole est le seul productif, car l'industrie ne multiplie pas les richesses. Celles-ci ne dérivent que de la terre.

L'ordre social était matérialisé pour eux sous la forme d'un circuit partant de la terre ; la production agricole devait être le but, la libre concurrence la règle.

Il les tempérait cependant dans une certaine mesure par les idées de Gournay avec lequel il avait travaillé et pour qui l'industrie était aussi une source de richesse.

Intendant de la généralité de Limoges (Angoumois et Limousin) en 1761, il trouva ces régions dans une situation misérable. Il les administra pendant 13 ans, s'y attachant au point de refuser les postes plus importants de Lyon, Rouen ou Bordeaux, et y apporta des améliorations considérables. Durant les famines de 1770-1771, il créa un Bureau de Charité, développa l'usage du riz, de la pomme de terre pour y parer. Il entreprit la révision des tailles, fit établir un cadastre, réforma la corvée royale, en la remplaçant par une contribution ajoutée à la taille et créa 160 lieues de routes nouvelles.

Il établit à Limoges une école vétérinaire, une école de sages-femmes pour la campagne, favorisa la création des prairies artificielles, lutta enfin contre la disette en organisant la libre circulation des grains. Il dépensa en outre plus de 20.000 livres pour ses administrés.

En 1774, il fut appelé par Maurepas au Ministère de la Marine, mais il y passa seulement un mois et devint Contrôleur général, succédant à l'abbé Terray.

Cette nomination fut accueillie d'une façon particulièrement favorable, on le considérait comme le seul capable de réaliser les réformes souhaitées. Il s'entoura de collaborateurs sûrs, Du Pont de Nemours, Trudaine, Condorcet. Son programme présenté au Roi se résumait en « pas de banqueroute, pas d'augmentation d'impôts, pas d'emprunts, des économies ».

Son activité s'efforçait de tout embrasser et il réalisa un grand nombre de réformes : suppression de charges inutiles, de la contrainte solidaire pour la taille ; partisan de la liberté du commerce, il rétablit la circulation libre des blés. (Septembre 1774).

Mais à la suite d'une récolte déficitaire, des soulèvements se produisirent en différents points du Royaume (Guerre des Farines) et leur répression, fit baisser la popularité du Contrôleur général.

En 1776, il fit approuver par le Conseil et enregistrer 6 édits importants, mais il n'eut pas le temps de les faire appliquer et Louis XVI sous la pression des ordres privilégiés et du Parlement dut se séparer de lui.

Turgot avait substitué à la Ferme des Poudres, un système de Régie, dans le but d'améliorer la qualité et d'accroître les quantités produites. Ce fut une mesure heureuse. (Voir page 487).

Il créa aussi la Caisse d'Escompte, les diligences des Messageries Royales (turgotines) augmentant la rapidité des communications, rendit libre le commerce des vins.

Il envisagea aussi l'établissement d'un système de mesures unitaires, et chargea Messier, astronome de la Marine de déterminer la longueur du pendule battant la seconde, sous la latitude de 45°, pour y rattacher les autres. Il créa des chaires nouvelles, comme celle d'hydrodynamique pour Bossut et la Société Royale de Médecine, une Ecole clinique sous la direction de Vicq d'Azyr et un cours d'anatomie comparée.

Nul ministre n'a montré de meilleurs intentions que Turgot; on disait de lui « qu'il avait la rage du bien public ». Mais aussi « qu'enthousiaste de la théorie des économistes il ne faisait pas une part assez grande aux obstacles et eut l'imprudence de rompre sans ménagements avec les coutumes établies ».

Il fut Président de l'Académie d'Agriculture.

Elu membre de l'Académie des Inscriptions en 1776, il en fut vice-directeur en 1777

Parmi les écrits de Turgot on peut citer :

Dans sa jeunesse : Lettre à Buffon (réfutant ses idées sur la formation de la terre).

Réfutation des idées de Maupertuis sur l'origine des langues.

Lettre à l'abbé de Cicé sur le papier monnaie. (Critique du système de Law). (1745).

Tandis qu'il était prieur de la Sorbonne :

Sur les avantages que le christianisme a procurés au genre humain. (1750).

Progrès successifs de l'esprit humain. (1750).

Puis, plus tard :

Deux brochures : Lettres sur la tolérance et le Conciliateur.

Sur les prêts d'argent.

Sur la liberté et le commerce des grains.

Lettres à l'abbé Terray, résumant la théorie des économistes.

Traité de la valeur des monnaies (vers 1758).

Réflexions sur la formation et la distribution des richesses.

Mémoire sur les Mines et Carrières.

En correspondance avec Price et Franklin, il rédigea pour le premier « Réflexions sur la situation des Américains » et pour le second « Traité des vrais principes de l'imposition ».

Mémoire sur les Municipalités (présenté au Roi).

Il donna également divers articles à l'Encyclopédie.

Du Pont de Nemours a édité les « Œuvres complètes deTurgot »,précédées et accompagnées de mémoires et notes sur sa vie, son administration et ses ouvrages (1808-1811).

Condorcet a écrit une « Vie de Turgot ».

***

N° 268

MAGALHAENS A LAVOISIER

1er juillet 1775

(Œuvres de Lavoisier. Tome 4, p. 762.) (1)

Le 1er juillet 1775, Lavoisier avait adressé à Magalhaens, une copie d'un travail qu'il venait de rédiger, ayant pour titre :

Nouvelle construction d'alambic pour faire toute sorte de distillation en grand avec le plus d'économie dans l'opération et le plus d'avantage dans le resultat en deux parties ; la première comprenant son application à la distillation des eaux de vie ; et la seconde à la dessalaison des eaux de mer à bord des vaisseaux ; avec des figures en taille douce.

Première édition, destinée à être distribuée gratis, dans les provinces de France. La seconde sera destinée à être vendue au bénéfice des hôpitaux.

(Voir *Œuvres de Lavoisier*, tome 4, p. 757).

Ce petit volume de 43 pages in-4° (4 planches). fut publié, sans nom d'auteur, sans indication de libraire, ni d'imprimeur, sans permis d'imprimer, ni privilège.

Le manuscrit, de la main de Lavoisier, a été retrouvé, portant en marge : Donné une expédition à M. Magalhaens le 17 mai 1775 et publié. (*Œuvres*, tome 4, p. 717).

Magalhaens a répondu à Lavoisier la lettre ci-dessous où il lui communique ses observations sur le manuscrit envoyé : à noter, (*Œuvres*, p. 762), que le texte de l'ouvrage imprimé est absolument conforme au manuscrit de Lavoisier, sans qu'il ait été tenu compte des observations de Magalhaens.

A noter également (*Œuvres*, tome 4, p. 765), que Lavoisier n'a jamais revendiqué cet ouvrage, et que l'avertissement de l'édition qui en a été publiée porte « *que l'auteur et l'éditeur se « sont plu à garder l'anonymat vis à vis du public... que l'auteur « ne serait plus en état de refaire ce traité à présent dans un âge déjà « avancé et a cause des incommodités et de l'affaiblissement de sa « santé, qui semblent s'augmenter de plus en plus* ».

Ces dernières circonstances ne pouvant s'appliquer à Lavoisier il en faudrait conclure que l'ouvrage est de Magalhaens.

Or au début de cette lettre ce dernier écrit à Lavoisier « Votre ouvrage ». Celui-ci a donc bien Lavoisier pour auteur.

(1) Cette lettre est reproduite ici avec l'orthographe et la ponctuation des Œuvres.

Mon cher confrère et très-cher ami,

Je vous écrirai celle-ci a mesure que je lis votre ouvrage, L'avertissement est admirable.

n° 4. « La solution de ce probleme ...elle interesse l'etat... c'est d'elle que dépend la chute ou le succès de *presque* tous les etablissements. » Otez le mot *presque*, et specifiez en disant : *tous les etablissements de ce genre.* « C'est elle qui *peut* établir la balance entre cette *branche* de commerce... C'est elle qui *peut* rompre l'équilibre, la concurrence, ou qui peut les rètablir, etc... ».

n° 5. Il faut amplifier un peu plus ici sur les avantages généraux de cette invention relativement â la navigation

n° 6. Ajoutez la transition, par exemple : « Entrons en matière, » ou « Nous allons en développer les principes, etc... ».

n° 8. Otez ces mots a la fin : « On a été même dans les fabrications en grand jusqu'à faire passer à travers un courant d'eau continu ». Ces mots sont ici mal à propos. Il faut commencer le n° 9 disant : « Mais on n'en a pas fait ici une bonne application ; car l'eau froide qu'on renouvelle, etc... ». Il ne faut pas parler ici d'un courant, parce que, s'il est un courant, il emportera l'eau déjâ chaude. L'application du courant doit venir lorsque vous traiterez de la rechute ou circulation de la vapeur condensée sur la surface du liquide, etc. qui viendra plus bas dans le n° 11.

n° 11. Il faut le diviser en deux, en ôtant ce qui regarde la circulation ou rechute de la vapeur, qui se refroidit de proche en proche : et faisant voir que même dans le cas d'avoir un courant d'eau froide (ce qui est très rare, et impossible d'avoir dans presque toutes les fabriques distillatoires) alors cette eau froide, en touchant le chapiteau, y cause la circulation de la vapeur dont vous parlez dans le n° 8 ci-dessus.

n° 13. Mauvaise expression de 50 pour l'eau froide, et de 10 pour la chaleur du tuyau ! il faut mettre du moins 25 ou même 30 pour la chaleur du tuyau du serpentin. Voici une notice qui vient à propos, ou du moins mérite d'être mise en note. Suivant les experiences du Dr Black le degré de la chaleur de la vapeur est souvent 1012. Or l'eau bouillante n'etant que 212 (toujours dans l'echelle de Fahrenheit), on voit que les 800 degrés doivent opérer à echauffer le tuyau avant que la vapeur soit réduite en masse, comme l'eau bouillante : et ces 800 degrés doivent être réduits a zéro par le refroidissement de l'eau qui est en contact avec la Surface extérieure du chapiteau et du serpentin etc, avant que cette réduction ait place. Avez-vous un bon thermometre chimique, c'est à dire à mercure avec un fort long col ? Faites cette experience, mettez-le dans un chapiteau où l'on évaporera de l'eau, mais sans toucher le fluide qui bouillonne, et remarquez à combien de degrés il monte au delà du point de l'eau bouillante (212 degrés de Fahrenheit) : bien entendu qu'il ne faut pas avoir d'eau réfrigérente sur ce chapiteau ; et qu'il faut rabattre le contact de l'air froid dans la partie du tuyau hors du chapiteau. Mais, pour revenir, il faut changer les chiffres 50, 10, 40, etc. de ce n° 13.

Explication de la figure 1, planche 1ere, n° 7. « Cette eau est conduite du réservoir E par un tuyau de cuir h' h' », *ajoutez* « à chacune des deux machines distillatoires : elle se répand... »

n° 24. Ajoutez â la fin après les mots : *soit de le revêtir d'un enduit léger de maçonnerie,* « ou en y faisant une espèce de cloison de maçonnerie, de façon que la communication entre F''' et B fig. 2, soit au-dessus de la ligne tddt de la figure 3 ; car alors l'action du feu qui sortira par la cheminée B'B'AB, ne pourra toucher aucunement la paroi R'R de la chaudière. »

n° 28. Souvenez-vous de faire changer les chiffres de cette figure, c'est à dire le 7 en 2 : et de la citer ainsi : fig. 4) dans le n° 8 ci dessus.

N.B. Il faut relire soigneusement cette description ayant examiné les figures chaque fois qu'on les citera, après en avoir corrigé les nombres dans les planches. Autrement on citera à faux les figures par des nombres faux, et il y aura une grande confusion.

Il faut ajouter encore un mot dans l'introduction du dessalement de l'eau de mer sur les deux objets, savoir : celui de fournir de l'eau douce à l'équipage dans des voyages longs ; celui d'éviter dans quelques cas pressants le retard d'aller prendre de l'eau, soit pour se trouver trop éloigné des pays amis, soit pour ne pas manquer quelque coup important dans les expéditions maritimes. Enfin on peut encore s'épargner de la place pour d'autres objets, soit des munitions ou des marchandises, en ne prenant qu'une petite quantité de barriques d'eau, qui seront remplies d'eau douce par la machine, à mesure qu'on en distille, etc...

Cahier de la distillation de l'eau de mer

n° 12. M.M. fig. 9 represente des *bancs* (non pas des *barres*), etc.

Il faut ajouter à ce *cahier* c'est à dire à la fin de cette introduction pour la *distillation de l'eau de mer* deux mots en disant « qu'on va entrer dans l'explication des figures contenues dans la planche 2 et suivantes, dont le lecteur concevra encore mieux le sens s'il veut se donner la peine de lire ce qui se trouve de commun dans la machine qu'on a representée dans la planche 1ere destinée a la distillation des eaux-de-vie sur mer. ».

De même il faudra faire une espèce de transition ou passage, au bout du premier discours sur les eaux de vie, disant : « Qu'on va parler de l'application de cette machine distillatoire pour servir à bord des vaisseaux pour dessaler l'eau de mer : et que dans la suite on expliquera en détail toutes les pièces representées dans les quatre planches etc. ».

⁂

N° 269

MAGALHAENS A LAVOISIER

14 juillet 1775

(*Archives de l'Académie des Sciences.* 1642, O.)

D'angleterre (Timbre de la Poste)

M. Lavoisier de l'Acad R^le des Sciences
Rue Neuve des Bons Enfants
a Paris

Monsieur

J'ai gardé tout exprès pour Cette poste le Compte que je vais vous donner de la Coquinerie du Capitain, qui a les deux caisses à son bord pour les apporter â Rouen. C'est le Capitain de l'*amiable Henriette* Si je ne me trompe pas dans Le nom : mais Comme vous avez Reçu par La poste derniere, Le billet signé de Sa main en François pour la Caisse avec l'appareil de verre pour l'*air fixe* et pour l'autre avec un plateau de verre pour M. Brison (?), il n'y peut avoir aucune meprise tant Sur son nom, Comme sur Celui de Son vaisseau. lorsque J'ai vu la Charge de deux louis de fret (48 L) pour deux petites Caisses qu'un autre n'oserait pas charger au delà de 12 L, je me portai moi meme â la Bourse : et je lui demandai de me rendre mes caisses, ou de rabaisser l'exorbitant prix qu'il y avoit mis. il Refusa de faire ni l'un ni l'autre. disant que le cometeur (Broker en Anglois) l'avoit fixé de la Sorte. dans Ce Cas je m'adressai alors au Broker, qui me Repondit l'avoir jugé par l'information du Capitain. Je le fis appeller, Car il n'etoit pas loin, et lui Soutint que les caises en question etoient assez grandes pour meriter le prix chargé: Je lui protestai de me plaindre à Ceux qui pouvaient le faire rendre raison de Son tort en France. [Car j'ai vû qu'ici je n'aurois d'autre parti que d'augmenter des frais] et il S'a mocqué de Cette Commination. ainsi je crois devoir vous rendre part de Ce procedé, dans la Consideration qu'un mot de la part de votre Bureau au Receveur ou directeur du Bureau de la Douane à Rouen, Sera Suffisant pour faire redresser le tort, lorsque

Ce Coquin y arrivera, Car C'est abuser meme avilir le caractere François d'agir si ouvertement Contre la pratique et coutume honête des gens de Commerce dans des Cas Comme Le present. Il est bon de vous avertir que le vaisseau partira de Ce port Chargé des Marchandises d'ici de Londres qui n'ont pas d'entrée en France: et que les depeches et meme Les Reçus qu'il donne pour les marchandises mises à son bord, son datés d'ostende, avec une fausseté la plus effrontée Le Recu que Je vous ai envoyé et l'autre pareil que j'envoyai aussi la poste precedente à Mr Brison en font evidence.

J'ai l'honneur d'etre avec toute Consideration possible

Monsieur

Votre très h^ble^ et très obeiss^t^ Serv^r^.

Magellan

à Londres ce 14 Juillet 1775.

***

N° 270

MAGALHAENS A [LAVOISIER]

(*Archives de l'Académie des Sciences.* 1642, O.)

Sans date

Sans adresse ou indication de destinataire (1)

Mon Cher Confrère,

j'ai cru devoir vous envoyer Cette Lettre, ainsi ecrite Sans d'autres articles, pour que vous puissiez faire usage pour punir le Coquin de ce Capitain à Rouen, si par hazar il vous Reste le moien de le faire par votre Bureau ou par quelque autre moien. C'est voler d'une maniere la plus criante que d'agir Comme ce coquin l'a fait dans l'affaire du fret de Ces deux Caisses.

Si vous faites quelque Chose à Ce faquin pour le punir, je serai Charmé de le Savoir. il le merite fortement et sans pitié.

(1) L'écriture de ce billet et le sujet traité montrent sans qu'il puisse y avoir doute que l'auteur est Magalhaens et Lavoisier le destinataire. On peut donc l'intercaler ici.

⁂

N° 271

TURGOT A LAVOISIER

26 juillet 1775

(*Archives de Chabrol*, O.)

(*La signature seule est de Turgot*)

A Versailles Le 26 Juillet 1775.

L'Intention du Roy Monsieur, Etant que Vous Soyés logé dans les Batiments affectés au Service des Poudres afin d'Etre plus a portée de surveiller les operations de la raffinerie a Salpetre, d'Examiner la qualité de Celui qui est fourni par les Salpetriers et de suivre toutes les operations de la Regie dont vous êtes chargé, Vous voudrés bien Vous y transporter aussitôt que la distribution des Logements occupés aujourdhuy par M. De Courbeton sera faitte et arretée par M. D'ormesson, Entre Vous, Le Sr Lefaucheux Et le Sr De Courbeton a qui le Roy Veut bien en laisser un en sa qualité de Commissaire general.

Je Suis tres Sincerement Monsieur Votre affectionné Serviteur

Turgot.

M De Lavoisier

⁂

N° 272

DE LA GARDETTE A LAVOISIER

Reçu

12 septembre 1775

(*Bibliothèque Municipale de Clermont-Ferrand* 344, O.)

jai Recu de Monsieur Lavoisier la somme de cent trante quatre Livres pour solde de quatres dessins et gravures d'une Machine a distiler et a dessaler l'eau de la mer dont quittance de trois cent quatre vingt quatre Livres

a paris ce 12 Septembre 1775

De la Gardette

***

N° 273

LAVOISIER A SA TANTE Mme LAVOISIER

24 septembre 1775

A figuré à la vente du 6 mars 1956 ayant appartenu à Mme de V...
Entièrement de la main de Lavoisier

A Madame
Madame Lavoisier
marchande Sur la place
a villers Cotterets

Madame et tres chere tante

La douleur de la perte de mon pere qu'une attaque d'appoplexie a enlevee il y a huit jours ne m'a pas permis d'avoir lhonneur de vous ecrire dans les premiers instant. vous Connoissies et vous aves ete Souvent temoin de la tendre amitiée qui nous avoit toujours uni et de la Confiance quil avoit eu en moi des mon enfance, vous deves juger en consequence Combien Cette Separation a ete Cruelle. Comme il n'a fait que du bien et quil n'a jamais fait de mal a personne, il jouit Sans doute de la recompense des justes et jespere que Son esprit de droiture, dequité et d'integrité me Servira de guide apres Sa mort comme il m'a Servi dexemple et de modele pendant Sa vie vous perdés un neveu qui vous etoit bien attaché, mais vous en Conservés un qui ne lui Cede en rien pour le respect et pour lattachement avec lequel il ne cessera jamais d'etre

Madame et tres chere tante
votre tres humble et tres obeissant Serviteur

Lavoisier

Ce 24 7bre 1775

je vous Serai bien obligé de vouloir bien me marquer ou me faire dire dans le Courrant du mois prochain Si votre intention est que je vous renouvelle le billet que vous aves de mon pere ou Si vous prefferes den toucher le montant. je ferai mes dispositions pour me Conformer a Ce qui vous Conviendra le mieux

***

Nº 274

LAVOISIER A Mlle DE LONGNAVINE

24 septembre 1775

(*Archives de Chabrol,* O.)

Mademoiselle et chere parente

vous venés de perdre un bon Parent et un bon ami et je viens de perdre le plus respectable et le plus tendre des peres. une attaque dappoplexie nous l'a enlevé presques Subittement Sans avoir pu tiré le moindre fruit des Secours qui lui ont eté administres Sur le champ. Cette perte annulle la procuration quil tenoit de vous et qui l'authorisoit a toucher vos rentes. il Sera necessaire en consequence que vous en envoyés une nouvelle a une personne de Confiance. je voudrois quil me fut possible de m'en charger moi meme, mais le grand nombre de mes occupations me le permettroit difficilement et je Craindrois quil ne me fut difficile de repondre a votre Confiance. a mon deffaut je puis vous proposer quelqu'un que je regarde comme aussy Sur que moi meme, Cest M. alexandre huissier priseur demeurant rue St Paul ches M. Morin notaire. je vous envoye un modele de procuration pour que vous ayes la bonte de la faire passer ches un notaire et vous la feres remplir du nom Soit de M. alexandre Soit de telle autre personne que vous jugeres a propos. Quant a la rente que mon pere vous devoit et que je vous dois aujourdhuy en sa place je payerai tres exactement les arrerages Sur les quittances que vous voudres bien en envoyer tous les Six mois ou tous les ans a votre nouveau fondé de procuration. je Suis bien penetre de ce que c'est un si triste evenement qui me procure pour la premiere fois lhonneur de vous ecrire. je vous prie detre bien persuadée de tout le respect et lattachement avec lequel j'ay lhonneur detre

Mademoiselle et chere Parente

Votre tres humble et tres obeissant Serviteur

Lavoisier

Ce 24 7bre 1775

Mlle de longnavine a St quentin

***

N° 275

LAVOISIER AU COMTE DE TRESSAN (1)

26 septembre 1775

Signalée dans « Fiches Charavay. Lavoisier » 54. *SC.* 358

Bibliothèque Nationale

2 *p.* 1/2 *in*-4°

Ni la minute, ni l'original n'ont été retrouvés

Lavoisier y parle en termes émus de la mort de son père qui avait fait le bonheur de sa vie. Il lui accuse réception de Son Traité sur l'Electricité dont il le félicite tout en faisant des réserves sur certains points notamment « Sur ce que vous dites de la nature de « l'air, de sa dilatation sous le recipient de la machine pneuma- « tique ».

(1) TRESSAN (Louis Elisabeth de la Vergne, Comte de).

Né au Mans, le 4 novembre 1705.

Elu à l'Académie Royale des Sciences le 8 décembre 1749, comme Associé libre, en remplacement de l'astronome De la Chevalleraye.

Membre de l'Académie Française. Lieutenant général.

Mort à Paris le 31 octobre 1783.

De Tressan a publié divers ouvrages de littérature notamment des traductions libres de « Amadis des Gaules », du « Roland furieux » de l'Arioste, de « Roland l'amoureux » de Bojardo.

Comme travaux scientifiques on a de lui : « Essai sur le fluide électrique, considéré comme agent universel ». (1786).

Mémoire sur un nain présenté à l'Académie des Sciences.

Il prononça les éloges de Maupertuis et du Maréchal de Muy. Le sien le fut par Condorcet à l'Académie des Sciences et par Bailly à l'Académie française.

***

N° 276

LAVOISIER A L'ABBE BAUDEAU

1er octobre 1775

(*Archives de l'Académie des Sciences.* 834, M.)

Entièrement de la main de Lavoisier

M. labe (sic) Baudeau 1 8bre 1775
rue haute feuille pres les premontrés

Nous ne sommes plus Monsieur dans ces tems de tenebres et d'ignorance ou ladministration Sembloit [en quelque facon] Craindre detre eclairée Sur les objets [memes les plus importans] quil lui importoit le plus de Connoitre et dapproffondir le ministre ne Craint pas aujourdhuy de demander publiquement les instructions dont il a besoin il appelle de toutes parts les Scavans au Secours des arts et en associant en quelque facon [les Sciences] les corps litteraire a ladministration il les rapproche du veritable but de leur institution [vous Connoissés]

(1) Le destinataire de cette lettre est certainement l'abbé Baudeau (Nicolas). Né à Amboise, le 25 avril 1730. Mort vers 1792. (Allusion à ses Ephémerides, ligne 22).

Chanoine régulier et Prieur de St-Lô, Prévôt mitré de Widzinski (Pologne).

Membre de l'Académie de Bordeaux.

Economiste, ami de Quesnay et de Mirabeau, il adopta leurs idées après les avoir combattues. Voir « Ephémerides du Citoyen, ou Chronique de l'Esprit national ». (1765).

On a de lui :

Analyse de l'ouvrage du Pape Benoit XIV sur les Béatifications. (1759).

Mémoire sur l'utilité des histoires particulières des provinces et sur la manière de les écrire. (1759).

Sur l'administration des Finances du Roi. (1763).

Sur le Commerce d'Orient et la Compagnie des Indes. (1764).

Idées d'un Citoyen sur les vrais pauvres. (1765).

Idée d'une Souscription patriotique en faveur de l'Agriculture, du Commerce et des Arts. (1765).

Exposition de la loi naturelle. (1767).

Lettre d'un Citoyen à un Magistrat sur les vingtièmes et autres impôts. (1768).

Avis au peuple sur son plus grand besoin. (1768).

Avis aux honnêtes gens, qui veulent bien faire. (1768).

Lettres et Mémoires à un Magistrat du Parlement de Paris sur l'arrêt du Conseil du 13 septembre 1774.

Mémoire sur les affaires extraordinaires de finances, faites en France pendant la dernière guerre depuis 1756 jusqu'à 1763. (1776). Ayant relevé dans ce travail les sommes touchées par le Roi, pour suppléer à l'insuffisance de ses revenus, il fut exilé en Auvergne.

Sur l'état présent de l'Agriculture en Angleterre, traduit de l'anglais avec des remarques sur l'agriculture en France. (1778).

Principes économiques de Louis XII et du Cardinal d'Amboise.

Charles V, Louis XII et Henri IV aux Français. (1787).

vous nignores pas Sans doute le nouveau bienfait que le Roy [se propose daccorder] prepare a Ses Sujets Celui de les delivrer plutost qu'il Sera possible de la gene quentraine avec elle la forme maintenant etablie pour la recolte et la fabrication du Salpetre. mais avant de detruire ledifice existant il faut en construire un autre ou du moins il faut en preparer les materiaux Cest dans Cette vue que M le controlleur general a cru devoir dune part inviter par la proposition dun prix les Scavans de toutes les nations a Seconder Ses vues de lautre qu'il a desire quil fut fait par lacademie des Sciences des experiences multipliées Sur le meme objet affin qu'il put resulter de Ce concours de recherches des moyens daccelerer lexecution des vues bienfaisantes de Sa majesté. [votre journal etant] vos ephemerides Monsieur etant le depost public de tout Ce qui [interesse] peut interesser lhumanité le programme de lacademie pour la proposition dun prix Sur la recolte et la fabrication du Salpetre doit y trouver place et cest par ce motif que j'ay Cru devoir vous lenvoyer Cest dailleurs un des moyens de contribuer a lui procurer le degré de publicité quil doit avoir tant en france que dans les pays etranger

j'ay lhonneur d'etre tres parfaittement Monsieur...

⁂

N° 277

PERRONET A LAVOISIER

29 octobre 1775

(*Archives de l'Académie des Sciences.* 1378, O)

A Anet Le 29 8bre 1775.

Je Joins a Ma Lettre, Monsieur et Cher confrère, Copie de Votre raport que Vous mavés demandés, concernant la proposition faite par M. le Cher d'Auxiron, d'employer les Pompes à feu d'Elever l'Eau de la Seine pour la distribuer dans les fontaines de Paris.

J'ai l'honneur d'Etre avec un Sincere attachement, Monsieur et Cher Confrère, Votre trés humble et trés obeissant Serviteur

Perronet (1)

M^{r} De La Voisier de La .R. des Sciences et f^{er} G^{al}
rue Neuve des b. Enf.

***

N° 278

MAGALHAENS A LAVOISIER
13 novembre 1775
(*Archives de l'Académie des Sciences.* 1642, O.)
Pas d'adresse
Pas de nom de destinataire (2)

Mon cher ami

Voici le Sommaire des Lectures du Cours de Chymie du d^{r} Highins (3). J'ai cru vous faire plaisir en vous l'envoyant. car en effet C'est un abregé tout à fait extraordinaire du plus grand Charlatan

(1) Voir notice biographique, ce fascicule page 261.

(2) Le contenu de la lettre montre qu'elle est bien adressée à Lavoisier.

(3) BRYAN HIGGHINS (1741-1818).

Il fut reçu docteur à Leyde avec 7 thèses, portant sur les sujets suivants :

1° La saignée est rarement convenable pour le traitement de la fièvre dans les grandes villes. 2° La putréfaction entraîne une perte d'air fixe, le rétablissement de l'air la fait disparaître. 3° Les maladies vénériennes peuvent être soignées sans salivation. 4° Il n'existe pas actuellement de remède capable de fragmenter la pierre dans la vessie. 5° Le jus de millepattes ne possède pas de propriétés curatives en dehors de celles que l'imagination peut provoquer lorsqu'elle est excitée par quelque chose de révoltant, de dégoûtant ou d'horrible. 6° Les sels alcalins favorisent la putréfaction à l'intérieur du corps humain et l'empêchent a l'extérieur. 7° En pratique les remèdes simples sont préférables aux complexes.

Le docteur Higghins avait organisé dans son laboratoire (Greek Street Soho, Londres) un cours de chimie. Celui-ci devait commencer lorsque cinquante souscripteurs à une guinée chacun se seraient fait inscrire. M. le professeur Thomas S. Wheeler, professeur a University College (Dublin) et Doyen de la Faculté des Sciences, que je tiens à remercier ici vivement, a eu l'amabilité de me communiquer le programme de ce cours (75 pages). Dans ce « Syllabus » comme Higghins le désigne lui même, il expose ses idées sur les différentes questions qu'il se propose de traiter et annonce les expériences qu'il fera pour les démontrer, ce qui le rend particulièrement intéressant.

Il admet l'existence de 7 éléments primitifs, la terre, l'eau, l'alkali, l'acide, l'air, le phlogistique et la lumière, rejetant le feu, le fluide éthéré et le principe mercuriel. Chaque élément consiste pour lui en atomes homogènes, sensiblement globulaires impénétrables, immuables de forme, n'étant ni annihilés, ni nouvellement créés. Il expose que ces atomes s'attirent ou se repoussent.

qu'on a jamais vû ; mais qui reelement est un homme de beaucoup de merite.

Je Suis on ne peut plus mortifié de ne pas avoir de vos nouvelles et ne croiois pas vous meriter Cet oubli. ni le tems ni la distance n'effaceront jamais mon Souvenir, ni ma gratitude. Je soufre pour ne pas Savoir de vos nouvelles ni de Mad^{e} votre digne et aimable Epouse philosophique, ni de M^{r} votre Pere. Mlle votre Tante, Messrs Paulze Pere et fils etc. etc.

Au sujet de l'eau, il cite le résultat obtenu par Lavoisier. Elle ne peut être convertie en terre ; c'est la glace qui la représente sous sa plus grande pureté. Ses atomes s'attirent.

L'élément alcalin doit exister dans tous les corps, ce n'est pas « une créature du feu ». Celui-ci le sépare des substances dans lesquelles il existe déjà. Ses atomes se repoussent, et Higghins, sans les préciser, annonce qu'il fera des expériences pour le prouver.

Les atomes de l'élément acide se repoussent aussi, il le montrera par des expériences et aussi qu'il transmet le son.

La répulsion est la cause de l'élasticité des fluides, l'attraction est cause de celle des solides. Il est probable que c'est dans les acides vitriolique et marin que l'élément acide existe dans un état voisin de la pureté.

Air. L'air atmosphérique renferme diverses matières différentes de l'élément aérien. Les atomes de l'air se repoussent ; il n'est pas infiniment compressible. Il annonce des expériences montrant que les atomes de l'air sont plus grands que ceux de l'eau.

Phlogistique. Pour Higghins, nous devons employer nos facultés rationnelles à corriger nos perceptions ordinaires dans le cas de l'étude des éléments qui sont plus subtils que les autres et qui pénètrent les vaisseaux.

Aucun des éléments précités (l'eau exceptée) ou des corps qu'ils forment n'est combustible, mais ils peuvent être « chargés » avec une matière qui leur donne cette propriété. La combustion la leur fait perdre, et ils ne sont plus alors combustibles. Cette matière est le phlogistique, les corps combustibles sont dits phlogistiqués, la combustibilité est une preuve de la présence du phlogistique. Le phlogistique attire l'air, ils se saturent l'un l'autre, cette attraction est un des agents de la combustion.

Du fait de cette saturation, l'air phlogistiqué ne peut entretenir la combustion, il est la même matière que l'air « fixable », composé uniquement de phlogistique et d'air. Il circule dans la nature jusqu'à ce qu'il soit décomposé, l'air retourne à l'atmosphère et le phlogistique va dans les corps en croissance, ce qui explique la combustibilité des matières végétales.

Le phlogistique attire l'alcali et l'acide. La combinaison de l'alcali et du phlogistique donne l'air inflammable.

Higghins examine et réfute les opinions relatives au feu, notamment celle de ceux qui comme Stahl voient dans le feu, un certain mouvement de la matière.

Le feu est pour lui une matière qui diffère de celles considérées ci-dessus. L'attraction du phlogistique pour les éléments précédents est contrebalancée par le feu.

De nombreux corps non phlogistiqués, combinés avec des quantités importantes de phlogistique diminuent de poids, ils retrouvent celui-ci quand le phlogistique a disparu. Celui-ci n'est donc pas soumis à la gravitation, il a le pouvoir de contrebalancer son action sur une autre matière.

Le feu, fluide élastique, est un corps composé de phlogistique uni à une autre matière qui est la lumière. Ses propriétés sont intermédiaires entre les leurs. L'air n'est pas un ingrédient nécessaire du feu, ce n'est pas un « aliment du feu ».

Chaleur et degré de chaleur, sont la quantité de feu dans un corps ou dans un espace donné. Le froid est produit, soit par la décomposition du feu, soit par sa dilatation dans un plus grand espace. La chaleur peut être produite de deux façons, soit par la formation du feu, soit par compression de celui qui est diffusé dans les corps.

dites moi si votre machine de verre pour l'air fixe est arrivée sans acident ? si le Coquin du Capitain a eté puni ? si le traité sur la desalaison de l'eau de mer a eté imprimé ou du moins Si l'on pense de l'imprimer bien tôt ? etc. etc.

J'envoye regulierem^{t} à Mr Trudaine toutes les postes des feuilles de l'ouvrage du d^{r} Priestley C'est à dire de Son 2d vol sur les nouvelles decouvertes de differ^{tes} especes d'air etc et je ne doute pas qu'il vous les Communiquera à mesure, dans le meme tems j'envoye autant de feuilles pour le d^{r} gibelin que le meme d^{r} Priestley pria dans une lettre Mr Trudaine, d'affranchir pour la poste et de les envoyer à Aix en Provence, à fin qu'il puisse avancer au plustot la traduction de Ce Second volume

Je vous prie de mes h^{bles} respects a toute votre Famille et à tous nos bons amis Communs : voyez si je puis vous Rendre quelque Service et Comptez sur le Sincere attachement

de Votre

Magellan

à Londres le 13 Novbre

1775 at n° 12 Nevils Court Fetter Lane.

Lumière. C'est une matière élémentaire, composée d'atomes de la plus petite dimension. Ce n'est pas une émanation ou une matière envoyée par le soleil, les étoiles. Elle existe dans tous les corps et espaces jusqu'aux limites de la création.

L'obscurité n'est pas l'absence ou la privation de lumière, c'est seulement un mot exprimant notre insensibilité vis-à-vis d'elle. Le repos de la lumière est la cause de l'obscurité, celle-ci est de la lumière au repos, dans une condition qui ne lui permet pas d'impressionner nos organes.

La lumière consiste en atomes qui se repoussent. C'est un fluide élastique capable de traverser les corps. La lumière n'est pas pesante, nous ne pouvons voir la lumière que si elle est mise en mouvement par quelque matière. Une seule espèce de matière élémentaire est capable de la mettre en mouvement. C'est le phlogistique, soit pur, soit combiné avec la lumière, c'est-à-dire le feu qui possède cette propriété lorsqu'il est en vibration. Ce mouvement vibratoire est nécessaire pour la vision, la lumière affecte l'œil comme le son l'oreille, en lui communiquant son impulsion.

Le soleil est une masse de matière lumineuse ou enflammée ne subissant ni perte, ni changement, semblable à notre terre, renfermant beaucoup de phlogistique. Une grande partie de sa surface brûle, son feu est décomposé, son phlogistique retourne à la masse qui a déjà brûlé, et dont la surface n'est de ce fait jamais diminuée, tandis que son feu fournit la lumière. Notre sens de la couleur correspond à celle-ci et à notre perception des modifications du mouvement vibratoire, les sept couleurs du prisme sont pour la lumière ce que sont les sept sons pour l'air.

Le fluide électrique contient-il du phlogistique ? est-ce du phlogistique isolé et pur, ou bien une matière élémentaire différente de celles déja considérées ?

***

No 279

MAGALHAENS A LAVOISIER

Date incertaine, mais de 1775
(*Archives de l'Académie des Sciences.* 1642, O.)
Ni indication de destinataire, ni adresse (1)

Monsieur et Cher ami

Voici une espece d'Apologie du Dr Priestley Contre les pretentions du Charlatan Higgins (2). Je viens de vous envoyer depuis quelques jours le 2e vol. de l'ouvrage du Dr Priestley dont il Vous

Bryan Higghins a publié aussi « Experiments and Observations made with the view of improving the art of composing and applying Calcareous Cements and of preparing Quick Lime ». (Je dois encore à l'amabilité de M. le Professeur S. Wheeler d'avoir pu avoir en mains ce volume). Il est divisé en 25 chapitres. Higghins y expose, que la chaux donne un mortier meilleur si elle retient moins de gaz acidulé (CO^2) et il indique les causes des imperfections du mortier ordinaire, que la chaux s'imprègne d'air acidulé et se détériore par exposition à l'air, enfin il énumère les conditions à remplir pour obtenir un mortier convenable. Il propose l'emploi de l'eau de chaux, au lieu d'eau ordinaire et indique les meilleurs proportions de chaux, sable, eau. Il donne une théorie du durcissement suivant les proportions des constituants, montre le rôle du gaz acidulé, l'influence de la finesse des produits employés. Il étudie enfin celle d'autres corps, dans le mélange, argile, terre, poudre de plâtre, alun, acide vitriolique, sels métalliques et terreux, lait, sang de bœuf, mucilage de graines de lin, soufre, arsenic, pyrites martiales, ocre, etc..., etc... Il indique enfin les spécifications à donner et les expériences comparatives faites avec de la chaux obtenue, soit à partir de la craie, soit à partir de la pierre à chaux.

On doit aussi à Bryan Higghins «Experiments and observations relatives to acetous acid... » (1786), volume renfermant 300 pages de partie expérimentale.

Il fut le premier à constater le son émis par une flamme d'hydrogène dans un tube (Harmonica chimique) et Sir. W. Ramsay dans « Life and Letters of Joseph Black » estime que Higghins en 1781, fut bien près d'anticiper la découverte par Leblanc de la préparation du carbonate de sodium à partir du sel marin.

Son neveu, William Higghins (1763-1825), qui avait été son élève fut un chimiste de grande valeur. Il fut le premier à utiliser les premières lettres des noms des éléments pour désigner leurs atomes. (S pour Soufre, D pour Dephlogisticated air (Oxygène), I pour « Iron » (fer), C pour « Cooper » (cuivre). Il peut être considéré comme ayant été le premier à se rapprocher du symbolisme moderne des atomes et à avoir appliqué une sorte de théorie daltonienne à la détermination de la composition moléculaire de quelques gaz connus. Il pensait en atomes pour avoir travaillé avec son oncle Bryan. Celui-ci avait des idées claires sur eux et sur les molécules, mais le développement de sa théorie était gêné par le fait qu'il admettait seulement 7 éléments, d'où des idées rudimentaires. Comme conclusion à son étude «William Higgins, Chemist (1763-1825)», M. le professeur Wheeler écrit : « Peut-être, rendrait-on justice aux deux hommes, si la théorie (théorie de Dalton) était appelée Théorie de Higghins-Dalton ».

(1) La fin de la lettre, montre bien qu'elle a été adressée a Lavoisier. Nous avons cru devoir la rapprocher de la précédente étant données les allusions faites dans les deux au 2e volume de Priestley : « *Experiments and observations on differint Kinds of air* » paru en 1775.

fait un Cadot. Ce volume n'est pas encore publié mais j'ai eu l'adresse d'en obtenir des premiers pour profiter de l'occasion d'une Caisse qui partit a l'Adresse de M. Trudaine. M. du chenne ou M. Mesnier aura soin de vous la remettre lorsqu'elle arrivera à Paris

Il ne m'a pas eté possible de trouver les deux Livres sur Le Nitre dont vous me parler dans La Lettre de Mme votre Epouse et Je suis fort assuré que sans un extraordinaire hazard, il ne sera pas possible de les trouver du tout.

Vale et me ama

Magellan

P.S.

Mes h[bles] respects a Mme votre Epouse et a Mlle

iterum vale

Je viens d'envoyer Cette meme poste les dernieres feuilles de l'ouvrage Ci dessus à M. Trudaine.

***

Nº 280

[LAVOISIER] (1) A DROZ

28 octobre 1775

(*Archives de Chabrol*, M.)
De la main d'un Secrétaire
Corrections de Lavoisier

M. Droz Conseiller au parlement Secretaire perpetuel de l'academie des Sciences arts Et belles lettres de bezançon.

28 9bre 1775.

J'ai fait examiner Sous mes yeux Monsieur, les differents Memoires que Contient le porte feuille de l'academie de Bezancon que vous m'avés [fait l'honneur de m'envoyer] envoyé le 21 7bre dernier Et particulierement ceux qui concernent la fabrication du Salpetre. [il me semble d'apres] je vois par le Compte [particulier]

(1) Pas d'indication d'auteur, mais les corrections qui sont de la main de Lavoisier permettent de lui attribuer sans erreur cette lettre.

qui m'en a été rendu ; [premierement] que ces Memoires ne Contiennent rien d'absolument neuf, Et que le public ne puisse a la Rigueur Se procurer en rassemblant les Connoissances eparses dans glaubert, (2) Becker, (3) Sthal, (4) [Becker], dans les memoires de l'academie des Sciences de paris, [[dans les memoires de la Societe economique de Berne, enfin dans la dissertation de M. Pietsch qui a remporté le prix proposé par l'academie de Berlin en 1749. jai remarqué dailleurs que tous ces memoires contiennent plus d'assertions que de preuves plus de Sistemes et d'opinions que d'experiences : presque tous assurent qu'on peut faire du Salpetre par tel moyen, mais aucun, Si ce n'est l'autheur du memoire n° 5 n'annonce en avoir fait, Et ce dernier meme ne donne aucun detail Sur la quantité qu'il en a obtenu. ces observations n'empechent pas que jen aye lu avec beaucoup de plaisir la piece n° 8, qui a été couronnée par l'academie, Et dont

(2) Glauber (J.-Rodolphe).

Né à Karlstadt en 1604.
Mort à Amsterdam en 1668.
Il séjourna à Vienne, Salzbourg, Francfort, Cologne.
Disciple de Paracelse, il combattit comme lui les médecins.

Ayant retiré par évaporation de l'eau d'une source, dont les effets curatifs lui avaient paru miraculeux, des cristaux transparents, qui n'étaient pas du nitre, il donna au corps ainsi obtenu le nom de Sel admirable. Il reconnut plus tard qu'il ressemblait au résidu du traitement du sel commun par l'acide vitriolique. C'était le sulfate de sodium, désigné encore de nos jours comme sel de Glauber.

Il connait aussi l'esprit de sel que l'on obtient dans l'expérience précédente et note qu'on ne peut l'obtenir à l'état liquide sans le combiner à l'eau.

Il sait qu'en traitant par de l'ammoniaque la dissolution de l'argent dans l'eau forte on obtient un précipité qui se redissout lorsque l'ammoniaque est en excès.

Il semble avoir observé le chlore « un esprit couleur de feu qui dissout les métaux » et constaté son action sur l'esprit de vin concentré.

Libavius avait noté la couleur rouge rubis que l'or donne aux matières vitreuses, Glauber donne pour l'obtenir une méthode intéressante : précipitation par une dissolution d'or dans l'eau régale de la « liqueur des cailloux » (silicate de potassium).

Glauber croit que le nitre peut être « ensemencé, cultivé comme les fruits des champs ».

Dédaignant le jugement des hommes, sa devise était « Ora et labora ». « Je sais bien que mes travaux, disait-il, seront appréciés différemment par les uns ou par les autres et que j'aurais tout aussi bien fait de garder mes découvertes pour moi ».

Parmi ses travaux nombreux, on peut citer les traités suivants ; beaucoup ont été traduits en français.

Philosophische Œfen.
Opus minerale.
Pharmacopœa spagyrica.
Menstruum universale.
Explicatio miraculi mundi.
Trost der Seefahrenden.
Apologetische Schriften.
De auro potabili.
Teutschlands Wohlfart.

Réunis sous le titre : « Johannis Rudolphi Glauberi philosophi et medici celeberrim opera chymica, Bucher und Schriften, etc... (1658).

l'auteur est M. de Vannes. ce memoire annonce dans l'autheur des Connoissances profondes en chimie, Et jai cru y reconnoitre un dissiple (*sic*) de M. Rouelle (5) dont jai Suivi autrefois les cours. le memoire n° 5 [quoi qu'il paroisse] quoique d'un autheur moinsVersé dans la chimie, Et qui [n'est pas] paroit netre pas aussi Sur de Ses principes m'a paru en quelque facon plus utile pour la pratique, les

(3) Becher (Joachim).

Né à Spire en 1635.

Mort à Londres en 1685.

Il parcourut la Hollande, l'Italie, la Suède, et visita les plus célèbres savants de son temps. Descartes, la Reine Christine de Suède, Mersenne, Boyle.

Il s'est intéressé à une foule de sujets les plus divers, par exemple « Dubitationes et resolutiones illustres in omni re scribili », écrivant sur la morale, la théologie, l'histoire, la médecine, l'histoire naturelle, mais principalement sur des questions de chimie.

En 1666 il est professeur de médecine à l'Université de Mayence, puis va à Munich, Vienne, se réfugie durant un certain temps en Hollande, à Harlem, puis va en Angleterre et revient en Allemagne.

Il se recommande de la méthode expérimentale, en principe tout au moins. « Toute bonne et fructueuse théorie vient de l'expérience pour enfanter une nouvelle expérience ». Mais cela ne l'empêche pas de se perdre quelquefois dans des hypothèses.

Pour Becher, le monde est fondé sur deux principes seuls, ciel et terre. Le premier est la matière subtile, il est répandu dans les pores de l'air, ce qui permet sa dilatation et sa compression. La terre est quelque chose de plus vague.

Le feu est terre rarefiée, l'eau terre fluide, l'air terre dilatée.

La terre peut présenter quatre figures, qu'on nomme éléments. Elle peut être terreuse, aqueuse, aérienne, ignée. C'est à la terre que Becher cherche à ramener tous les composés. Il utilise les dénominations de ses prédécesseurs en leur donnant des sens nouveaux, ce qui accroit encore la confusion qu'ils créaient ; on a pu dire que la langue de Becher se plait à engendrer l'ambiguité.

La terre et l'eau sont pour lui les premiers éléments de tous les corps. Il existe trois types de mixtes.

Terre et eau donnent les composés organiques, les sels.

Les diverses espèces d'eaux constituent le second : la neige, la grêle, la rosée.

Le troisième comporte les composés de terres, ce sont les pierres et les métaux. Chacun est obtenu par union de trois terres différentes. Ces terres ne sont pas les mêmes pour tous les minéraux. Toutes les pierres ont deux terres en commun, c'est une troisième qui les fait se distinguer les unes des autres et qui notamment donne le caractère métallique, elle est pénétrante, fluide, volatile comme le mercure, et Becher lui donne aussi ce nom (mercure des philosophes). C'est elle qui procure la malléabilité.

Mais les choses sont encore loin d'être claires, car Becher l'appelle aussi soufre blanc, femelle, incombustible, mercure pour la distinguer du soufre commun.

C'est ce principe que Stahl précisera en le désignant phlogistos-phlogistique.

Les ouvrages de Becher sont écrits partie en latin, partie en allemand, parmi eux on peut citer :

Physica Subterranea. (1669).
Œdipus chymicus, seu Institutiones chymicæ. (1664).
Experimentum novum ac curiosum de minera arenaria perpetua. (1680).
Trifolium Becherianum hollandicum. (1679).
Magnalia naturæ. (1680).
Tripus hermeticus. (1680).
Becheri, Lancelotti, etc... epistolæ quatuor chemicæ. (1673).
Grosse chimische Concordanz. (1682).
Narrische Weissheit und weisse Narrheit. (1682).
Pantaleon delarvatus.
Chymischer Rosengarten.

procedés qu'il indique Sont Simples Et le Succès en Sembleroit presque assuré.

je fais repeter dans ce Moment par l'academie des Sciences de paris, Et par la regie des poudres et Salpetres la plupart des procedés indiqués dans ces deux memoires]]. (6) dans la dissertation du docteur Pietsch qui a remporte le prix proposé par lacademie de Berlin en 1749 enfin dans les memoires de la Societe economique de Berne aucun des autheurs dailleurs ne disent precisement S'ils ont [fait du Salpetre par les procedes qu'ils indiquent] fait les experiences quils indiquent S'ils ont reellement fabrique du Salpetre et Combien ils en ont [fait] obtenu. dans cette incertitude j'ay Cru devoir faire repeter par lacademie des Sciences de Paris et par la regie des poudres et Salpetres [une partie des] qui sont [essentiellement] particulierement occupés dans Ce moment de cet objet une partie des experiences rapportées dans les memoires que vous m'aves [communiqués ainsy qu'un grand nombre d'autres quelles se proposent d'y joindre] m'aves communiqué mais Comme en meme temps le resultat de ces Experiences ne peut manquer d'etre long, Et qu'on ne Scauroit trop Se hater de repandre les Connoissances Utiles, jai fait faire un extrait detaillé du memoire Couronné par Votre Compagnie Et de ceux auxquels elle a accordé un accessit, Et je

(4) Stahl (George, Ernest).
Né à Anspach en 1660.
Mort à Berlin en 1734.
Il fit ses études à l'Université d'Iéna.
En 1687, il est Médecin à la Cour du duc de Saxe-Weimar, puis occupe une chaire de médecine à Halle.
En 1716, il est à Berlin, premier médecin du Roi de Prusse.
Disciple de Becher, on sent l'influence de ce dernier, « ce que j'enseigne appartient à Becher, écrit-il, dans un de ses ouvrages ».
Dans ses premières publications, il admet l'existence des 3 terres, qui en se « conjoignant » donnent les 2 métaux, or ou argent suivant leurs proportions. Les autres métaux sont des terres composées admettant le soufre comme combustible et des sels.
Le soufre combustible est semblable au soufre ordinaire, qui abonde dans les métaux autres que l'or ou l'argent, Stahl comme Becher l'appelle Sulphur phlogiston. Il se trouve aussi dans le charbon, c'est lui qui se combine au nitrate de fer que le feu seul ne peut réduire, et qui alors se sépare sous forme métallique.
C'est dans le métal qu'il estime devoir retrouver ce phlogiston.
En 1697, Stahl fonda une Académie, dont il devait être le seul membre, et il s'engageait à donner chaque mois un mémoire de chimie.
Le premier, parut la même année, Stahl y décrivait la préparation artificielle du soufre par action du charbon sur l'huile de vitriol, question dont il avait déjà parlé dans une publication précédente « Zymotechnica fundamentalis, seu fermentationum theoria generalis ». Soufre, dont il explique la formation par combinaison de cette huile de vitriol avec la subtance combustible par excellence qu'il appelle « phlogiston », et qui peut redonner acide et phlogiston en brûlant.
Le charbon n'est pas d'ailleurs le seul susceptible de fournir du phlogiston, il en est de même de nombreuses substances végétales ou animales. Toutes les substances organi-

me propose Si [l'academie] votre academie n'y trouve point d'inconvenient de les faire imprimer avec quelques autres memoires Et instructions que j'ai fait rassembler Sur le meme objet. je desire d'autant plus que ce Receuil paroisse promptement qu'il epargnera des Recherches Et du travail a ceux qui Voudront Concourir pour le prix que l'academie Royalle des Sciences de paris Vient de proposer Sur le meme Sujet par ordre du Roy.

ques sont pour lui constituées par de l'eau et du phlogiston, et il faut noter son opinion particulièrement intéressante qu'« il ne faut pas s'imaginer que les substances organiques soient formées d'autres principes que les corps minéraux et relevent d'une chimie différente ».

De même la combustion transforme les métaux en leurs chaux en les privant de leur phlogiston. En le leur rendant, grâce au charbon, on les régénère.

En résumé pour Stahl, le métal est composé, sa chaux est simple.

En août 1697, il publie le second mémoire mensuel, dans le premier chapitre, il traite « de Sede principi phlogiston ». Dans la nature, il n'est aucun lieu, dit-il, ou ce principe puisse se laisser saisir à l'état de pureté, aucun ou l'on puisse avec probabilité en soupçonner l'existence isolée, mais il se trouve assurément en très grande abondance dans l'air où il est chassé par les innombrables décompositions des mixtes.

Dans une dissertation publiée la même année « De fundamenta Metallurgiæ et Docimasiæ pyrotechnicæ », il rend compte des diverses opérations de la métallurgie et de la docimasie par application de sa théorie.

En 1703, il publie une édition nouvelle de « Physica subterranea » de Becher, avec un supplément « Specimen Becherianum fundamentorum documentorum, experimentorum », où il expose, tout en s'en défendant, sa théorie propre.

Ce principe simple, qui dans les foyers et dans les flammes se trouve uni aux particules d'autres corps, c'est lui qui le premier l'a nommé phlogiston (« Ego phlogiston appellare Cœpi »). Ce n'est pas le feu tout entier, il en est une partie constitutive.

C'est bien un corps, bien qu'on ne puisse ni le percevoir ni l'isoler. Il pénètre à titre de composant dans les diverses combinaisons, il existe dans les métaux et est abondant dans le soufre.

L'augmentation de poids constatée sur les métaux lors de leur calcination n'avait pas échappé à Stahl: « Le feu donne à quelques corps métalliques un poids plus considérable... dans la calcination le feu ne cède rien de matériel aux corps terreux qui se forment... mais plutôt de ces corps terreux, le feu rend les pores plus étroits, il leur communique par là un changement de contexture ; par suite l'éther qui repose sur eux rend plus grand l'effort ou la pression que l'air leur fait éprouver ; de là vient la gravité en question ». Là était pour sa théorie le défaut de la cuirasse, pour employer l'expression de Duhem.

La notoriété de Stahl fut considérable. Macquer et Baumé dans leur plan d'un Cours de Chymie expérimentale et raisonnée avec un Discours historique sur la Chymie, le considéraient « comme le plus grand et le plus sublime de tous les chymistes physiciens ».

Si on compare, comme le fait remarquer Duhem, les écrits de Stahl à ceux de ses prédécesseurs, on reconnait à quel point cet auteur, qui nous paraît si confus, si obscur, se montrait plus ordonné, plus clair, plus soigneusement attaché aux conséquences de l'expérience que ceux dont il avait reçu les leçons. « ...Un amas confus d'expériences sans « nombre formait jusqu'alors le trésor de la chimie ; par Stahl et grâce au phlogiston, « cette science a été mise en possession de la première théorie, qui put à ses richesses « imposer quelque ordre ».

De plus, cette théorie était simple, semblait permettre de relier entre eux de nombreux faits d'expérience, on s'explique facilement qu'elle ait pu avoir tant de défenseurs de haute valeur.

« Il eut le mérite d'apporter l'ordre et l'unité dans le désordre et l'incohérence qui caractérisent la chimie jusqu'à Stahl » (J. Pelseneer).

quant aux Six memoires qui ont été admis au Concours mais que votre Compagnie n'a pas cru devoir couronner, comme les autheurs Sont inconnus, Et qu'en profitant de leurs connoissances on ne pouroit leur rendre la justice qui leur est due je n'ai pas cru pouvoir en faire usage le meilleur d'ailleurs a été publié par l'auteur dans les memoires de la Societé œconomique de Berne, Et les autres ne Contiennent rien de bien essentiel.

j'ai Vu avec grand plaisir en parcourant d'autres pieces contenues dans le portefeuille que vous m'avés adressé que votre Compagnie S'occupe d'objets interessants pour l'humanité, mais le moyen de rendre Ses travaux Vraiment utiles, Et Surtout d'exciter

Outre les ouvrages déjà indiqués, on peut citer :
Zymotechnia fundamentalis seu fermentationis theoria generalis. (1697).
Observationes selectiores physico-chemico medicæ curiosæ. (1709).
Opuscula chymico-physico-medica. (1715).
Zufällige Gedanken und nützliche Bedenken über den Streit von den sogenannten Sulphure, und zwar sowohl dem gemeinen verbrennlichen oder flüchtigen, als unverbrennlichen oder fixen. (1717).
Experimenta, observationes, animadversiones CCC numero chimicæ et physicæ... (1731).
Fundamenta Chymiæ Dogmaticæ et Experimentalis... (1746-1747).
Opusculum chymico-physico medicum, seu Schediamatum... (1740) (réimpression).
Traité du Soufre, ou Remarque sur la Dispute qui s'est élevée entre les chymistes, au Sujet du Soufre, tant commun que combustible ou volatil que fixe... (Traduction française, 1766).
Traité des Sels, dans lequel on démontre qu'ils sont composés d'une terre subtile, intérieurement combinée avec de l'eau. (Traduction française, 1781).
Specimen Becherianum, sistens fundamenta, documenta, experimenta... (Commentaire de « Physica Subterranea », de Becher).

(5) ROUELLE (Guillaume, François).

Né à Mathieu, près de Caen, le 15 septembre 1703.
Mort à Passy, près Paris, le 3 août 1770.
Admis à l'Académie Royale des Sciences, comme adjoint chimiste, le 7 mai 1744.
Associé chimiste le 16 juillet 1752, en remplacement de Bourdelin, promu pensionnaire.
Membre de l'Académie des Sciences de Stockholm et de l'Académie électorale d'Erfurt.
Il se donnait comme adepte de la méthode expérimentale. « La chimie ne cherche pas de vains raisonnements, elle ne cherche que des faits ». Ennemi des systèmes, il fut cependant avec Macquer un des promoteurs en France de la théorie du phlogistique. Pour lui, disciple de Becher « le vrai Hermès de la Chymie philosophique, la Physique Souterraine de cet auteur contient au moins le germe de toutes les vérités chymiques ; mais sa doctrine est encore plus belle et plus lumineuse exposée par « le grand Stahl ».
Pour Rouelle il existe 5 principes, le phlogistique ou le feu, la terre, l'eau, l'air, et la terre mercurielle de Beccker.
La réduction d'une chaux métallique est une opération par laquelle on lui rend le phlogistique qu'elle a perdu, et il explique l'augmentation de poids comme causée par une augmentation de la pesanteur spécifique sans se préoccuper de l'augmentation du poids absolu.

l'emulation des gens de lettres et des Savants est de les Communiquer a mesure au public par la voye de l'impression. je ne peux trop l'engager a extraire tout ce que Ses manuscrits peuvent contenir d'interessant pour en former un Receuil Semblable a celui que la Societé œconomique de Berne Et quelques autres Societés litteraires font imprimer chaque année.

Vous pouvés assurer l'academie dont vous etes l'organe que je Serai toujours charmé de trouver des occasions de lui donner des preuves de mon estime [et de mon attachement], Et de vous temoigner en mon particulier combien [jai l'honneur d'etre] je suis parfaitement Monsieur Votre etc...

Rouelle était au Jardin du Roi, le démonstrateur de Bourdelin, professeur en titre. Il refusa le poste de premier apothicaire du Roi, mais fut Inspecteur de la pharmacie de l'Hôtel-Dieu.

Après ses études de médecine à l'Université de Caen, il se rend à Paris pour les compléter. Il passe 7 ans chez un apothicaire, puis s'installe place Maubert et y ouvre un cours de chimie et de pharmacie qui eut un éclatant succès. Il y eut pour élèves notamment Darcet, Lavoisier, Bucquet, Macquer, Bayen, Venel, Cadet, Diderot qui rédigea son cours (Aux archives de Chabrol, il en existe un exemplaire ayant appartenu à Lavoisier).

En 1744, il donne un 1er mémoire sur les sels neutres (première classification méthodique des sels, et en 1745 un second appliqué à une étude sur le sel marin).

En 1750, un mémoire sur les embaumements.

En 1754, un nouveau mémoire sur les sels qu'il divise en sels acides, sels moyens (neutres), sels avec excès de base. La neutralité étant déterminée avec le sirop de violettes.

On lui doit également des études sur le lait, le sucre de lait, le sang, l'eau des hydropiques, l'urine de l'homme et des animaux, l'or calciné par des étincelles électriques, la présence du sel lixiviel (potasse) dans les plantes avant leur incinération.

Rouelle perfectionna aussi l'appareil de Hales pour recueillir les gaz.

Il était persuadé que l'air, dans le froid absolu prendrait la forme concrète (idée que l'on retrouve exprimée par Lavoisier), qu'il devait sa mobilité au feu qu'il contenait, et entrait dans la composition des corps.

Pour lui, l'aptitude à cristalliser est universellement répandue, les pierres brutes ont pour base un noyau, une cristallisation régulière qu'on découvre en disséquant pour ainsi dire et anatomisant les corps. Leurs parties sont unies par juxtaposition, en s'appliquant les unes contre les autres (à rapprocher des conceptions de Haüy).

En géologie, il distingue les terrains primitifs et les terrains sédimentaires, il attribue les phénomènes volcaniques à la rencontre avec le feu intérieur des grandes quantités d'eau pénétrant dans les cavités de la terre.

Suivant l'heureuse expression de M. McKie, Rouelle se situe au point de transition entre la chimie ancienne et celle de Lavoisier.

(6) Toute la partie entre [[ ]], de la ligne 10 à la ligne 30, est entièrement barrée.

***

N° 281

CHEMIN (1)
A Mrs DE L'ACADEMIE DES SCIENCES
16 novembre 1775
(*Communiqué par M. Denis I. Duveen New York*) (2)

enregistre

Memoire des Ouvrages et Marchandises de Balancerie faitte et fourny Pour Messieurs de Lacademie de Sciences pour La Maison du faubourg St Denis Par chemin Balancier ajusteur rue de La férronnerie au L. Courronné

Scavoir

1775

16 9bre fourny un grand et fort fleau dalmagne garnie de pivots virolles et crochets d'acier de 36 pouce vernie en noir et ajusté avec une grande paire de balance de cuivre rouge de 20 pouce de diamestre bordé en cuivre monté de forte corde fine et aneaux de fer limé Le tout ajusté	75 L	0
Plus deux poids de chacun 50 l de fer neuf ajusté.....	16	
Plus un poids de 25 l un de 12 l un de 6 l un de 4 l un de 2 l un de 1 l un de 8^{on} un de 4^{on} et 2 de 2^{on} de fer ajusté	11	17
Plus une pille de 8 mars en divisions ajusté et Etallonné	12	0

Total 114 L 17 s. 0

(1) Chemin. Balancier et ajusteur à la Monnaie.

Chemin et son gendre et successeur, Fourché, travaillèrent successivement pour Lavoisier. Celui-ci acheta à Chemin sa première balance d'essai. Cette balance était extrêmement sensible, et lors même qu'elle était chargée de 5 ou 6 livres, elle trébuchait à moins de 1 grain (0 gr. 053).

(*Œuvres de Lavoisier*, tome II, p. 17. — M. Daumas, *Les Instruments Scientifiques au XVIIe et au XVIIIe siècle*).

Fourché, ajusteur également à la Monnaie, exécuta pour Lavoisier en 1788, les subdivisions décimales de la livre poids de marc. La Commission des Poids et Mesures fit appel à lui pour exécuter en l'an II, d'abord un premier étalon de l'unité de capacité qui portait le nom de « cadil ».

Il construisit ensuite 2 balances de précision d'une force de 50 kgs. (M. Daumas, *loc. cit.*, p. 385).

(2) Bien que non adressé à Lavoisier, nous avons cru devoir insérer ce mémoire. Nous trouverons en effet au 9 février 1776 un mémoire de menuiserie à lui adressé au sujet de travaux effectués dans la même maison.

***

N° 282

LASSONE (1) A LAVOISIER

28 novembre 1775

(*Archives de l'Académie des Sciences.* 1688, O.)

lettre de M. de lasonne a M. Lavoisier lun des commissaires de lacademie (2).

Voila, Monsieur mon cher Confrère, quelques indications à ajouter à celles que vous m'avez envoyées. je pourrois vraisemblablement en noter encore quelques unes, Si j'avois sous La main

(1) Lassone (Joseph, Marie, François de).

Né à Carpentras, Comtat Venaissin, le 3 juillet 1717.

Mort à Paris le 10 décembre 1788.

Premier médecin du Roi Louis XVI et de la Reine Marie-Antoinette.

Docteur Régent de la Faculté de Médecine. Censeur Royal.

Il fut à 25 ans élu à l'Académie Royale des Sciences, comme adjoint anatomiste, en remplacement de Hunauld.

Associé anatomiste le 25 février 1748, en remplacement de Bertin, promu Vétéran.

Pensionnaire Vétéran le 23 février 1759.

Pensionnaire Vétéran lors de la réorganisation du 23 avril 1785.

Son père avait été Médecin ordinaire du Roi Louis XV.

Elève tout d'abord à l'Hospice de la Charité, Lassone suivit les leçons de Morand, qui s'intéressa particulièrement à lui. Il fut en outre guidé par Winslow. A l'âge de 21 ans, il remporta, le partageant avec Lecut, un prix proposé par l'Académie Royale de Chirurgie, pour un mode opératoire du cancer du sein.

Condorcet nous rapporte que de Lassone, ayant aperçu un signe de vie sur un corps qu'il se proposait de disséquer, l'ayant ramené à la vie, puis guéri, fut impressionné par cet événement au point qu'il abandonna l'anatomie, et se porta vers la médecine puis vers les sciences naturelles et la chimie.

Une des fonctions du premier Médecin du Roi comportait l'examen des remèdes secrets, les enquêtes sur les épidémies et la police des eaux minérales et médicinales du royaume.

L'estimant trop importante pour être assurée par une seule personne, Lassone fut le promoteur de la création de la Société Royale de Médecine, à qui elle devait être dévolue. Le droit levé sur la vente des eaux faisait partie du traitement du premier Médecin et devait devenir la patrimoine de la nouvelle société. De Lassone en refusa la présidence, qui lui revenait cependant de droit, d'après les premiers règlements.

Il fit partie également de l'Institut de Bologne, et de l'Académie de Médecine de Madrid.

Vicq d'Azyr dans l'Eloge qu'il prononça de de Lassone cite quarante trois mémoires de lui.

Nous mentionnerons seulement :

Sur une paralysie accompagnée de circonstances singulières. (1742).

Description anatomique d'un veau monstrueux. (1745).

Observations anatomiques pour l'histoire du fœtus. (1749).

mes Livres de chimie. Le fond de ma bibliothèque est à ma maison de Marly, où il m'est impossible d'aller actuellement. Dès que mes affaires me Le permettront j'y feray une revue, et je vous feray part de ce que je trouveray. j'ai L'honneur d'être avec Le plus Sincère attachement.

Monsieur mon cher Confrère,

Votre tres humble et tres obéissant Serviteur

Lassone

a Versailles 28 nov. 1775

Deux mémoires sur l'organisation des os. (1751 et 1752).
Observations physiques sur les eaux thermales de Vichy. (1753).
Sur un bézoard oriental de la grosseur d'un œuf d'autruche. (1754).
Histoire anatomique de la rate. (1754).
Sur un nouveau sel qui découvre quelques propriétés singulières du sel sédatif. (1755).
Recherches sur la structure des artères. (1756).
Mémoire sur la combinaison du Sel marin avec l'antimoine. Sur un sel semblable au Sel sédatif, qui résulte de la même combinaison et sur une autre substance solide, semblable au borax, laquelle est aussi préparée avec l'antimoine. (1757).
Nouvelles recherches sur la combinaison de l'acide concret du tartre avec l'antimoine. (1768).
Analyse d'une eau minérale de la ville de Roye (en collaboration avec Cadet). (1771).
Diverses observations d'histoire naturelle, faites aux environs de la ville de Compiègne. (1771).
Rapport des inoculations faites dans la famille Royale au château de Marli. (1771).
Sur le zinc. Analogie ou similitude du zinc et du phosphore établie et développée par une suite de faits comparés.
Nouvelles observations sur l'analyse des cristaux du verdet et du sel de Saturne, relativement à l'air combiné dans ces deux mixtes et considéré comme un de leurs principaux constituants, et sur un sublimé cuivreux et salin que le verdet fournit dans un temps déterminé de l'analyse. (1773).
Mémoire sur des phénomènes nouveaux et singuliers produits par plusieurs mixtes salins. (1773).
Mémoire sur les grès en général, en particulier ceux de Fontainebleau. (1774).
Nouvelles observations sur la nature et les propriétés salines du zinc revêtu de sa forme métallique ou réduit en chaux. (1775).
Nouveaux détails relatifs à l'action des alcalis volatils sur le zinc. (1775).
Mémoire sur plusieurs sels ammoniacaux. (1775).
Nouvelles observations sur les grès cristallisés.
Cinquième mémoire sur le zinc. (1777).
Troisième mémoire sur les grès de Fontainebleau ou analyse de ces pierres et principalement des grès cristallisés. (1777).
Observations sur quelques combinaisons salines du fer. (1778).
Mémoire sur une inflammation spontanée du phosphore avec quelques remarques sur la nature de son acide. (1780).
Essai de la combinaison de l'acide concret du tartre avec le zinc. (1776).
Notices d'une suite d'expériences nouvelles qui font connaître la nature et les propriétés de plusieurs espèces d'airs ou émanations aériformes extraits par diverses voies d'un grand nombre de substances. (1776).
Sur une méthode nouvelle de préparer l'opium.

(2) Cette phrase est d'une main différente de celle qui a écrit la lettre.

***

N° 283

NOTE DE LASSONE ANNEXÉE A LA LETTRE PRECEDENTE.

(*Archives de l'Académie des Sciences.* 1688, O.)

notice envoyée par M. de lassone aux Commissaires de l'academie (1)

1. Ernisti Stahlii fundamenta chimiæ Dogmaticæ et experimentalis : Tom : 1us 2us 3us.

passim in diversis Sectionibus.

L'auteur dans ces divers endroits parle de La génération du nitre et indique plusieurs moyens d'imiter Le travail de La nature.

---

2. Aurea catena Homeri, id est, concatenata natura historia physico-chimica, notis illustrata à Ludovico fauxat

francofurti et Lipsiæ. 1763.

Cet ouvrage mérite d'etre consulté. quoique Son objet principal Soit L'alchimie, on y trouve des vues Lumineuses Sur La génération des Sels en général, Specialement Sur celle du nitre, Sur Les altérations et les métamorphoses dont ces Substances Salines Sont Susceptibles.

---

3. Guntheri Christoph. Schelamini De nitro tum veterem tum nostro commentatio, quâ utriusque ortus et natura excutiuntur etc...

(1) Cette phrase est de la même main, que la phrase analogue de la lettre précédente.

Amsterdami. 1719. in 12
C'est un des meilleurs ouvrages à consulter

---

4. Urbani Hierne acta chimica Holmiensia, cum annotationibus. ioann : Wallerii
Stockholmia. 1753.
il faut consulter dans cet ouvrage Les chapitres particuliers Sur Le nitre, et Les notes que Wallerius y a ajoutées.

---

5. joann : Conradi Barchusen pyrosophia
Lugduni Batav : 1698. in 4°
il faut consulter dans cet ouvrage Le chapitre où il est traité du nitre. On y trouve sur La production et Sur La génération de ce Sel quelques bonnes remarques.

---

6. joann : Agricola. de re metallicâ.
il faut consulter Le Livre XII.

---

7. Quelques voyageurs ont parlé assés en détail de certaines contrées de L'inde, où La nature engendre du nitre avec une abondance extraordinaire Dans des pierres et des terres particulières. on ne Sçauroit Se dispenser de consulter ces relations et de Les comparer entre elles.

---

8. il y a dans quelques traités de Van Helmont des passages tout a fait relatifs à La question proposée et qui paroissent indiquer des faits interessants resultants des expériences.

---

9. il faut consulter dans La dissertation Latine de Pott L'article où il est parlé de La metamorphose du Sel marin en nitre.

***

N° 284

LAVOISIER A JOANIN

29 novembre 1775

(*Archives de Chabrol*, M.)

(*Entièrement de la main de Lavoisier*)

M. joanin ches Messieurs Schuller et compagnie banquier et fermiers generaux a vienne en autriche.

29 9bre 1775 (1).

M. de la Lande Monsieur a Communiqué a l'academie la lettre que vous lui aves fait lhonneur de lui ecrire dolmutz en moravie en datte du 1^{r} 9bre dernier et elle ma chargé dentrer en correspondance avec vous Sur les objets interessans quelle contient.

Nous Scavons qu'en general on a essayé [en allemagne] en plusieurs endroits de lallemagne de fabriquer du Salpetre par le moyen du plantage qu'on a [a essayé] employé a Cet effet des voutes des fosses. des piramides des couches etablies sous des hangards mais nous ne [voyons pas] connoissons aucun auteur [qui Soit entre dans le detail du produit en Salpetre quon obtient par Ces differens Moyens qui ait determine par des experiences exactes la nature et la proportion des melanges enfin] et il ne nous est parvenu aucun memoir dans lequel on Soit entré dans des details Satisfaisants Sur la nature et la proportion des melanges qui reusissent [*sic*] le mieux ni Sur la proportion du produit en Salpetre avec la quantité de matierre employée dans les melanges. nous pensons en consequence que cette matierre demande a etre traitte de nouveau et a etre eclaire des lumieres de la phisique et de lexperience Comme vous paroisses reunir [toutes] beaucoup de Connoissances Sur Cette matierre [nous vous aurons la plus grande obligation] vous nous feres un tres grand plaisir de nous les communiquer et le ministerre

(1) D'une écriture différente.

de france vous en aura une reelle obligation nous pensons Comme vous Monsieur que [le tems] lacademie a pris pour repeter les experiences qui Seront proposées par les Concurrens un delai beaucoup trop court et il est certain quil est peu depreuves de Ce genre qui ne demandent plus d'une année. aussy lacademie [a t'elle desiré que Sest elle occupé des le moment meme de la publication du programme dexperiences de quelques] a telle cherche a remedier a la trop grande brieveté de ce delais en entammant des le moment meme de la publication du programme une Suitte dexperience dont elle pourra Connoitre le resultat avant la proclamation du prix et elle est entré en Cela absolument dans vos vues du reste l'empressement du gouvernement Sur Cet objet ne lui a pas permis de prendre plus de tems

les experiences que vous nous proposes de faire faire par un entrepreneur protege par le gouvernement ne peuvent etre que tres pretieuses mais il nous Semble qu'il Seroit juste quelles concourussent au prix Soit Sous votre nom Soit sous Celui de lentrepreneur dont vous nous parlés

nous avons une tres grande obligation a M. de la lande de nous avoir procure loccasion dentrer en correspondance avec vous et nous vous prions de nous envoyer tous les details Soit phisiques Soit politiques que vous pourres vous procurer Sur la fabrication et lexploitation du Salpetre dans les differens etats de l'europe je ne doute pas que lacademie ne vous mette Sur les rangs pour obtenir des lettres de Correspondance lorsquelle en trouvera loccasion et [quil Se trouvera des places vaccantes] et quelle aura des places de Correspondant vaccantes. je vous prierai de m'adresser vos lettres ainsy quil Suit. M. Lavoisier Commissaire du Roy et de lacademie des sciences pour la fabrication du Salpetre [rue neuve] a larsenal a Paris et Sous double enveloppe a M. le controlleur general des finances

j'ay lhonneur detre avec une parfaitte estime

M. V.

***

N° 285

SAGE (1) A LAVOISIER
1er décembre 1775
(*Archives de Chabrol*, O.)

Correspondance de M. de St Emond (2).

au cap de bonne esperance
a lisle de france et a Celle de Bourbon
a la Cote de Malabar
a la cote de Coromandel
le Bengale
la chine (3)

Monsieur Mon cher confrere

J'ai engagé Mr De St emond mon ami et Celui de M Dailli, qui est Sur le point de partir pour L'inde, de prendre Connoissance

(1) Sage (Balthasar, George).
Né à Paris, le 7 mai 1740.
Mort à Paris, le 9 septembre 1824.
Il suivit tout d'abord les Cours du Collège Mazarin ou des 4 Nations, puis ceux de l'abbé Nollet et de Rouelle.
A l'âge de 19 ans, il fut autorisé à ouvrir des cours publics sur la Minéralogie et les Essais, et on mit à sa disposition une somme de 30.000 livres pour monter un laboratoire de chimie et de minéralogie.
Le 8 septembre 1768, il est élu à l'Académie Royale des Sciences, comme Adjoint chimiste en remplacement de Cadet promu Associé. Il le devient lui-même le 19 décembre 1777, remplaçant encore Cadet promu pensionnaire. Pensionnaire chimiste le 21 mars 1784, succédant à Macquer, décédé. Pensionnaire de la classe d'Histoire naturelle et de Minéralogie en 1785. Sous-directeur en 1789. Membre résidant de la Section d'Histoire naturelle et de Minéralogie de la 1re classe de l'Institut National le 25 avril 1801, en remplacement de Darcet.
En 1778, Sage fait à la Monnaie un cours de minéralogie docimasique, destiné aux futurs ingénieurs des Mines. Sur son rapport, le ministre Calonne, qui le protégeait, créa en 1783, l'Ecole des Mines, dont il fut le premier directeur.
On peut le considérer comme le fondateur de la docimasie.
Sage avait une répulsion très vive pour les nouvelles doctrines, et rejeta toujours celles de Lavoisier et de Haüy.
En 1818, à 78 ans, devenu presque aveugle, il écrivait encore dans son autobiogra-

de la fabrication Du Salpetre : je lui Donnerai Tous les Renseignemens que je pourrai ; je lai engagé a Aller vous voir pour Converser avec vous Sur Cet article, je crois qu'il pourra vous etre utile parcequ'il sest addonné avec passion à la Chimie et a Lhistoire Naturelle et qu'il ne voyage que pour Perfectionner ses Connois-

phie. « On a avancé un paradoxe insoutenable en disant que l'eau est composée de 5 « parties de gaz déphlogistiqué et de 1 d'air inflammable, puisque le mélange de ces « 2 gaz constitue essentiellement le feu. L'eau est composée de l'élément aqueux, du « frigorifique et de la chaleur ».

On dut même le tenir écarté de l'Ecole des Mines, car il n'avait pas voulu enseigner les théories de Haüy.

Ses opinions royalistes lui attirèrent quelques mois de prison durant la Révolution, qu'il traversa cependant sans autres incidents graves.

On peut citer parmi les ouvrages qu'il publia :

Eléments de minéralogie docimastique. (1772).

Mémoires de Chimie. (1773).

Art de fabriquer le salin et la potasse (en collaboration avec Perthuis de Laillevault).

Art d'imiter les pierres précieuses. (1778).

Art d'essayer l'or et l'argent. (1780).

Supplément aux Institutions de Physique. (1812).

Exposé sommaire des principales découvertes faites dans l'espace de 54 années. (1813).

Tableau comparatif de la conduite qu'ont tenue envers moi les ministres de l'Ancien Régime avec celle des ministres du Nouveau Régime. (1814).

Notice autobiographique. (1818).

On a de lui également un très grand nombre d'études et de mémoires, publiés dans les divers volumes de l'Histoire de l'Académie Royale des Sciences et de nombreux opuscules. On peut citer sans chercher à être complet :

1766 — Analyse du charbon végétal fossile trouvé à Séverac en Rouergue.
Histoire et analyse d'une terre noire trouvée à Baurains près Noyon.
Sur le foie de Soufre formé avec l'alcali volatil.
Sur le Charbon de terre.
Sur la malachite.
Cristaux d'un Sel cuivreux particulier.

1767 — Sur une mine de plomb verte.

1768 — Sur l'analyse de différentes espèces de tourbes.

1770 — Analyse de la pierre calaminaire du Comté de Somerset et de celle du Comté de Nottingham.

1775 — Observations sur la manière de rendre une partie de la pierre calaminaire soluble dans l'eau.
Observation sur la décomposition de l'or fulminant.
Analyse des bleds et expériences propres à faire connaître la qualité du froment et principalement sur le Son de ce grain.

1777 — Expériences propres à faire connaître que ce qu'on nomme acide phosphorique concret, retiré des os calcinés à la manière de M. Scheele n'est point un acide à nu, mais combiné sous forme d'un verre insoluble dans l'eau. C'est un verre animal.
Observations sur le nitre à base de terre absorbante retiré du Salpêtre de Houssage.

sances, il seroit important pour vous quil fut chargé par le Ministre de S'occuper particulierement de la Maniere dont on prepare le Salpêtre et le borax dans L'inde, Si je n'étois pas physiquement certain que M. De St Emond est propre a Remplir Cette Commission, je ne vous L'addresserois pas ; il Seroit interessant pour la france

Observations sur l'Acide phosphorique obtenu par deliquium du phosphore et sur les sels neutres qui résultent de la combinaison de cet acide avec les alcalis.
Observations sur l'acide concret retiré du sucre.
Observations sur la mine rouge de cuivre.
Expériences propres à faire connaître que l'alcali volatil fluor est le remède efficace dans les asphyxies et sur les effets avantageux qu'il produit dans la morsure de la vipère, dans la rage.
1778 — Analyse de l'eau du lac Asphaltite (avec Macquer et Lavoisier).
1779 — Analyse de la terre bolaire du Berry.
Manière de préparer le Rouge de Prusse et le Rouge d'Angleterre.
1780 — Analyse d'une nouvelle mine de bismuth terreuse, solide, grisâtre...
Manière de rendre d'un blanc citrin et transparent le phosphore opaque jaune ou rouge.
Observation sur une nouvelle espèce de précipité jaune martial.
1781 — Examen comparé de l'aventurine et de quelques pierres châtoyantes.
1782 — Analyse de la mine de bismuth sulfureuse.
Analyse de la mine d'antimoine arsenical.
Observations sur le Béril ou aigue marine.
Observations sur une mine de fer argileuse rougeâtre.
Analyse d'une nouvelle espèce de mine de mercure.
1784 — Description méthodique du Cabinet de l'Ecole Royale des Mines.
Mémoire sur l'Effet de l'Air inflammable sur les Corps organisés.
Expériences qui font connaître la nécessité d'employer de grandes quantités de plomb pour extraire l'argent contenu dans les terres.
Analyse d'une mine de plomb terreuse, jaunâtre, antimoniale et martiale.
1785 — Procédé pour extraire de l'Esprit de vin un acide concret semblable à celui du sucre.
Analyse du mélange métallique envoyé à l'Académie sous le nom de régule de Manganèse.
Manière de déterminer la pureté du Cuivre.
Analyse d'un Spath pesant vert.
Examen comparé de la chaleur produite par la combustion du Charbon de bois et celle de la tourbe.
Analyse d'une mine d'antimoine et de plomb terreuse.
Analyse d'une nouvelle espèce de mine de bismuth terreuse...
1786 — Analyse chimique et concordance des 3 regnes de la Nature.
1787 — Expériences propres à faire connaître que la chaux d'argent ne peut être réduite par la seule action du feu.
Expériences propres à faire connaître que le plâtre produit par diverses espèces de gypse retient plus ou moins d'eau après avoir été gâché et séché.
1790 — Observations sur le Spath calcaire rhomboïdal trouvé dans les carrières de grès de Fontainebleau.
Observations sur les défauts du fourneau de Coupelle des Essayeurs des Monnaies.

de pouvoir arracher aux indiens un secret qui est Devenu pour elle, une necessité.

je suis avec un sincere attachement Monsieur et cher confrere

Votre tres humble et tres obeissant Serviteur

Sage

Ma fievre et Mon Rhume sont passés j'irai Samedi a Lacademie

Ce 1er decembre 1775.

Analyse d'une pierre calaminaire ou mine de zinc terreuse de Glazimour en Daousie.

1802 — De la terre végétale et de ses engrais.

1808 — Recherches et conjectures sur la formation de l'électricité métallique nommée galvanisme.
Des mortiers ou cuisents.

1809 — Expériences sur la chaux vive dans son emploi dans le mortier.
Observations sur l'emploi du zinc.
Nature et propriétés des 3 espèces d'électricité.
Théorie de l'origine des montagnes.

1810 — Expériences qui font connaître que la chaux éteinte par immersion peut être régénérée en pierre calcaire par l'eau de Marmorello.

1811 — Institution de physique et de minéralogie.

1813 — Opuscules de physique.

1814 — Traité des pierres précieuses. Des Colonnes électrifères et de leurs effets.

1815 — De l'origine et de la nature des globes de feu météoriques.
De la nature et de la production du gaz électrifiable.
Opuscules de Physique.
Formation de l'air.
De la formation de la terre végétale nommée humus et de l'effet des engrais.

1816 — Opuscules historiques et physiques.

1817 — Analyse de l'eau de mer. Sur la non innocuité de l'eau de mer, sur les propriétés de l'eau de mer distillée.
Formation des monts ignivomes, nommés volcans.
But de la nature dans la formation quotidienne du Sel dans l'eau de mer.

1818 — Opuscules physico-chimiques.

1821 — Propriétés du Tabac.

1822 — Probabilités physiques sur la cause des contagions pestilentielles.
Probabilités physiques sur la cause de l'intermittence de l'électroscope.
Recueil historique d'effets fulminaires.

(2) Note de la main de Lavoisier.

(3) Cette série de notes est de la main de Lavoisier.

***

Nº 286

LAVOISIER A TURGOT

3 décembre 1775

(*Archives de Chabrol*, M.)

(*Entièrement de la main de Lavoisier*)

M. Turgot le 3 Xbre 1775 (1).

Monsieur

il m'est venu hier de la part de M. d'ailly un officier reforme de la compagnie des indes nommé M. de St Emond qui paroit ne pas manquer dintelligence et qui a Surtout beaucoup dactivité. il a Suivi a Paris plusieurs Cours de chimie [Surtout de Ceux] et nottamment Ceux de M. Sage et il paroit en avoir retire du fruit. il est au moment de repartir pour linde [et M. dailly pense qu'il pourroit] et il offre dy prendre telles informations que vous jugeres a propos Sur la fabrication du Salpetre Sur Celle du borax et Sur tous les objets de phisique de politique et deconomie [j'en ai Conferé ce matin avec M. Dailly qui Ma assure connoitre Sa famille qu'il etoit bien né et quil repondoit de] qui peuvent interesser le gouvernement. j'ay vu Ce matin M dAilly pour prendre des notions plus precises Sur l'espece dhomme auquel nous avions a faire il m'a assuré quil etoit bien né, qu'il connoissoit Sa famille et qu'il repondoit de son zele et de son intelligence [nous Sommes convenus ensuite que jaurois] je suis convenu en consequence avec M. d'ailly que j'aurois lhonneur de vous en ecrire et que je vous demanderois [pour lui] pour M. de St Emond [une lettre dont le modele, le projet est cy joint il y a aussy un mot de memoire auquel je vous] une espece de lettre d'authorisation jen ay redigé le projet

(1) Cette ligne est d'une main différente.

avec M. dailly et j'ay lhonneur de vous lenvoyer affin que Si vous lapprouves vous puissies le Signer Sur le champ et le remettre à M. de St Emond [vous verres que jay evité quil ne fut pris aucun engagement avec lui la lettre est asses vague et nous avons pensé] vous trouveres peut etre que la lettre est un peu vague mais nous avons pensé quelle devoit etre tournée de maniere [que le gouvernement ne prit aucun] a ne prendre [aucun] aucune espece d'engagement avec lui

[ce nest point un homme asses Connu pour que vous puissies vous y livrer Sans reserve] M. de St Emond nest point un homme asses connu dans les Sciences pour quon puisse [accorder] avoir une tres grande confiance dans Ses recherches et [il faut voir] il nous a Semble quil falloit voir ce quil enverroit avant de rien promettre

M. de St Emond demande pour premiere [faveur] grace dans Ce moment Son passage gratuit Sur le vaisseau le bordelois Sur lequel il doit Sembarquer et il assure que cette faveur Saccorde aisement je joins en consequence [une lettre] un projet de lettre pour M. de Sartine que je vous prierois de Signer M. de St Emond Se chargera de la remettre lui meme et den [remettre] Suivre la reponse. il compte partir mardy ou mercredy au plus tard pour Rochefort et il ny a pas un instant a perdre pour toutes ces dispositions

je joins icy un mot de memoire expositif de la demande de M. de St Emond je vous prie Si vous [lapprouvés dy mettre] ny trouves point dinconvenient dy mettre une apostille approbative et de me le renvoyer affin quil Soit remis dans le depost. de M. dormesson.

je Suis avec lattachement le plus respectueux

Mons.

***

N° 287

LAVOISIER A DE SARTINES (1)

3 décembre 1775

(*Archives de Chabrol,* M.)

(*Entièrement de la main de Lavoisier*)

M. de Sartines 3 Xb^{re} 1775 (2).

Le S^{r} de St Emond Monsieur qui repasse dans les indes est charge d'y remplir un objet important pour le gouvernement et il desireroit obtenir Son passage aux frais du Roy Sur le vaisseau le bordelois qui doit [mettre incessament a la voile] incessamment partir de rochefort [et qui mettra a la voile le 10 ou 12 de ce mois] Si vous Croyes que Cette faveur puisse lui etre accordée je vous Serois bien oblige de donner les ordres les plus prompts Ce vaisseau devant mettre a la voile le 10 ou 12 de ce mois

j'ay lhonneur detre avec un très parfait attachement Monsieur votre très humble...

***

N° 288

TURGOT A [LAVOISIER]

3 décembre 1775

(*Archives de Chabrol,* O.)

Ni nom de destinataire, ni adresse (3)

A V^{lles} le 3 Decembre 1775

L'occasion du S^{r} De St Emond est d'autant plus avantageuse Monsieur, qu'elle peut remplir en partie nos vues d'une maniere economique, mais je crains que son sejour dans aucune partie ne

(1) Cette minute constitue certainement le projet dont il est question dans la lettre précédente et que Lavoisier y annonce à Turgot.

(2) Cette ligne est d'une main étrangère, de la même qui a écrit: M. Turgot le 3 Xbre 1775 sur la précédente.

(3) Voir la lettre précédente qui montre bien que l'on peut considérer Lavoisier comme le destinataire du n° 288.

soit pas assés long pour suivre une operation comme celle de la Generation du nitre. 2° sa qualité d'officier de l'ancienne Compagnie pourra luy nuire dans des lieux ou les Anglois dominent et il sera plus difficile de luy faire avoir des recommandations de Savans pour les preposés de la Compagnie Angloise.

3° je ne sais a quel point on peut compter sur sa science. en tout cas il faut que vous luy donniés une instruction detaillée. il seroit a souhaiter que Mrs Macquer et Holker vous aidassent pour l'article des teintures.

Je suis avec toute l'estime possible, Monsieur, votre très humble et très Obéissant Serviteur

Turgot.

***

N° 289

PRÉSENTATION DE DEUX OUVRAGES A L'ACADÉMIE ROYALE DES SCIENCES

5 décembre 1775

(*Archives de Chabrol*, M.)

Entièrement de la main de Lavoisier

Exp. le 5 Xbre 1775 (1).

Papier a la telliere (2)
a mie marge

Quoique lacademie des Sciences Se Soit fait une loix de ne porter aucun jugement Sur les ouvrages imprimés [et quelle les renvoye au] et quelle Soit dans lusage de les renvoyer au public comme a leur juge naturel elle ne s'est point interditte cependant la liberte de se faire rendre Compte des ouvrages interessans qui paroissent en Europe et larticle 28 du reglement du 6 janvier 1699 S'explique meme en ces termes

(1) D'une main différente.

(2) Du nom du Chancelier Letellier (1603-1685), père de Louvois, qui le fit établir pour les actes officiels. Format 44 × 34 centimètres.

Lacademie chargera quelqu'un des academiciens de lire les ouvrages importans de phisique ou de mathematique qui paroitront Soit en france Soit ailleurs ; et Celui quelle aura charge de cette lecture en fera son rapport a la Compagnie Sans en faire la critique en marquant seulement S'il y a des vues dont on puisse proffiter.

[on ne voit pas trop pour quelle raison cet article du reglement de lacademie est tombé en desuetude mais il est de fait quon ne fait plus depuis long tems aucun rapport des ouvrages imprimés]

lexecution de Cet article du reglement est tombe en desuetude Sans qu'on puisse en Soupconner la raison et il y a nombre dannées qu'on ne nomme plus de Commissaires pour les ouvrages imprimés [qui Sont presentés a lacademie]. il arriva de la que [lacademie] nombre de [de Connoissances et] de decouvertes importantes Sont ensevelies dans la bibliotheque de lacademie Sans etre Connu par Ses membres et Ce nest qu'apres nombre dannées que lacademie recoit du public par une filtration insensible et lente [que par la tendence que les connoissances ont a prendre leur niveau que lacademie recoit insensiblement du public par une filtration insensible et lente ce quelle auroit du] des connoissances quelle auroit pu lui transmettre des lorigine

[Cest pour reclamer Contre linexecution]

j'ay pense dapres ces refflexions que lacademie ne trouveroit pas mauvais que j'eusse lhonneur de lui rendre Compte de deux ouvrages importans qui paroissent dans le moment en angleterre le premier est [une Suitte des experiences] la Seconde partie de louvrage publié lanné derniere par M. Pristley (*sic*) Sur differentes especes dair le Second est une Suitte dexperiences de M. wilson Sur [les] differentes especes de phosphore et Sur les couleurs prismatiques quils offrent dans lobscurite Ces deux ouvrages contiennent [lun et lautre] des choses [neuves et] tout a fait neuves qui m'ont paru dignes de lattention des Scavans.

je Commencerai Si lacademie le trouve bon par lextrait de louvrage de M. Pristley (*sic*)

***

N° 290

SAVARY A LAVOISIER

10 décembre 1775

(*Collection Denis I. Duveen, New York.* O.)

enregistre

Memoire des Ouvrages de Menuiserie Fait et fournie dans une Maison a La porte St Denis Les d^{t} Ordonné par Monsieur Lavoisier fermier general Du Roy et fait par Savary M^{tre} Menuisier rue Gallande pres St Severain dans le Cour du Mois de Novembre 1775.

fait et fournie une tablette en bois de Bateau de Sapin Brutte les planches Jointive Lune Contre Lautre La ditte de 72 pied de long Sur 25 pouces de large Compensé, Soutenu par 12 Montan aussy en bois de Sapin Idem de 2p^{d} 2p^{e} de long Sur 16p^{e} de large Compencé Le tout produisant Ensemble 5 t 7 p^{d} 6e a 9 L la toise fait Compris fourniture de Clou et patte........................ 46 L 17 s 65

Plus fait et fournie 13 Bar attaché Sur les Sus^{d} Montan pour recevoir les a bout des planches Les d. aussy bois de Sapin de 2p^{d} de long^{r} Chacune plus deux autre attaché dans differente partie pour affleurer les planches produisent Ensemble 4 t 1 p. a 8 S la toise fait.... 4 L 4 05

Total 51 1 s 65

Je Soussigné reconnois avoir recu de Monsieur Lavoisier la Somme de quarante et une livre pour les Ouvrage cy dessus mentionné dont quittance a paris ce 10 X bre 1775

P. Savary

***

N° 291

MAGALHAENS A MADAME LAVOISIER

15 décembre 1775

(*Archives de l'Académie des Sciences*, 1642, O.)

Madame

La Philosophie avec toute Sa grande Suite n'est que trop glorieuse de trouver qu'une Dame Si charmante et Si Respectable à tous egards S'occupe de Ses interets : et Je me Suis presqu' enorgueilli du devoir honorable que votre Lettre m'impose, pour vous remercier de la part qui me touche de Ce bonheur.

J'ai eté frapé par la nouvelle inattendue du decès de M^{r}. Lavoisier Pere, que j'ai laissé en Si bonne Santé en Juin dernier, et que j'etois si fort obligé d'aimer par Ses qualités et par Ses bonnes dispositions à mon egard. La bonne nouvelle de la disposition de Melle. m'en Soulage en grande partie, avec Celles de M. Paulze et reste de toute votre respectable famille ; auxquels *Severally* (1) je vous prie de presenter mes h^{bles} Respects.

La brochure Ci jointe Contient une petite idée de la maniere de faire le Salpetre en Amerique, à page 46. J'ai dejà fait quelques diligences pour les livres que vous me marquez : mais Sans en trouver jusqu'à ce moment un Seul. Je Continuerai encore à faire des recherches nouvelles ; quoi que je crains ne pas avoir meilleur Succès. etant des Livres d'une date entienne : et je ne manquerai pas de vous envoyer aussitôt Ce que je pourrai decouvrir.

M^{r}. le Dr Priestley a eté fort content du (*illisible*) et *mensuration* de l'air fixe par Le duc de Chaulnes. il va partir lundi pour passer le Noel avec la famille, et reviendra à Londres vers le milieu de Janvier : il m'a prié de vous presenter ses très humbles resp^{cts} et a donné des ordres pour me fournir les feuilles qui manquent de son 2^{d} volume *sur l'air*, aussitôt qu'elles Seront tirées.

il vient de finir l'impression d'une espece de defense de ces

(1) Les mots ici en italique sont soulignés dans la lettre.

decouvertes Contre le charlatan du Dr Higgins, dont je Compte vous envoyer la poste Suivante une Copie.

J'ai l'honneur d'etre avec tout Respect et devouement possible

Madame

Votre très hb^{le} et très ob^{t} Serv^{r}.

Magellan

à Londres le 15 Dec^{bre} 1775

***

N° 292

BAUMÉ A LAVOISIER

Fin année 1775

(Communiquée par M. Denis I. Duveen (New York, O.)

Memoire des medicamens et marchandises fournies à Monsieur de la Voisier par Baumé ap^{re} à Paris

1775

juin —	2	1/2 on : huile de lys.	»	2 s.	» d.
	26	1$^{\omega}$ Nitre quadrangulaire...	6	»	»
7bre—	15	20$^{\omega}$, tartre Vitriolé à 20 s.	20	»	»
	16	P. Madame sa tante un Looch pectoral.	1	4	»
8bre—	17	10$^{\omega}$ tartre Vitriolé.	10	»	»
	10	20$^{\omega}$ idem	20	»	»
Xbre —	4	1 Rouleau Sirop de guimauve.	1	»	»
	14	1 Looch Blanc.	1	4	»
			59 l.	10 s.	» d.

Reçu Comptant

P. M. Baumé

P. Monsieur de La Voisier		59 l. 10 s. »	. . . gnaût (1)
P. de Salpêtre	301 l. 4 s.	543 l. 1 s.	
au portier	241 l. 17 s		
		602 l. 11 s.	

(1) Les 3 premières lettres de la signature sont illisibles.

***

N° 293

NOTE

Sans date

(*Archives de Chabrol*, M.)

Entièrement de la main de Lavoisier

Ordre quon Se propose detablir pour larrangement du Cabinet de M. Bertin (1)

[il Sera dabord necessaire de monter un registre Sur lequel Sera]

Chaque morceau qui Sera envoyé pour le Cabinet de M. Bertin devra etre netoye a Son arrivée et on y Colera un numero Suivi

il Sera tenu [un registre] un repertoire general Sur lequel Seront [portés] enregistrés chacun de ces morceaux [avec une designation succinte] dans lordre de leur arrivée [on y fera] on fera Sur ce registre une description exacte de chaque morceau de Sa nature des experiences qui ont eté faittes pour la reconnoitre du lieu ou il a eté trouvé etc...

[Ce registre ou repertoire géneral] chaque page de Ce [registre ou] repertoire general [Sera compose de quatre Colonnes une grande et trois petites la premiere contiendra] aura 3 petites Colonnes a gauche dans lesquelles on portera le n° Suivi de chaque Morceau. 2° la page du Catalogue raisonné dans lequel il aura ete enregistré. 3° la page du Catalogue par province et par pays.

Pour parvenir a former un Catalogue raisonné on copiera Sur des Cartes la description abregée de chaque morceau du cabinet,

(1) Nous avons cru devoir donner ici ce document, trouvé tardivement dans les « Archives de Chabrol », et correspondant à la lettre n° 192, page 372.

apres quoi les Cartes seront arrangées dans lordre qui paroitra le plus methodique et on les copiera Sur un registre qui Sera intitulé Catalogue raisonne du Cabinet [Ce registre] Ce catalogue qui formera registre aura deux petites colonnes a gauche on portera dans la premiere le n° du repertoire general et dans la Seconde la page du registre par province. on aura Soin de laisser asses dintervalle entre chaque article [du Catalogue] pour quon puisse y inserer [les articles] ceux qui pourroient Survenir [dans la Suitte lorsque] Si par hazard il Survenoit un trop grand nombre darticles pour [pouvoir] que tous puissent y etre inserés il y Seroit pourvu en renvoyant a un Supplement enfin au bout de quelques années il Seroit fait une nouvelle Copie du Catalogue dans laquelle on refondroit tous les Supplemens.

independamment de Ces deux registres il paroitroit bon den monter un troisieme qui presentat Sous un meme coup dœuil les productions de chaque province Si lon Se determine a letablir il Sera necessaire dy menager deux Colonnes et de porter dans la premiere le n° Suivi darrivée ou du repertoire general et dans la Seconde la page du Catalogue raisonné dans la quelle chaque morceau Sera inscrit.

Pour faciliter lintelligence de tout cecy qui pourroit peut etre presenter au premier coup dœuil lapparence de la complication on joint ici les modeles de ces trois registres

Modele du Catalogue par province

Generalité de
Subdélegation de

N° du repertoire general	P. du Catalogue raisonné	Nom des personnes et datte des envoy	Description

Modele du Repertoire general Sur lequel Seront enregistrés chaque morceau a Son arrivee dans le Cabinet

Nº suivi de chaque morceau	page du catalogue raisonne	page du catalogue par province	noms des personnes et dattes des envoys	Nº du memoire qui accompagnoit l'envoy	Description

Modele du Catalogue raisonné

nº du Repertoire general	page du Catalogue par province	nº de la mineralogie de M. Valerius auquel lon peut rapporter chaque objet	Description

Imprimé en France par
LIGHTNING SOURCE
www.lightningsource.fr

Printed in Dunstable, United Kingdom

91336859R00167